W0260471

SPRINGER COMPASS

Herausgegeben von
G. R. Kofer P. Schnupp H. Strunz

Dieter Hogrefe

Estelle, LOTOS und SDL

Standard-Spezifikationssprachen für verteilte Systeme

Geleitwort von F. Vogt

Mit 71 Abbildungen

Springer-Verlag
Berlin Heidelberg New York
London Paris Tokyo

Dr. Dieter Hogrefe
Fachbereich Informatik
Universität Hamburg
Rothenbaumchaussee 67/69
2000 Hamburg 13

ISBN-13:978-3-642-74239-2 e-ISBN-13:978-3-642-74238-5
DOI: 10.1007/978-3-642-74238-5

Softcover reprint of the hardcover 1st edition 1989

2145/3140-543210 Gedruckt auf säurefreiem Papier

Meiner Frau Susan

Geleitwort

Computer als Organisationsmittel gewinnen in immer stärkerem Maße Einfluß auf den Prozeß der Gestaltung und Unterstützung komplexer Organisationen. Der Satz "The company is the system" wird in Zukunft voraussichtlich auf viele Unternehmen zutreffen.

Die Arbeitsteilung hat den Prozeß der Organisation von Abläufen in vielfacher Hinsicht strukturiert. Diesen "verteilten" Organisationsstrukturen folgend, müssen auch die sie unterstützenden Computersysteme "verteilt" sein.

Aufgrund der Komplexität der Systeme steigt allerdings auch deren Fehleranfälligkeit. Um diesem Problem entgegenwirken zu können, sind große Anstrengungen in der Grundlagenforschung erforderlich. Darüber hinaus müssen Erkenntnisse in diesem Bereich umgehend für die Praxis nutzbar gemacht werden.

Zur Realisierung komplexer verteilter Computersysteme ist es notwendig, stabile Schnittstellen für die Kommunikation von Anwendungsprozessen zu entwickeln. Dadurch kann eine für künftige Anwendungen erwünschte "Offenheit" gewährleistet werden, die wiederum Voraussetzung dafür ist, daß eine große Zahl von Anwendungsentwicklern bereit ist, in diesen Markt zu investieren.

Schon Mitte der 70er Jahre ist diese Erkenntnis für die weltweite Entwicklung einer Rahmenarchitektur für offene Systeme (ISO Reference Model for OSI) genutzt worden. Dieses Modell, das dann zu Beginn der 80er Jahre als internationaler Standard verabschiedet werden konnte, hat für den Datenübermittlungsbereich ein weltweit anerkanntes Begriffsgebäude geschaffen, auf das heute schwerlich verzichtet werden könnte. Die nach diesem Modell entwickelten Standards für die Dienste und Protokolle hinsichtlich des gesamten Bereichs der Unterstützung von verteilten Anwendungen sind inzwischen auch in überwiegendem Maße stabil.

Von hier aus ergibt sich ein außerordentlicher Bedarf in bezug auf Realisierungen, wobei die Endprodukte wiederum den Kriterien der "Offenheit" genügen müssen. Kostengünstig kann dieser Bedarf jedoch nur dann realisiert werden, wenn bestimmte softwaretechnische Erkenntnisse der Entwicklung zugrundegelegt werden. Hierzu gehört u.a. die Verwendung formaler Spezifikationen zur Festlegung der "Randbedingungen" eines Produkts und als Grundlage für den Entwurf. Auch für diesen Bereich wurden von der internationalen Standardisierung Spezifikationstechniken entwickelt, die speziell für die formale Beschreibung von verteilten Systemen geeignet sind (Estelle, LOTOS und SDL). Die Notwendigkeit für den Einsatz formaler Techniken ergibt sich darüber hinaus aus den hohen Zuverlässigkeitsanforderungen. Diese können am ehesten dann befriedigend realisiert werden, wenn Spezifiaktionssprachen verwendet werden, die aufgrund ihrer formalen Semantik eine gute Grundlage für die Überprüfbarkeit und Verifikation der damit erstellten Spezifikationen bilden.

Für viele Entwickler ist die Nutzung dieser Möglichkeiten jedoch u.a. dadurch erschwert, daß die Standards nicht einfach zu lesen sind und Werkzeuge für den Einsatz nur in unzureichendem Maße zur Verfügung stehen.

Aus diesem Grund begrüße ich das Erscheinen des vorliegenden Buches, das meines Erachtens hervorragend geeignet ist, den nicht ganz einfachen Zugang zum Verständnis und zur Nutzung der Spezifikationskonzepte zu erleichtern.

Das Buch wird sich als nützlich erweisen für all diejenigen, die als Entwickler von verteilten Systemen in der Industrie oder an der Universität tätig sind.

Hamburg, im August 1988 Friedrich Vogt

Vorwort des Herausgebers

Zuweilen bekommt ein Herausgeber ein Manuskript für ein Buch auf seinen Schreibtisch, das er selbst schon einmal dringend gebraucht hätte. Und bei dem er nur bedauert, daß es nicht schon einige Zeit früher geschrieben wurde. Der Band, den Sie gerade in Händen halten, ist ein Musterbeispiel hierfür.

Vor wenigen Jahren mußte ich ein großes Testpaket für ISO/OSI-Protokolle portieren. Weil das natürlich schlecht geht, wenn man nicht weiß, was das Paket eigentlich testen soll, wollte ich mich in die formale Spezifikation dieser Protokolle einarbeiten. Es blieb weitgehend bei diesem sicherlich guten Willen.

Vielleicht ist es ein persönlicher Defekt, aber ich kann Standard-Dokumente nicht lesen (zumindest, wenn man darunter einen Prozeß versteht, der in einem gewissen Verständnis für die visuell aufgenommenen Worte und Zeichen endet). Damals suchte ich ziemlich verzweifelt und völlig ergebnislos nach Literatur, welche die nötigen Konzepte und Notationen in lesbarer, verständlicher Form vermittelt. Deshalb freue ich mich besonders, jetzt endlich das Buch veröffentlichen zu können, das ich damals nicht fand.

Vieles im Leben wiederholt sich ja. Jetzt bin ich mir sicher, daß ich bei meinem nächsten ISO/OSI-Projekt sogar verstehen werde, was ich eigentlich programmiere. Und selbst wenn mir kein derartiger Auftrag mehr zuteil wird: viele meiner Kollegen wird dieses Buch davor bewahren, so lange in einem standardisierten Nebel stochern zu müssen wie ich damals.

München, im August 1988 Peter Schnupp

Vorwort

Das vorliegende Buch entstand im Zusammenhang mit meiner Mitarbeit in den Standardisierungsorganisationen ISO und CCITT. Die hier behandelten Sprachen sind Standardsprachen zur Spezifikation von Kommunikationssystemen. Die jetzt standardisierten Sprachversionen sind das Resultat jahrelanger, intensiver Arbeit in Forschungseinrichtungen und Normungsgremien. Die drei Sprachen durchliefen dabei viele Stadien der Modifikation, die sich aus ihrer Anwendung in industriellen Projekten und in der Normung ergaben. Heute können die drei Sprachen als weitgehend stabil bezeichnet werden. Estelle und LOTOS wurden im Frühjahr 1988 in der ISO als internationaler Standard verabschiedet, und SDL hat seit Ende 1987 einen entsprechenden Status im CCITT.

Insbesondere im Zusammenhang mit der Idee und den Konzepten von OSI gewinnen die drei Sprachen zunehmend an Bedeutung - innerhalb und außerhalb der Normung. Das Buch stellt die drei Sprachen weitgehend anhand durchgängiger Beispiele vor, bei denen es sich um Dienste und Protokolle handelt, die den OSI-Konzepten folgen. Durch die weitgehende Verwendung identischer Beispiele sind die drei Sprachen direkt miteinander vergleichbar.

Obwohl Estelle, LOTOS und SDL formale Sprachen sind, wird weitgehend auf Formalismen verzichtet, um eine allgemein und leicht verständliche Darstellung zu erreichen. Das Buch ist daher als Komplement zu den offiziellen Dokumenten und Sprachbeschreibungen der ISO und des CCITT zu sehen. Es soll dem Leser einen Einblick in die drei Sprachen geben und als leicht verständliches und kompaktes Nachschlagewerk in der täglichen Arbeit dienen.

Das Buch richtet sich sowohl an Praktiker und Forscher in der Industrie als auch an Hochschullehrer, die in der Lehre auf dem Gebiet der Rechnernetze, verteilten Systeme und Nachrichtentechnik tätig sind. Insbesondere sind Personen angesprochen, die sich mit komplexen Spezifikationen im Bereich der Kommunikationssysteme auseinandersetzen müssen.

Ich möchte an dieser Stelle meinen Mitarbeitern, den Herren Brömstrup, Trieu und Doan danken, die sich viel Mühe beim Korrekturlesen gegeben haben. Ferner waren die zahlreichen Diskussionen mit Herrn Prof. Valk und Herrn Gotzhein sehr fruchtbar.

Darüber hinaus danke ich meinen Kollegen vom DIN, vom CCITT und von der ISO, dabei insbesondere den Herren Vogt, de Meer, Rennoch, Steinacker, Schoo, Belina und Sarma sowie zahlreichen anderen für die anregenden Diskussionen.

Hamburg, im August 1988 Dieter Hogrefe

Inhaltsverzeichnis

1 Einleitung

Eine Hauptaktivität bei der Entwicklung von Systemen aller Art ist die Herstellung von Dokumenten, die das Verhalten des Systems spezifizieren. Das beginnt bei sehr abstrakten, vagen Beschreibungen zur Problemdefinition. Diese Beschreibungen werden dann detailliert und präzisiert und münden in einer Anforderungsspezifikation, auf deren Basis das System entworfen und letztlich implementiert wird.

Insbesondere bei verteilten Systemen, also solchen, die zur Erfüllung ihrer Aufgaben miteinander kommunizieren müssen, ist die präzise Spezifikation von Anforderungen eine anspruchsvolle Tätigkeit. Das liegt an der umfangreichen Parallelität, durch die verteilte Systeme gekennzeichnet sind. Eine solch komplexe Aufgabe verlangt den Einsatz von speziellen Sprachmitteln, denn die übliche natürliche Sprache ist aufgrund ihrer manchmal nicht eindeutigen Interpretierbarkeit nicht immer geeignet. Zudem sind umgangssprachliche Dokumente schwer in Hinblick auf Korrektheit und innere Konsistenz überprüfbar, und ob ein System, das aufgrund umgangssprachlicher Anforderungsdokumente entwickelt wurde, tatsächlich den Anforderungen genügt, ist eine Glaubensfrage.

Die potentiellen Mißverständnisse und Fehler, die sich aus unpräzisen Dokumenten ergeben, sind im Bereich der verteilten Systeme besonders schwerwiegend. Das liegt daran, daß verteilte Systeme oft auch verteilt entwickelt werden. Anforderungen, z.B. Protokolle und Dienste, werden nicht selten in internationalen Normungsgremien entwickelt und Produktentwicklungen werden vielfach von mehreren Firmen in Kooperation vorgenommen.

Die Dokumente, die das verteilte System spezifizieren, müssen also in den wesentlichen Punkten präzise und eindeutig und möglichst im Hinblick auf Korrektheit überprüfbar sein. Zu diesem Zweck wurden in den internationalen Normungsorganisationen CCITT (Committee Consultativ International Telegraphique et Telephonique) und ISO (International Organization for Standardization) spezielle Sprachen entwickelt: *Estelle* [40] und *LOTOS* [39] in der ISO und *SDL* [11] im CCITT. Die Entwicklung solcher Sprachen ist deswegen die Aufgabe von Normungsinstitutionen, weil auch die Beschreibungssprache selbst weltweit präzise und eindeutig interpretierbar sein muß, damit es die mit ihr beschriebenen Dokumente ebenfalls sind.

Für die Architektur verteilter Systeme ist in der ISO ebenfalls ein internationaler Standard entwickelt worden, das *OSI-Basis-Referenzmodell für offene Kommunikationssysteme* (*OSI-Referenzmodell*) [32]. Die meisten modernen Architekturen verfolgen die dort empfohlenen Konzepte und Prinzipien, und das Referenzmodell erfreut sich weitgehender Akzeptanz unter Herstellern und Betreibern von Rechnernetzen.

Estelle und LOTOS wurden speziell für das OSI-Referenzmodell entwickelt, wohingegen SDL für einen größeren Bereich der Telekommunikationssysteme entwickelt wurde. In diesem Buch wird jedoch hauptsächlich der Teil von SDL behandelt, der im Zusammenhang mit OSI wichtig ist. Spezielle Konzepte zur Anwendung von SDL für OSI können zum Beispiel [1] entnommen werden.

Das Buch gliedert sich in fünf Hauptteile: eine Einführung in die Prinzipien des OSI-Referenzmodells, Einführungen in die Sprachen Estelle, LOTOS und SDL und einen Teil, in dem allgemeine Aspekte im Zusammenhang mit den drei Sprachen diskutiert werden. Es wird versucht, mit Hilfe von möglichst identischen Beispielen in den drei Sprachteilen die wesentlichen Gemeinsamkeiten und Unterschiede zu verdeutlichen. Dazu werden in dem ersten Teil, der in die OSI-Welt einführt, als Beispiel ein Protokoll und zwei Dienste umgangssprachlich beschrieben, die dann jeweils in den drei Sprachen formal beschrieben werden. Die zwei Beispiel-Dienste und das Beispiel-Protokoll haben nur illustrativen Charakter und lassen sich nicht bestimmten Schichten des OSI-Referenzmodells zuordnen. Sie verfolgen jedoch konsequent die Prinzipien, die dem Referenzmodell zugrundeliegen.

Da die Sprachen zum Teil auf sehr unterschiedlichen Konzepten basieren, ist es nicht immer möglich, die formalen Beschreibungen in allen Einzelheiten miteinander vergleichbar zu machen. Dazu müßten die Sprachen zum Teil in unnatürlicher Weise benutzt werden. Dagegen wurde versucht, dem "Stil", in dem üblicherweise mit einer Sprache spezifiziert wird, möglichst gerecht zu werden. Das erleichtert dem Leser, sich selbst ein Bild von den Stärken und Schwächen sowie den Anwendungsbereichen der Sprachen zu machen. Dabei soll hier nicht der Eindruck erweckt werden, der verwendete Stil sei der einzig mögliche oder richtige. Alle drei Beispielspezifikationen hätten auch ganz anders, möglicherweise besser (was auch immer man darunter verstehen mag), gestaltet werden können.

2 Die geschichtete Kommunikationsarchitektur

Angenommen ein Benutzer *a* eines Rechners *A* möchte über ein Rechnernetz eine Nachricht an einen Benutzer *b* eines Rechners *B* senden.

Die Rechner im Rechnernetz sind über Kabel miteinander verbunden. Die Kabel leiten Strom. Die einzige Möglichkeit für einen Rechner, mit einem anderen Rechner zu kommunizieren, ist also die Erzeugung und Erkennung von Stromschwankungen auf bestimmten Leitungen.

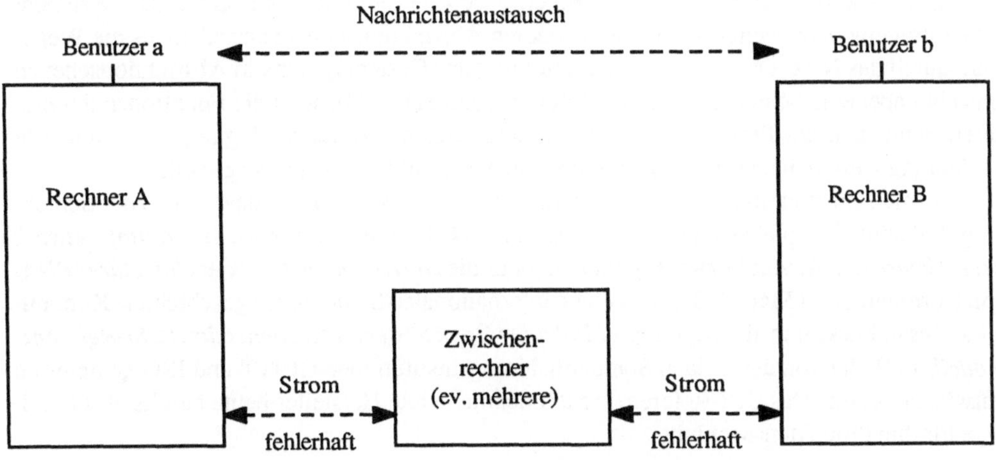

Abb. 2.1: Zwei Benutzer kommunizieren über einen Rechner

Mit Hilfe der Stromschwankungen kann binäre Information kodiert werden. Wenn zum Beispiel ein Rechner den Strom zwischen zwei Werten schwanken läßt, so kann das als Bitkette bestehend aus 0 und 1 interpretiert werden. Ein anderer Rechner, der am anderen Ende der Leitung ist, kann die Stromschwankungen messen und so das Bitmuster erkennen. Die Stromschwankungen sind allerdings störanfällig und die Bitmustererkennung ist nicht immer fehlerfrei.

Um einen, eher als abstrakt zu bezeichnenden, sicheren Nachrichtenaustausch in einem Rechnernetz mit Hilfe von unzuverlässigen Stromstößen zwischen benachbarten Rechnern gewährleisten zu können, gibt es eine Menge von Aufgaben zu erledigen:

- binäre Information (Bitketten) in Stromstöße kodieren
- Segmentierung und Desegmentierung von Informationseinheiten
- sichere Bitübertragung, d.h. Wiederholung im Fehlerfall
- bei mehreren Rechnern Wegesuche durch das Netz
- Verbindungsauf- und abbau
- Regulierung des Datenflusses, wenn die beiden Endrechner mit unterschiedlichen Geschwindigkeiten arbeiten
- Gewährleistung von Effizienz,d.h. Verbindungen nur solange belasten, wie tatsächlich Information übertragen wird
- ...

Viele verschiedenartige Aufgaben sind in einer korrekten Reihenfolge zu erledigen. Insgesamt bildet ein Rechnernetz damit ein sehr komplexes System.

Um diese Komplexität bei der Entwicklung der Hard- und Software für ein Rechnernetz bewältigen zu können, muß man es in Abstraktionsebenen aufteilen. Man kann z.B. die sichere Bitübertragung ohne weiteres auf einem anderen Abstraktionsniveau ansiedeln als die Wegewahl durch das Netz. Durch geeignete Aufteilung des Gesamtsystems in Abstraktionsebenen entsteht dabei eine Schichtung von Funktionen. Jede Schicht benutzt die Funktionen der niederen Schichten, um Funktionen für die höheren Schichten zur Verfügung zu stellen. Die Schichtung wird im nächsten Abschnitt noch genauer mit Beispielen vorgestellt.

Die meisten modernen Netz-Architekturen verfolgen konsequent das Prinzip der Schichtung. Bekannte Beispiele sind IBMs *System Network Architecture (SNA)*, die *Digital Network Architecture (DNA)* von Digital Equipment, oder die *Burroughs Network Architecture (BNA)* von Burroughs. Seit Mai 1983 gibt es einen internationalen Standard für geschichtete Kommunikationsarchitekturen, das *Reference Model for Open System Interconnection (OSI-Referenzmodell)* [32], der von den beiden Standardisierungsinstitutionen CCITT und ISO gemeinsam entwickelt wurde. Das OSI-Referenzmodell nehmen viele Hersteller heute bereits als Grundlage für ihre Produktentwicklung.

2.1 Dienste und Protokolle

In diesem Abschnitt soll das Prinzip der Schichtung, wie es als Grundlage für das OSI-Referenzmodell in [32] definiert wurde, noch etwas genauer betrachtet werden und dabei gleichzeitig die in den nächsten Abschnitten des Buches benutzte Terminologie festgelegt werden.

Die Schichten in der Kommunikationsarchitektur sind mit Abstraktionsebenen vergleichbar, die dem Prinzip des *information hiding* [46] folgen: Jede Schicht stellt zusammen mit den niedrigeren Schichten der nächst höheren Schicht einen *Dienst* zur Verfügung. Wie dieser Dienst erbracht wird, bleibt der höheren Schicht dabei verborgen. Die höhere Schicht braucht keine Implementierungsdetails der niedrigeren Schichten zu kennen, sondern kann sich darauf verlassen, daß ein definierter Dienst erbracht wird.

Als Beispiel sei das Rechnernetz aus Abb.2.2 betrachtet. Wir nehmen wieder an, ein Benutzer an Rechner A möchte eine Nachricht an einen Benutzer an Rechner B schicken. Die Rechner können untereinander nur über physikalisch existierende Leitungen kommunizieren.

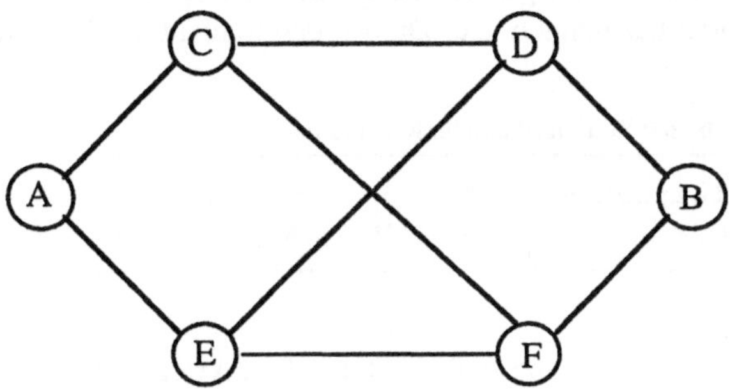

Abb. 2.2: Ein Rechnernetz

Schicht 1

Über die Leitungen können Stromstöße übertragen werden, die als binäre Informationseinheiten betrachtet werden können. Diese Übertragung ist jedoch fehleranfällig. Die Stromstöße können durch äußere Einflüsse gestört werden, wodurch natürlich die binäre Information verfälscht wird. Wir wollen diese Abstraktionsschicht hier als *Schicht 1* bezeichnen. Der Dienst, der einer höheren Abstraktionsschicht zur Verfügung gestellt wird, ist eine unsichere Bitübertragung zwischen zwei Rechnern.

Schicht 2

Fehler in der Übertragung von Informationen sind natürlich nicht gewünscht. Wenn der Benutzer an Rechner A seine Nachricht als Bitkette kodiert, möchte er, daß der Zielbenutzer an Rechner B exakt diese Bitkette empfängt. Eine Voraussetzung dafür ist, daß Bitketten fehlerfrei übertragen werden können, z.B. dadurch, daß Fehler erkannt werden und eine Bitkette im Fehlerfall nochmal übertragen wird. Dabei ist noch nichts darüber gesagt, wie die Bitkette durch das Netz von A nach B gelangt. Aber das scheint hier ein Problem höherer Ordnung zu sein. Zunächst ist eine sichere Übertragung zwischen je zwei Rechnern erforderlich. Diese Abstraktionsschicht soll als *Schicht 2* bezeichnet werden. Der Dienst, den Schicht 2 zusammen mit Schicht 1 einer höheren Schicht zur Verfügung stellt, ist die sichere Übertragung von Bitketten fester Länge zwischen zwei benachbarten Rechnern.

Schicht 3

Wenn wir Bitketten fester Länge sicher von einem zum nächsten Rechner übertragen können, dann können wir versuchen einen Weg von A nach B zu finden. Das kann zum Beispiel dadurch erreicht werden, daß wir eine Nachricht mit einer Zieladresse versehen und jeder Rechner "weiß", an welchen Nachbarrechner er eine Nachricht mit einer gewissen Zieladresse übertragen muß. Diese Information ist normalerweise in einer sogenannten Routingtabelle gespeichert. Tab. 2.1. zeigt zum Beispiel eine solche Routingtabelle für Rechner E.

Angenommen jeder Rechner besitzt eine solche Tabelle, dann ist im Netz insgesamt ausreichend Information enthalten, um eine Nachricht von jedem beliebigen Ursprungspunkt zum Zielpunkt zu transportieren, vorausgesetzt, sie ist korrekt adressiert. Diese Abstraktionsschicht wollen wir als *Schicht 3* bezeichnen. Der Dienst, den Schicht 3 mit Schicht 2 und Schicht 1

Tab. 2.1: Routingtabelle für Rechner E

Zielrechner	A	B	C	D	F
über	A	B	A	D	B

einer höheren Schicht zur Verfügung stellt, ist der sichere Transport korrekt adressierter Nachrichten fester Länge von einem Rechner zu einem beliebigen anderen Rechner im Netz.

Hier soll unser Beispiel zunächst enden. Es ist ein allgemeines Prinzip deutlich geworden, das in dem *Schichtenmodell* aus Abb.2.3 seine Verallgemeinerung findet [37]. Durch die Schichtung ist die recht komplexe Aufgabe der Nachrichtenübermittlung in einem beliebigen Rechnernetz in überschaubarere Teilaufgaben zerfallen. Die Dienstbeschreibungen spielen eine wichtige Rolle bei der Reduzierung der Komplexität [49].

2.1.1 Das Schichtenmodell

Im Schichtenmodell der Datenkommunikation gibt es die folgenden Konzepte, deren Zusammenhang in diesem Abschnitt beschrieben werden soll:

- (N)-Dienst (engl. service)
- (N)-Diensterbringer (engl. service provider)
- (N)-Dienstbenutzer (engl. service user)
- (N)-Dienstzugangspunkt (engl. service access point, Abkürzung: (N)-SAP)
- *(N)-Dienstelement* (engl. service primitive, Abkürzung: *(N)-SP*)
- *(N)-Dienstdateneinheit* (engl. service data unit, Abkürzung: *(N)-SDU*)
- (N)-Schicht (engl. layer)
- (N)-Protokoll (engl. protocol)
- (N)-Protokollinstanz (engl. protocol entity, Abkürzung: (N)-Instanz)
- (N)-Partnerinstanz (engl. peer entity)
- *(N)-Protokolldateneinheit* (engl. protocol data unit, Abkürzung: *(N)-PDU*)

Im folgenden sind solche Objekte im Referenzmodell kursiv geschrieben, die im weitesten Sinne Nachrichten darstellen, um sie besser von anderen Objekten unterscheiden zu können. Durch einen (N)-Dienst wird eine abstrakte Maschine, der (N)-Diensterbringer, beschrieben, über die die (N)-Dienstbenutzer miteinander kommunizieren können. Die Kommu-

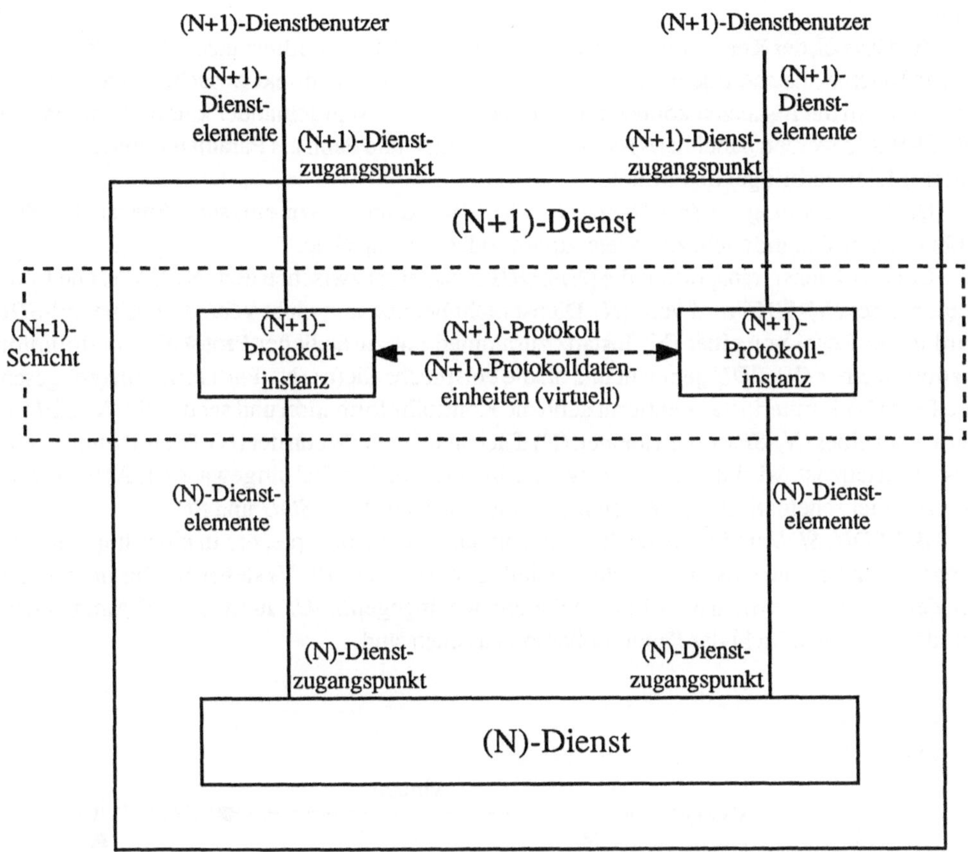

Abb. 2.3: Schematische Darstellung des Schichtenmodells

nikation zwischen (N)-Dienstbenutzer und (N)-Diensterbringer findet mit Hilfe von *(N)-SPs* an (N)-SAPs statt.

Ein *(N)-SP* ist eine abstrakte, implementierungs-unabhängige Repräsentation einer Interaktion zwischen einem (N)-Dienstbenutzer und einem (N)-Diensterbringer. Mit einem *SP* sind assoziiert:

- eine Richtung: von Benutzer zu Erbringer oder umgekehrt
- ein oder mehrere Parameter mit denen Information von Benutzer zu Erbringer oder umgekehrt übermittelt wird.

Ein (N)-Dienstbenutzer kann eine (N+1)-Protokollinstanz sein, die nach einem bestimmten Schema mit einer oder mehreren (N+1)-Partnerinstanzen kommuniziert. Ein solches Schema nennt man dann (N+1)-Protokoll. Die Gesamtheit der (N+1)-Instanzen nennt man

(N+1)-Schicht. Eine (N+1)-Schicht erbringt unter zuhilfenahme des (N)-Dienstes den (N+1)-Dienst.

Zum Zweck der Kommunikation tauschen die (N+1)-Protokollinstanzen *(N+1)-PDUs* aus. Dieser Datenaustausch findet allerdings nicht horizontal, also direkt zwischen den Instanzen statt, sondern die Instanzen können nur über den (N)-Dienst miteinander kommunizieren. Die *(N+1)-PDUs* werden dabei in *(N)-SDUs* umgewandelt und dann als Parameter von *(N)-SPs* an den (N)-Diensterbringer übermittelt.

Die Umwandlung von *(N+1)-PDUs* in *(N)-SDUs* kann eins-zu-eins sein. Aber auch andere Abbildungen sind möglich, z.B. viele-zu-eins oder eins-zu-viele.

Der (N)-Dienst transportiert die *(N)-SDUs* transparent zwischen den (N)-SAPs. Die Information einer *(N)-SDU* wird vom (N)-Dienst nicht benutzt und nicht verändert. Eine *(N)-SDU* wird in der Regel von einer (N)-Instanz zusammen mit zusätzlicher Protokoll-Kontrollinformation zu einer *(N)-PDU* gemacht und an die entsprechende(n) (N)-Partnerinstanz(en) gesendet. Eine (N)-Partnerinstanz entfernt dann die Kontrollinformation und sendet die *(N)-SDU* als Parameter eines *(N)-SPs* an den lokalen (N)-Dienstbenutzer. Wenn der (N)-Dienstbenutzer eine (N+1)-Instanz ist, wird die *(N)-SDU* wieder in eine *(N+1)-PDU* umgewandelt. Abb.2.4 zeigt noch einmal schematisch den Zusammenhang zwischen *PDU*, *SDU* und *SP*.

Bei *PDU*, *SDU* und *SP* handelt es sich um abstrakte Konzepte, die in einer Implementierung nicht unbedingt eins-zu-eins identifizierbar sein müssen. *PDUs* stehen im Zusammenhang mit der horizontalen Sicht der Kommunikation, wohingegen *SDUs* und *SPs* im Zusammenhang mit der vertikalen Sicht der Kommunikation zu sehen sind.

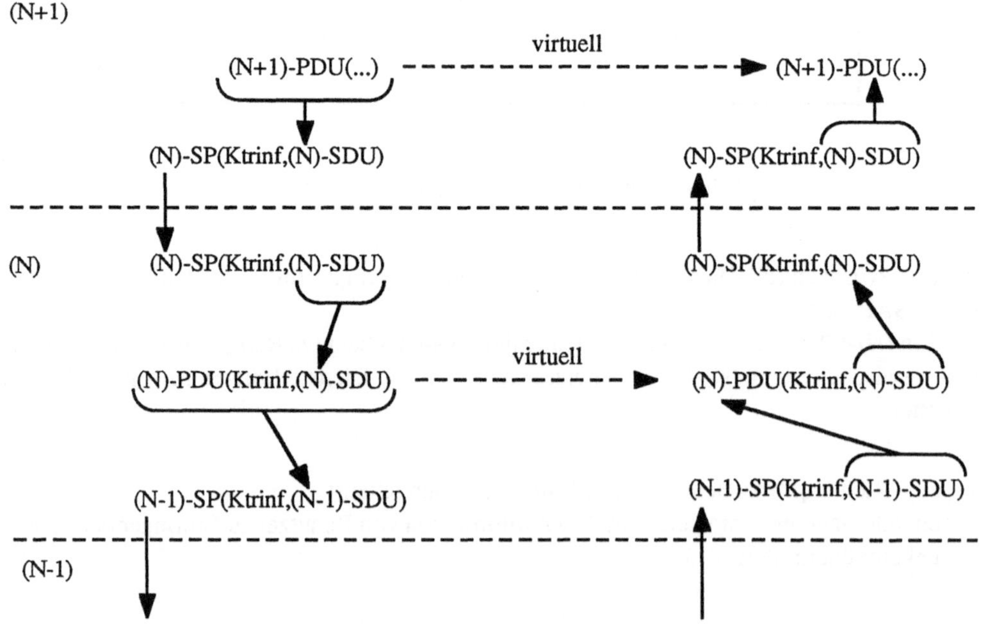

Abb. 2.4: Zusammenhang zwischen SP, SDU und PDU

2.1.2 Dienstelemente und Time-Sequence-Diagramme

In [37] werden unter anderem die folgenden Arten von *SPs* zur Interaktion zwischen Dienstbenutzer und Diensterbringer an einem SAPs unterschieden:

- *request* (Anforderung): repräsentiert eine Interaktion, in der der Dienstbenutzer eine Aktion aufruft,
- *indication* (Anzeige): repräsentiert eine Interaktion, in der der Diensterbringer anzeigt, daß er entweder *selbständig* eine Aktion eingeleitet hat, oder ein Benutzer an einem anderen *SAP* eine Aktion aufgerufen hat,
- *response* (Antwort): repräsentiert eine Interaktion, in der der Dienstbenutzer anzeigt, daß er eine Aktion ausgeführt hat, die zuvor mit einem *indication* eingeleitet wurde,
- *confirm* (Bestätigung): repräsentiert eine Interaktion, in der der Diensterbringer an einem SAP die erfolgreiche Beendigung einer Aktion anzeigt, die vorher durch ein *request* aufgerufen wurde.

Die wesentlichen Funktionen eines Dienstes ergeben sich aus den Reihenfolgen, in denen die *SPs* an den SAPs auftreten können. Zur Darstellung dieser Reihenfolgen werden in [37] *TS-Diagramme (time-sequence diagrams)* empfohlen. Abb.2.5 zeigt ein TS-Diagramm, das die Reihenfolge verschiedener *SPs* darstellt.

X-request steht in Abb.2.5 für ein *SP* mit Namen *X* von der Art *request*. In Abb.2.5 wird der gleiche Name (nämlich *X*) für alle beteiligten *SPs* benutzt, jedoch können auch in bestimmten Anwendungsfällen unterschiedliche Namen in einem TS-Diagramm benutzt werden. Beispiel dazu finden sich im Abschnitt 2.3.

Das TS-Diagramm aus Abb.2.5 kann folgendermaßen interpretiert werden: Ein Dienstbenutzer übergibt ein *X-request* an den Diensterbringer, daraufhin gibt der Diensterbringer dem Partnerbenutzer ein *X-indication*. Das gleiche gilt für *X-response* und *X-confirm*. Sind zwei *SPs* mit einer durchgezogenen Linie miteinander verbunden, dann ist damit ausgedrückt, daß sie in einem kausalen Zusammenhang stehen. In einem TS-Diagramm schreitet implizit die Zeit nach

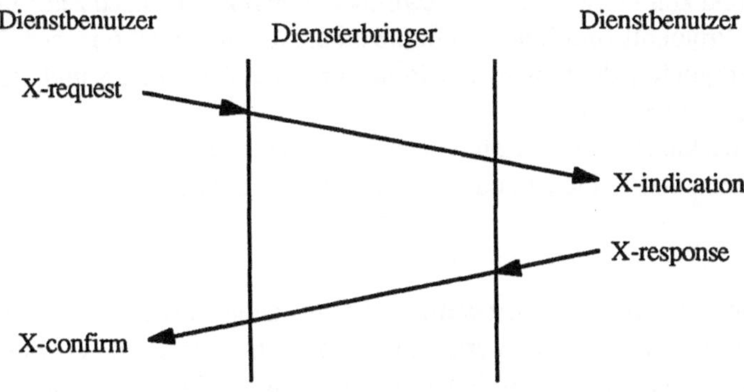

Abb. 2.5: Beispiel eines TS-Diagramms

unten fort. Schräge Linien deuten also auf eine mögliche Zeitverzögerung während der Übermittlung hin. In [37] gibt es die Zeitverzögerung nur innerhalb des Diensterbringers, jedoch kann im allgemeinen auch eine Zeitverzögerung bei der Übermittlung eines *SPs* zwischen Diensterbringer und Dienstbenutzer auftreten. Daher ist die obige Darstellung eine sinnvolle Erweiterung der TS-Diagramme. Argumente und Beispiele dazu finden sich in [29].

Eine Spezifikation eines Dienstes mit TS-Diagrammen ist keineswegs als formal zu betrachten. Solche Beschreibungen erheben in der Regel weder den Anspruch auf Vollständigkeit noch auf eindeutige Interpretation. Die Beschreibungen können also bestenfalls als semiformal bezeichnet werden. Sie geben einen schnellen Überblick über einige wichtige Eigenschaften des Dienstes.

2.2 Die 7 Schichten des OSI-Referenzmodells

Das OSI-Referenzmodell teilt die Kommunikationsarchitektur in 7 Schichten auf:

1) physikalische Schicht (engl. Physical Layer, Abk. Ph).
2) Sicherungsschicht (engl. Data Link Layer, Abk. DL) und
3) Vermittlungsschicht (engl. Network Layer, Abk. N),
4) Transportschicht (engl. Transport Layer, Abk. T),
5) Sitzungsschicht (engl. Session Layer, Abk. S),
6) Darstellungsschicht (engl. Presentation Layer, Abk. P),
7) Applikationsschicht (engl. Application Layer, Abk. A),

Dabei wird zwischen den *höheren Protokollen* (A,P,S und T) und den *Netzprotokollen* (N,DL und Ph) unterschieden. Die höheren Protokolle etablieren die Endbenutzer-Funktionen, wohingegen die Netzprotokolle für die Netzfunktionen zuständig sind. Abb.2.6 zeigt die Kommunikation zwischen den Endbenutzern *a* und *b* im Zusammenhang mit dem OSI-Referenzmodell. Ein Zwischenknoten (*relay system*) befindet sich zwischen den Endknoten, mit denen die Benutzer direkt kommunizieren. Der Zwischenknoten könnte auch Endbenutzer besitzen, die über höhere Protokolle mit ihm kommunizieren. Aber in Abb.2.6 ist der Zweck des Zwischenknotens lediglich, jedenfalls soweit Benutzer *a* und *b* betroffen sind, den erwünschten Vermittlungsdienst zu erbringen.

Bei der Entwicklung des OSI-Referenzmodells sind bestimmte Prinzipien und Richtlinien für die Abgrenzung von Schichten eingeflossen. In [51] sind die wesentlichen wie folgt beschrieben:

- Eine Schicht soll dort abgegrenzt werden, wo eine neue Abstraktionsebene beginnt.
- Jede Schicht soll eine wohldefinierte, in sich abgeschlossene, Funktion ausführen.
- Die Funktionen der Schichten sollen im Hinblick auf die Definition internationaler Protokollstandards gewählt werden.
- Die Kommunikation zwischen verschiedenen Schichten soll möglichst minimal sein.

– Die Anzahl der Schichten soll groß genug sein, um nicht unterschiedliche Funktionen unnötig in der gleichen Schicht zusammenzufassen und klein genug, damit die Architektur überschaubar bleibt.

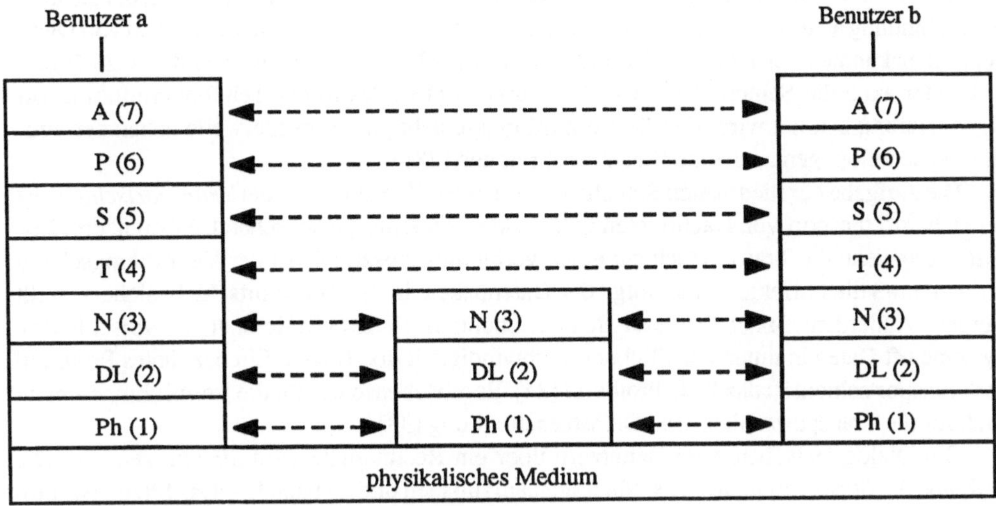

Abb. 2.6: OSI 7-Schichtenmodell

Die *physikalische Schicht* und die *Sicherungsschicht* gewährleisten eine sichere Kommunikationsverbindung zwischen zwei benachbarten Knoten im Rechnernetz. Die Aufgabe der physikalischen Schicht ist die Übertragung von Bits über ein phsikalisches Medium. Dazu muß sichergestellt werden, daß, wenn eine Seite eine 1 sendet, die andere Seite auch eine 1 empfängt und nicht eine 0. Unter Zuhilfename dieses Dienstes hat die Sicherungsschicht die Aufgabe, *Datenblöcke* sicher, d.h. fehlerfrei, über die Verbindung zu transportieren. Die Sicherungsschicht muß gewährleisten, daß beide beteiligten Rechner am Anfang eines Blocks synchronisiert sind; sie muß erkennen, wann der Block endet, muß Bitfehler erkennen und, wenn sie auftreten, beseitigen. Normalerweise wird die Fehlerbeseitigung durch wiederholte Übertragung eines Blocks, bei dessen Übertragung ein Fehler erkannt wurde, erreicht. Ein bekanntes Protokoll der Sicherungsschicht ist zum Beispiel das *HDLC*-Protokoll (*High Level Data Link Control*), das in der Sicherungsschicht von X.25 [15] und IBMs SNA Verwendung findet.

Die Aufgabe der *Vermittlungsschicht* ist die Wegewahl für Daten durch das Netz oder durch die Netze, falls mehrere Netze involviert sind. Die Vermittlungsschicht ist zudem für die Flußkontrolle im Netz und für die Bewältigung von Überlastsituationen verantwortlich, um zu vermeiden, daß sich an Netzknoten Nachrichtenstaus bilden und zu Verklemmungen führen. Unter Zuhilfenahme des Sicherungsdienstes gewährleistet die Vermittlungsschicht, daß Datenblöcke fehlerfrei von einem Netzknoten zu dem gewünschten Zielknoten gelangen. Die Datenblöcke werden in dieser Schicht meist als *Pakete* bezeichnet. Es wird oft in der Vermittlungsschicht zwischen *verbindungslosem* und *verbindungsorientiertem* Dienst unterschieden. Beim verbindungslosen Dienst gibt der Benutzer die einzelnen Datenpakete mit der

Adresse des Zielbenutzers an. Der Dienst transportiert diese Pakete dann unabhängig voneinander von der Quelle zum Ziel. Dabei kann es natürlich zu Reihenfolgefehlern kommen, die in einer höheren Schicht wieder beseitigt werden müssen. Beim verbindungsorientierten Dienst muß der Benutzer, bevor er Datenpakete übermitteln kann, eine Verbindung mit dem Zielbenutzer aufbauen. Danach übergibt er die Datenpakete ohne Adresse an den Dienst, der sie über die Verbindung an das Ziel transportiert. Viele Rechnernetze integrieren beide Arten von Diensten. Ein bekanntes Beispiel eines Vermittlungsprotokolls ist die Paketschicht des X.25-Protokolls oder auch die Schicht 3 des CCS7-Protokolls [13], das in der Telefonvermittlung zur Signalisierung benutzt wird. Für die Vermittlungsschicht gibt es mittlerweile neben den Protokollbeschreibungen auch eine Dienstbeschreibung [38].

Die Aufgabe der niedrigsten Schicht der höheren OSI-Schichten, der *Transportschicht*, ist der sichere Transport von Nachrichten in korrekter Reihenfolge zwischen Endbenutzern. Insbesondere wenn die Transportschicht einen verbindungslosen Dienst der Vermittlungschicht benutzt, muß die korrekte Reihenfolge der Datenpakete in der Transportschicht sichergestellt werden. Außerdem findet in dieser Schicht ebenfalls Flußkontrolle statt, da verschiedene Systeme oft Daten in unterschiedlicher Geschwindigkeit übertragen. Ein bekanntes Protokoll der Transportschicht ist das T.70-Protokoll [34]. Es gibt ebenso wie für die Vermittlungsschicht auch für die Transportschicht eine Dienstbeschreibung [33].

Ein Dialog zwischen zwei Benutzern über ein Rechnernetz wird *Sitzung* genannt. Die Aufgabe der *Sitzungsschicht* ist es, Sitzungen aufzubauen und zu beenden. Das Sitzungsprotokoll legt fest, in welcher Form zwei Benutzerprogramme in zwei verschiedenen Rechnern unter Zuhilfename des Dienstes der Transportschicht eine Kommunikationssitzung ordnungsgemäß beginnen, durchführen und beenden. Auch für diese Schicht gibt es bereits Vorschläge für standardisierte Protokoll- [36] und Dienstbeschreibungen [35].

Die Aufgabe der *Darstellungsschicht* ist die Herstellung kompatibler Datenformate zwischen zwei Anwenderprogrammen. Ein typisches Beispiel ist die Komprimierung von Text, der zwischen Anwenderprogrammen ausgetauscht wird. So könnte die Darstellungsschicht zum Beispiel als Eingabe ASCII-Zeichenketten erhalten und diese in komprimierte Bitketten umwandeln. Die Aufgabe der Darstellungsschicht ist dabei, allgemein anwendbare Funktionen zur Verfügung zu stellen, damit die Anwender sich nicht in jedem einzelnen Fall erneut Gedanken über entsprechende Algorithmen machen müssen. Ein bekannter Standard, der zur Darstellungsschicht zu zählen ist, ist die X.409 Empfehlung [19].

In der *Applikationsschicht* werden anwendungsabhängige Protokolle definiert, die der übermittelten Information eine, der Anwendung gemäß geeignete, Bedeutung verleihen. Auch hier gibt es Standardanwendungen, wie z.B. den File-Transfer, der zur Standardisierung in der Applikationsschicht zwingt. Auch die X.400 Empfehlung [19] des CCITT für *message handling systems* ist ein bekanntes Beispiel für Standardisierungsbemühungen in der Applikationsschicht.

2.3 Beispiel zur Schichtung von Diensten und Protokollen

In den vorangegangenen Abschnitten wurde das Prinzip der Schichtung von Diensten und Protokollen beschrieben. In diesem Abschnitt soll das Prinzip nun anhand eines konkreten Beispiels verdeutlicht werden.

Es werden zwei Dienste und ein Protokoll beschrieben:

- der Dienst *Medium*, mit dem Daten unzuverlässig übertragen werden können
- das Protokoll *Inres* (Initiator Responder), das den unzuverlässigen Medium-Dienst benutzt, um einen zuverlässigen verbindungsorientierten Dienst zu erbringen
- der Dienst *Inres*, der von dem Protokoll *Inres* zusammen mit dem Dienst *Medium* erbracht wird

Die hier beschriebenen Dienste und Protokolle dienen nur zur Illustration und können keiner bestimmten Schicht des OSI-Basis-Referenzmodells zugerechnet werden. Abb.2.7 zeigt einen Überblick über die Architektur des Beispiels.

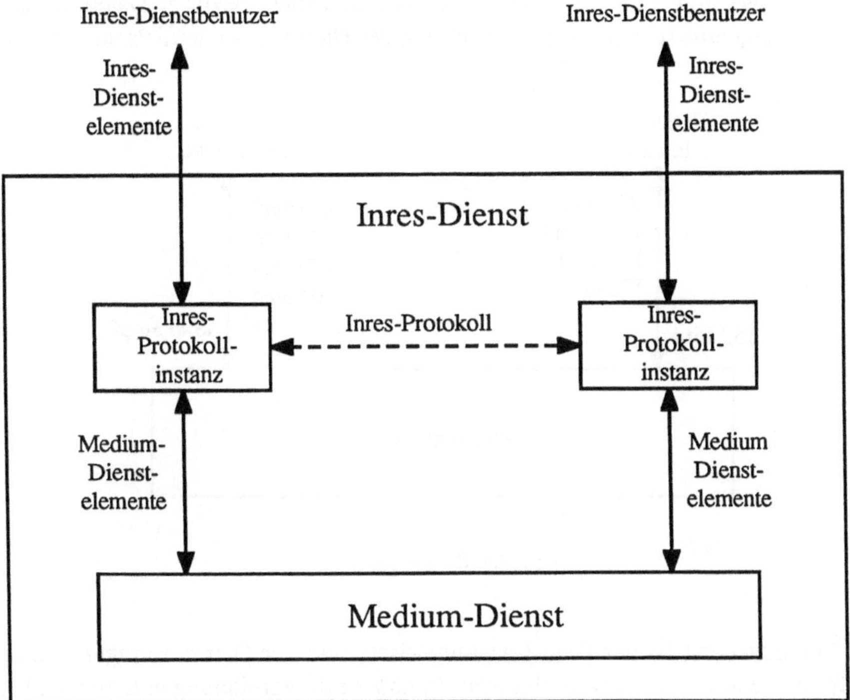

Abb. 2.7: Architektur des Beispiels

In den folgenden Abschnitten werden die Dienste und das Protokoll im einzelnen verbal bzw. semiformal mit TS-Diagrammen beschrieben. Die Beschreibungen dienen als Grundlage für die formaleren Beschreibungen mit Hilfe der Spezifikationssprachen Estelle, LOTOS und SDL.

Bei den Beschreibungen gibt es Konventionen für die Namensgebung von *SPs*, SAPs und *SDUs*. *SPs*, SAPs und *SDUs*, die den Medium-Dienst betreffen, werden mit dem Präfix *M* versehen. *MSDU* bezeichnet damit eine Dienstdateneinheit des Medium-Dienstes. *SPs*, SAPs und

SDUs, die den Inres-Dienst bzw. das Inres-Protokoll betreffen, werden mit dem Präfix *I* versehen.

Die Reihenfolge der folgenden Abschnitte entspricht der Reihenfolge, die beim Protokollentwurf empfohlen wird: zuerst macht man sich Gedanken über den Dienst, der von einem Protokoll erbracht werden soll. Dann betrachtet man den Dienst, der benutzt werden kann, um daraufhin ein Protokoll zu entwerfen, das zusammen mit dem benutzten Dienst den gewünschten Dienst erbringt.

2.3.1 Der *Inres*-Dienst

Es handelt sich hier um eine vereinfachte Form des Abracadabra-Dienstes aus [41]. Der Dienst ist verbindungsorientiert. Ein Benutzer, der mit einem anderen Benutzer über den Dienst kommunizieren möchte, muß zunächst eine Verbindung aufbauen, bevor er Daten austauschen kann. Abb.2.8 zeigt eine schematische Darstellung des Dienstes mit den *SPs* und den SAPs.

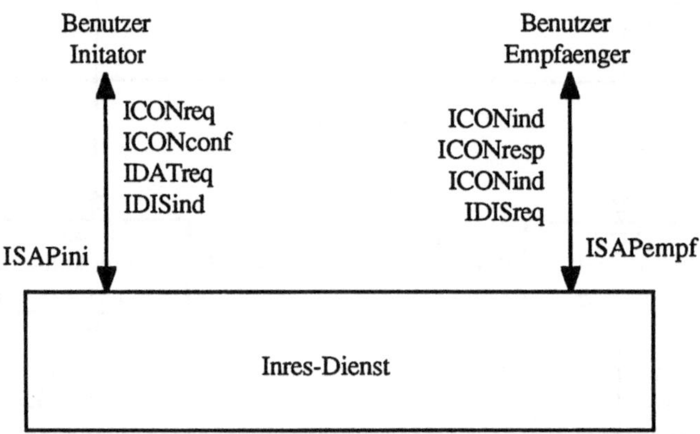

Abb. 2.8: Der Inres-Dienst

Zur Vereinfachung ist der Dienst asymmetrisch, und der Diensterbringer besitzt zwei SAPs. Über den einen SAP kann ein Benutzer *Initiator* eine Verbindung initiieren und danach Daten senden. Am anderen SAP kann ein anderer Benutzer *Empfaenger* den Verbindungsaufbauwunsch akzeptieren oder ablehnen. Im Fall des Akzeptierens kann er Daten vom sendenden Benutzer empfangen.

Mit den folgenden *SPs* wird die Kommunikation mit dem Diensterbringer abgewickelt:

- *ICONreq*: Anforderung eines Verbindungsaufbaus durch den *Initiator*
- *ICONind*: Anzeige eines Verbindungsaufbaus durch den *Diensterbringer*
- *ICONresp*: Antwort zu einem Verbindungsaufbau durch den *Empfaenger*
- *ICONconf*: Bestätigung eines Verbindungsaufbaus durch den *Diensterbringer*
- *IDATreq(ISDU)*: Daten von *Initiator* an *Diensterbringer*, dieses *SP* besitzt als Parameter eine *ISDU*

- *IDATind(ISDU)*: Daten von *Diensterbringer* an *Empfaenger*, dieses *SP* besitzt als Parameter eine *ISDU*
- *IDISreq*: Anforderung eines Verbindungsabbaus durch den *Empfaenger*
- *IDISind*: Anzeige eines Verbindungsaufbaus durch den *Diensterbringer*

Die zeitliche Reihenfolge der *SPs* wird in den Abbildungen Abb.2.8a-h mit Hilfe von TS-Diagrammen beschrieben.

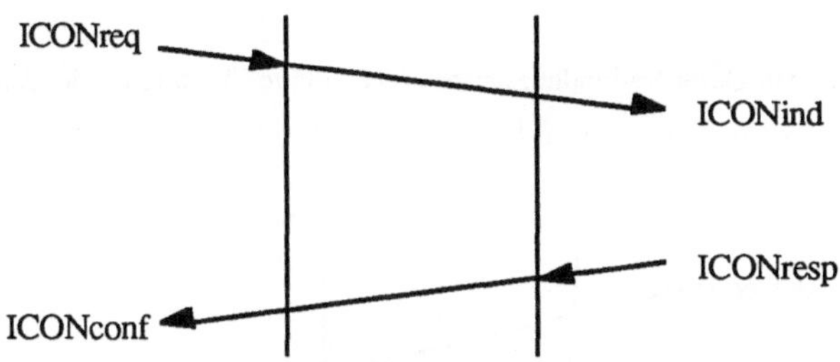

Abb. 2.8a: Erfolgreicher Verbindungsaufbau

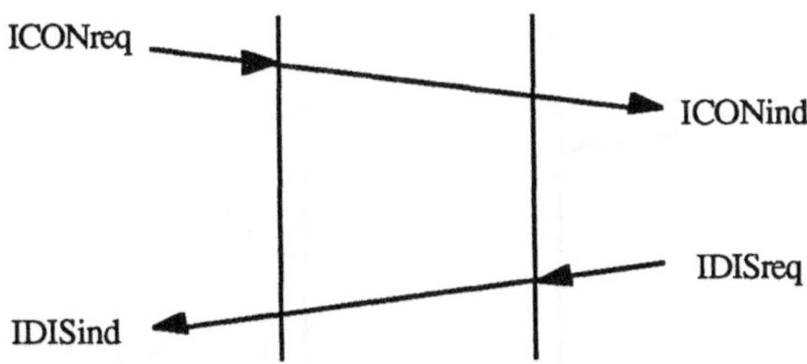

Abb. 2.8b: Erfolgloser Verbindungsaufbau (Ablehnung durch den Empfänger)

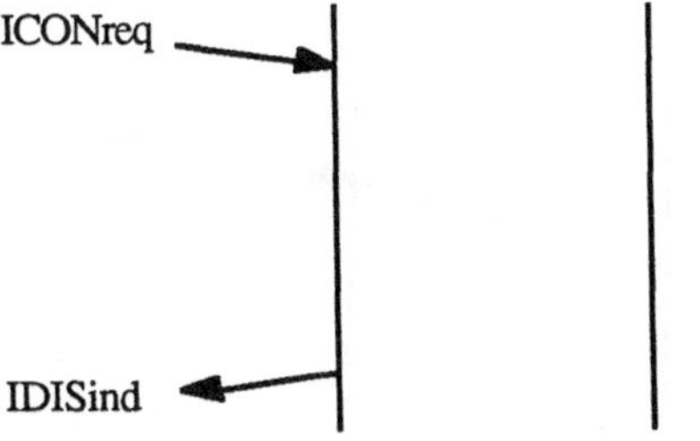

Abb. 2.8c: Erfolgloser Verbindungsaufbau (Fehlerhafte Übertragung des Aufbauwunsches)

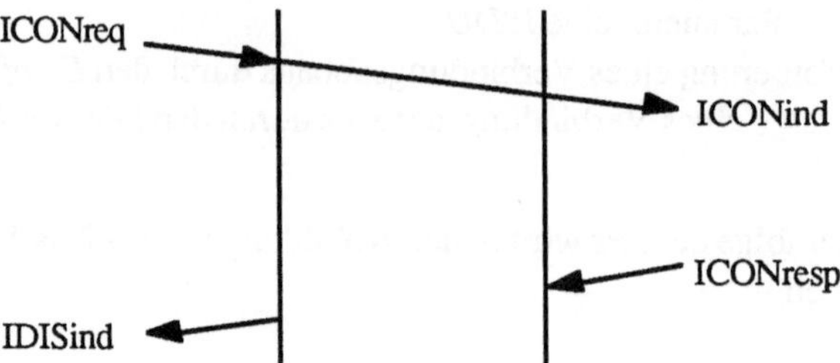

Abb. 2.8d: Erfolgloser Verbindungsaufbau (Fehlerhafte Übertragung der Antwort)

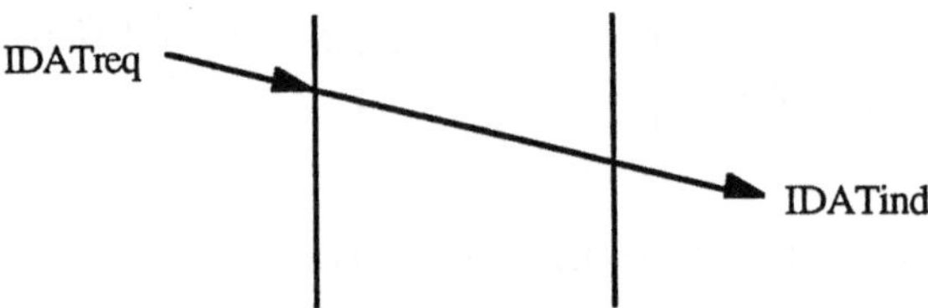

Abb. 2.8e: Erfolgreicher Datentransfer

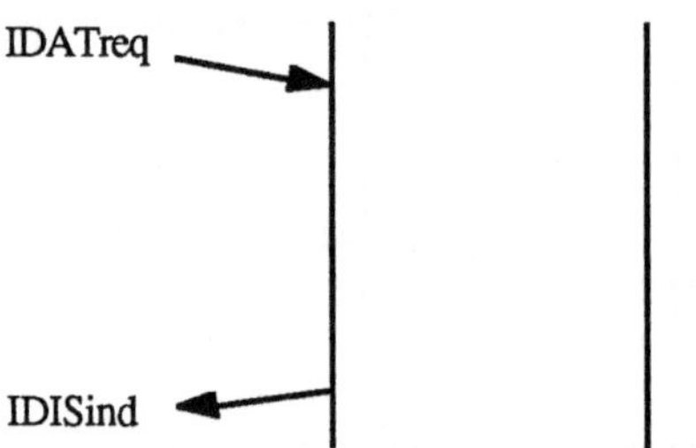

Abb. 2.8f: Erfolgloser Datentransfer (Fehlerhafte Übertragung von Daten)

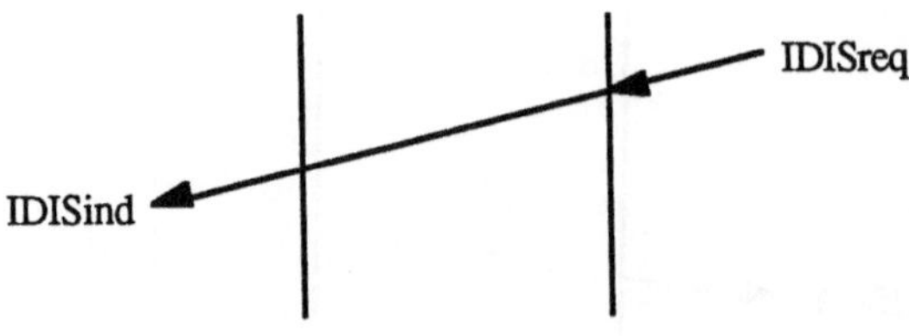

Abb. 2.8g: Erfolgreicher Verbindungsabbau

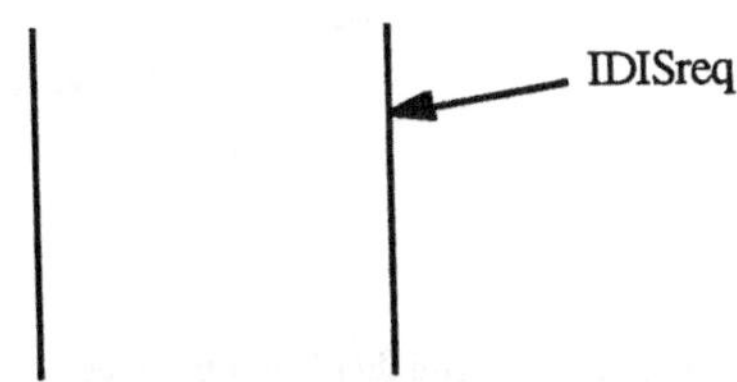

Abb. 2.8h: Erfolgloser Verbindungsabbau (Fehlerhafte Übertragung von Daten)

2.3.2 Der *Medium*-Dienst

Der *Medium*-Dienst hat zwei SAPs, *MSAP1* und *MSAP2*. Er ist symmetrisch, operiert verbindungslos und kann über die *SPs MDATreq* und *MDATind* benutzt werden, die je eine *MSDU* als Parameter besitzen.

Mit den *SPs* können Daten (*MSDUs*) von einem SAP zum anderen übertragen werden. Mit *MDATreq* kann ein Benutzer ein Datum an den Dienst geben, der dieses Datum mit *MDATind* an den anderen Benutzer geben kann.

Der Transport der Daten ist unzuverlässig, indem Daten verloren gehen können. Es können allerdings keine Daten verfälscht oder dupliziert werden und es entstehen auch keine Daten aus dem Nichts. Die Abbildungen Abb.2.9a und Abb.2.9b zeigen die Sequenzen, in denen die *SPs* auftreten können.

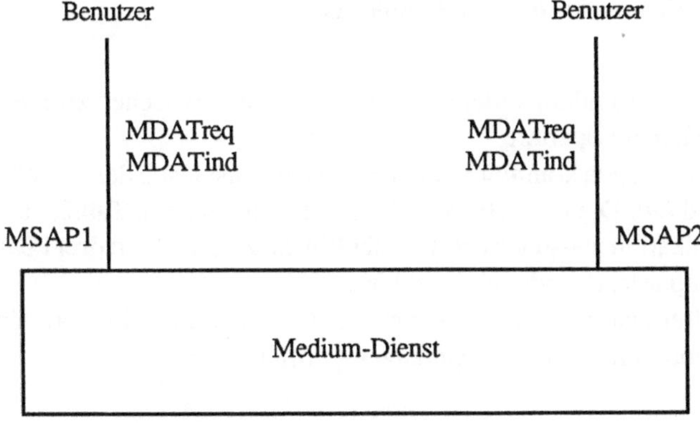

Abb. 2.9: Der Medium-Dienst

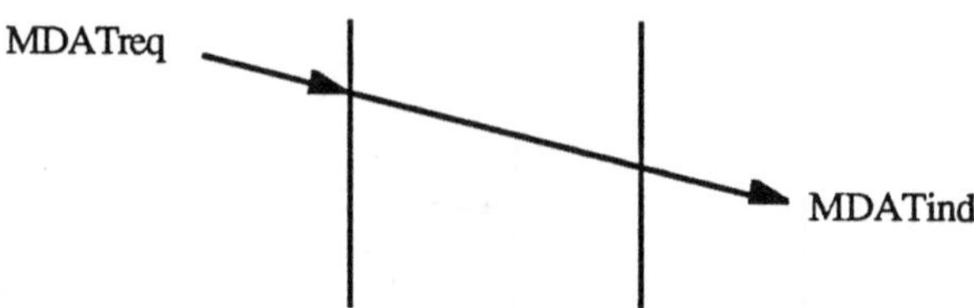

Abb. 2.9a: Erfolgreicher Datentransfer

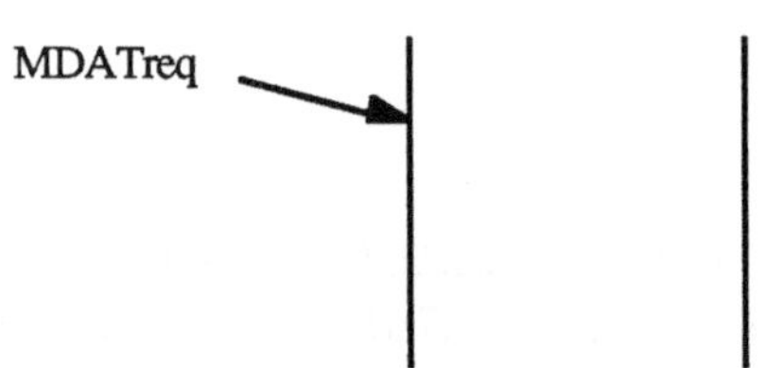

Abb. 2.9b: Erfolgloser Datentransfer (Fehlerhafte Übertragung von Daten)

2.3.3 Das *Inres*-Protokoll

In diesem Abschnitt wird nun ein Protokoll beschrieben, das unter Benutzung eines sehr einfachen, unzuverlässigen Medium-Dienstes den Inres-Dienst erbringt. Abb.2.10 zeigt die generelle Architektur des Protokolls.

2.3.3.1 Generelle Eigenschaften des Protokolls

Das Protokoll ist ein verbindungsorientiertes Protokoll, das zwischen zwei Protokollinstanzen *Initiator* und *Empfaenger* operiert.

Die Protokollinstanzen kommunizieren durch den Austausch der Protokolldateneinheiten *CR,CC,DT,AK* und *DR*. Die Bedeutung und die Parameter sind in Tab.2.2 spezifiziert.

Die Kommunikation zwischen den Protokollinstanzen findet in drei Phasen statt: Verbindungsphase, Datenphase, Unterbrechungsphase.

In jeder der drei Phasen sind nur bestimmte *PDUs* und *SPs* sinnvoll. Unerwartete *PDUs* und *SPs* werden von *Initiator* und *Empfaenger* ignoriert.

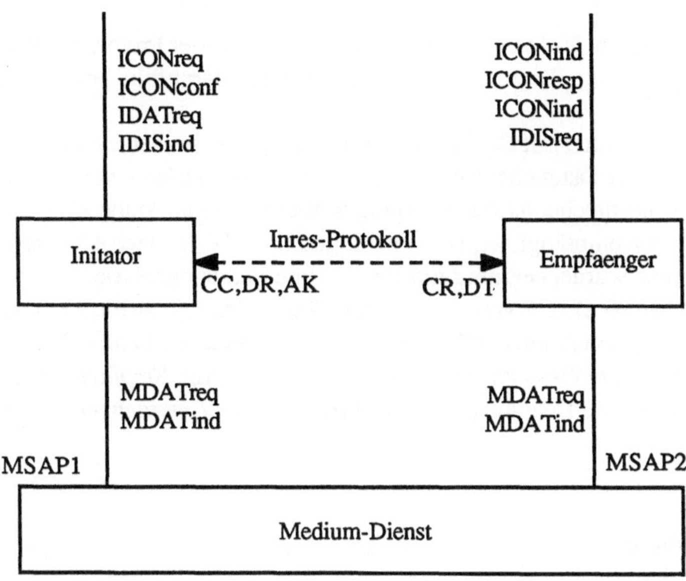

Abb. 2.10: Das Inres-Protokoll

Tab. 2.2: Inres-Protokolldateneinheiten

PDU	Bedeutung	Parameter	entsprechende SPs
CR	Verbindungsaufbau	keine	ICONreq, ICONind
CC	Verbindungsbestätigung	keine	ICONresp, ICONconf
DT	Datentransfer	Folgenummer (1 Bit) Dienstdateneinheit (ISDU)	IDATreq, IDATind
AK	Bestätigung	Folgenummer (1 Bit)	-
DR	Verbindungsabbau	keine	IDISreq, IDISind

2.3.3.2 Verbindungsphase

Ein Verbindungsaufbau wird von dem Protokollbenutzer an der Protokollinstanz *Initiator* mit einem *ICONreq* initiiert. Die Instanz *Initiator* sendet daraufhin ein *CR* an die Instanz *Empfaenger*.

Empfaenger antwortet mit *CC* oder *DR*. Im Fall von *CC* sendet *Initiator* ein *ICONconf* an den Benutzer, und die Datenphase wird begonnen. Wenn *Initiator* von *Empfaenger* ein *DR* erhält, wird die Unterbrechungsphase begonnen. Wenn *Initiator* keine Antwort auf *CR* innerhalb von 5 Sekunden empfängt, wird *CR* erneut gesendet. Wenn nach 4 Versuchen noch keine Antwort empfangen wurde, beginnt *Initiator* die Unterbrechungsphase.

Wenn *Empfaenger* ein *CR* von *Initiator* empfängt, wird dem Benutzer, der mit der Instanz *Empfaenger* kommuniziert, ein *ICONind* gesendet. Der Benutzer kann mit *ICONresp* oder mit *IDISreq* antworten. *ICONresp* ist die Verbindungsbestätigung, *Empfaenger* sendet ein *CC* an *Initiator* und beginnt die Datenphase. Bei *IDISreq* beginnt *Empfaenger* die Unterbrechungsphase.

2.3.3.3 Datenphase

Wenn der Benutzer der Instanz *Initiator* ein *IDATreq* übergibt, sendet *Initiator* ein *DT* an *Empfaenger* und kann darauf ein weiteres *IDATreq* vom Benutzer empfangen. *IDATreq* enthält als Parameter eine Dienstdateneinheit *ISDU*, mit der der Benutzer Informationen an den Partnerbenutzer übermitteln möchte. Diese Benutzerdaten aus *IDATreq* werden transparent als Parameter in der Protokolldateneinheit *DT* übernommen. Nach Aussenden eines *DT* wartet *Initiator* 5 Sekunden auf eine entsprechende korrekte Empfangsbestätigung *AK* vom *Empfaenger*. Nach dieser Zeit wird das *DT* erneut gesendet. Nach 4-maliger erfolgloser Wiederholung beginnt *Initiator* die Unterbrechungsphase.

DT und *AK* besitzen als Parameter eine binäre Folgenummer (0 oder 1). Der *Initiator* beginnt nach dem Verbindungsaufbau die Übertragung von *DT* mit der Folgenummer 1. Eine korrekte Bestätigung *AK* enthält jeweils die gleiche Folgenummer. Nach Empfang eines korrekten *AK* kann das nächste *DT* mit der nächsten (d.h. anderen) Folgenummer gesendet werden. Wenn der *Initiator* ein *AK* mit falscher Folgenummer empfängt, sendet er das letzte *DT* noch einmal. Ebenfalls wiederholt wird *DT*, wenn nach 5 Sekunden kein *AK* empfangen wurde. Ein *DT* kann insgesamt 4 mal wiederholt werden. Danach beginnt *Initiator* die Unterbrechungsphase. Das gleiche gilt bei Empfang eines *DR*.

Der *Empfaenger* erwartet nach dem Verbindungsaufbau zunächst ein *DT* mit der Folgenummer 1. Nach dem Empfang eines *DTs* mit erwarteter Folgenummer übergibt er die entsprechenden Benutzerdaten *ISDU* als Parameter eines *IDATind* an seinen Benutzer und sendet eine Bestätigung *AK* mit der gleichen Folgenummer an den *Initiator*. Ein *DT* mit nicht erwarteter Folgenummer wird mit einem *AK*, mit der letzten korrekt empfangenen Folgenummer, beantwortet. Die Benutzerdaten *ISDU* eines inkorrekten *DT* werden ignoriert. Wenn *Empfaenger* ein *CR* empfängt, begibt sich *Empfänger* in die Verbindungsphase. Bei *IDISreq* beginnt *Empfaenger* die Unterbrechungsphase.

2.3.3.4 Unterbrechungsphase

Ein *IDISreq* vom Benutzer führt beim *Empfaenger* zum Senden eines *DR* an den *Initiator*. Danach kann *Empfaenger* einen neuen Verbindungsaufbauwunsch *CR* vom *Initiator* entgegennehmen.

Beim *Initiator* führt ein *DR* zu einem *IDISind* an den Benutzer. Ein *IDISind* wird auch dann an den Benutzer gesendet, wenn ein *CR* oder *DT* 4 mal erfolglos gesendet wurde. Danach kann eine neue Verbindung aufgebaut werden.

2.4 Konformität zwischen Dienst und Protokoll

In den folgenden Abschnitten werden Inres-Dienst, Medium-Dienst und Inres-Protokoll jeweils mit den Sprachen Estelle, LOTOS und SDL beschrieben. Der Gebrauch von formalen Beschreibungsmethoden zur Spezifikation von Diensten und Protokollen provoziert die Frage, inwieweit eigentlich formal bewiesen werden kann, daß ein Protokoll tatsächlich einen gewünschten Dienst erbringt.

Das theoretische Studium dieser Frage führt zu dem Begriff der Äquivalenz und Konformität von zwei Spezifikationen, der an verschiedenen Stellen in der Literatur bereits untersucht wurde, z.B. [22], [7], [44]. Allerdings scheitern diese theoretischen Erkenntnisse in der Praxis heute meist an der Komplexität der zu untersuchenden Spezifikationen. So muß man sich in der Regel mit unvollständigem Testen der Protokollspezifikation auf Konformität mit der Dienstspezifikation beschränken. Bei den verwendeten Beispielen in diesem Buch, dem Inres-Protokoll und dem Inres-Dienst, wurden solche unvollständigen Tests der formalen Spezifikation teils mit Werkzeugunterstützung, teils per Hand durchgeführt. Insbesondere wurden die LOTOS-Spezifikationen mit [25] und die Estelle-Spezifikationen mit [20] untersucht. Weil diese Tests unvollständig waren, ist nicht anzunehmen, daß das Inres-Protokoll tatsächlich in allen Einzelheiten genau den Inres-Dienst erbringt. Leser, die sich Mühe geben, werden sicher das Gegenteil zeigen können. Trotzdem sind formale Dienstspezifikationen sinnvoll. Denn gäbe es sie nicht, dann gäbe es nicht einmal für unvollständiges Testen eine Basis.

Auf dem Gebiet der Konformitätsbeziehung zwischen Dienst und Protokoll gibt es noch viel zu tun. Die Wissenschaft steht hier in Theorie und Praxis noch am Anfang.

3 Estelle

3.1 Einleitung

3.1.1 Historie von Estelle

Die Entwicklung von Estelle wurde ebenso wie die von LOTOS in der ISO initiiert. Die Notwendigkeit formaler Spezifikationssprachen ergab sich aus der Komplexität der Protokollspezifikationen, die internationale Standards werden sollen. Es wurde erkannt, daß zur Entwicklung zuverlässiger Protokolle für verteilte Systeme formale Methoden sehr hilfreich sein können.

Anfang 1981 traf sich in Berlin eine Ad-hoc-Gruppe von Protokollexperten der ISO zu einer Sitzung, um die Frage einer Standard-Spezifikationssprache zu diskutieren. Über 20 Vorschläge für eine solche Sprache wurden eingereicht. Die Sprachkonzepte ließen sich grob in zwei in Gruppen einteilen. Die eine Gruppe von Sprachen basierte im wesentlichen auf der Idee der endlichen Automaten und die andere Gruppe auf den Grundlagen der Prozeßalgebra und zeitlichen Ordnung von Ereignissen.

Die Ad-hoc-Gruppe wurde daraufhin in drei Untergruppen A, B und C aufgeteilt. Die Untergruppe C sollte die prozeßalgebraorientierten Sprachen studieren und ein einheitliches Konzept daraus entwicklen. B wurde beauftragt, das gleiche für die automatenorientierten Sprachen zu tun. Untergruppe A sollte koordinierend wirken und den Zusammenhang zu der OSI-Architektur herstellen.

Die Arbeit in Untergruppe B resultierte letztlich in der Sprache Estelle und die Arbeit von C in LOTOS.

Die Arbeiten, die Estelle am Anfang wesentlich beeinflußten, waren [4] und [47]. Die Strukturkonzepte und eine formale Semantik wurden u.a. von [21] beigesteuert.

In der Zeit um 1982/83 gab es Bemühungen, Estelle mit SDL zu vereinen, um somit in CCITT und ISO eine gemeinsame Beschreibungssprache zu haben. Dieser Gedanke lag nahe, da beide Sprachen auf ähnlichen Konzepten basieren. Die Bemühungen resultierten in der Empfehlung X.250 des CCITT [10]. Leider war der Einigungsprozeß sehr schwierig, so daß X.250 nie einen befriedigenden Status erreichte und demzufolge die Akzeptanz sehr gering war. Im Laufe der Zeit wurde X.250 wieder aus den offiziellen Empfehlungen des CCITT entfernt.

Estelle hat heute den Status der *International Standard* in der ISO, es gibt eine Reihe von Werkzeugentwicklungen, und die Sprache ist in vielen Anwendungen erprobt. Weitere Literaturangaben zu Anwendungen und Werkzeugen finden sich zum Beispiel in [5] und [3].

3.1.2 Basismodell

Estelle ist eine Spezifikationssprache, die auf dem Modell der *erweiterten endlichen Automaten* basiert (Für Automaten siehe z.B. [6]). Ein erweiterter endlicher Automat unterscheidet sich dadurch von einem endlichen Automaten, daß er neben seinen Zuständen lokal Daten halten und manipulieren kann. Die Daten existieren in Form von Werten von Variablen.

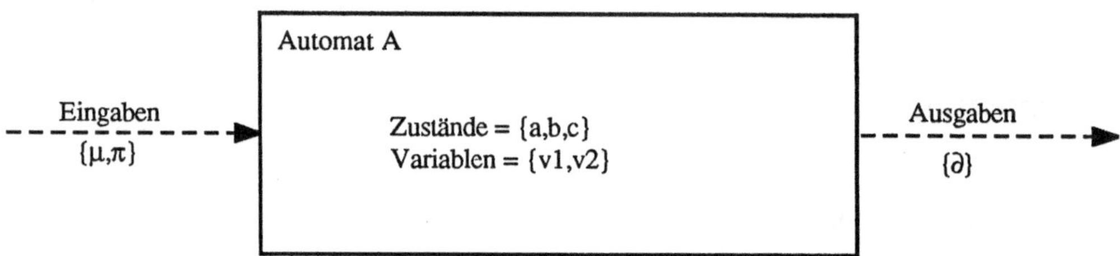

Abb. 3.1.1: Schematische Darstellung eines erweiterten endlichen Automaten

Es sei für einen Moment der Automat aus Abb. 3.1.1 betrachtet. Wenn der Automat sich zum Beispiel im Zustand *a* befindet und eine Eingabe erhält, dann können aus *a* noch nicht eindeutig der neue Zustand und die Ausgabe berechnet werden. Der neue Zustand und die Ausgabe können nämlich auch von den Inhalten der Variable *v1* und *v2* abhängen. In Wirklichkeit besitzt der Automat A also viel mehr Zustände als *a*, *b* und *c*. Die Gesamtmenge der Zustände ergibt sich aus der Kombination der Zustandsmenge *{a,b,c}* mit der Menge von Werten der Variablen *v1* und *v2*. Mathematisch ausgedrückt ist die Gesamtmenge der Zustände ein kartesisches Produkt,

$$\{a,b,c\} \times \text{Typ}(v1) \times \text{Typ}(v2)$$

wobei hier *Typ(v1)* bzw. *Typ(v2)* die Menge der Werte darstellen soll, die von *v1* bzw. *v2* angenommen werden können. Es läßt sich erkennen, daß ein erweiterter endlicher Automat im allgemeinen gar kein endlicher Automat ist. Schon dann, wenn z.B. *v1* vom Typ *Integer* ist, ist die Gesamtmenge der Zustände unendlich. Mit erweiterten endlichen Automaten läßt sich also relativ einfach ein Verhalten beschreiben, das potentiell unendlich ist und mit herkömmlichen endlichen Automaten nicht beschreibbar wäre. Insbesondere kann solche Information, die für das Gesamtverständnis des Automaten unwesentlich ist, in Form von Daten spezifiziert werden.

Es stellt sich die Frage, welche Information genau in Form von Zuständen und welche in Form von Daten spezifiziert werden soll. Diese Frage läßt sich nicht leicht beantworten, da sie sehr in das Methodische der Spezifikation hineinreicht. In einem der folgenden Abschnitte finden sich jedoch Beispiele, die die Vorgehensweise verdeutlichen.

Ein System wird in Estelle in Form von miteinander kommunizierenden, erweiterten endlichen Automaten spezifiziert.

Die erweiterten endlichen Automaten werden in Estelle

Moduln

genannt und mit Estelle in einer Pascal-ähnlichen Notation spezifiziert. Insbesondere für Datendeklarationen und -manipulationen sowie für die Kontrollstrukturen beim Zustandsübergang dienen die Sprachelemente von ISO-Pascal. Für die Kommunikationsmechanismen gibt es in Estelle zusätzliche, aber an die Pascal-Notation angelehnte, Sprachkonstrukte. Ein Modul kann mit anderen Moduln über

Kanäle

kommunizieren. Der zugrundeliegende Kommunikationsmechanismus ist dabei *asynchron*, Kommunikation wird also über Puffer abgewickelt. Ein Modul kann eine beliebige Anzahl

Interaktionspunkte

(im folgenden zur Abkürzung *IP* genannt) besitzen, denen jeweils ein FIFO-Puffer zugeordnet ist. Dabei können mehere IPe den gleichen Puffer benutzen.

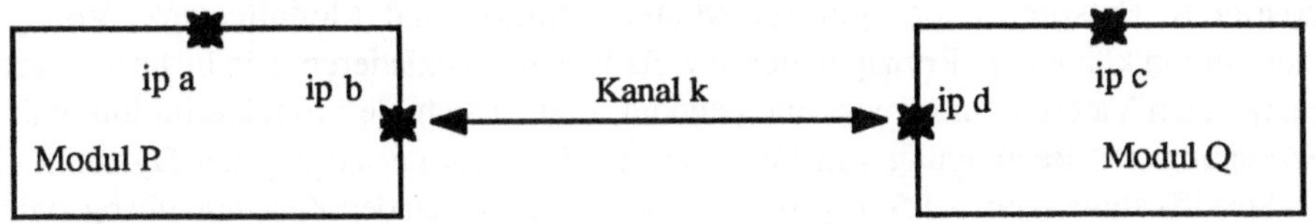

Abb. 3.1.2: Zwei kommunizierende Moduln

Die Moduln sind in Estelle immer hierarchisch definiert, es existieren also Vater-Sohn-Beziehungen zwischen den Moduln. Ein Vatermodul kann mehrere kommunizierende Sohnmoduln besitzen.

Abb. 3.1.3 zeigt schematisch einen Vatermodul mit zwei Sohnmoduln. Die IPe *sa* und *sc* der Sohnmoduln sind dabei mit den IPen *va* bzw. *vc* des Vatermoduls verbunden. Die genauen Kommunikationsmechanismen einer solchen Verbindung sind in den folgenden Abschnitten beschrieben.

Ein Vatermodul kann zusätzlich zu den Aktionen seiner Sohnmoduln selbst Aktionen durchführen, z.B. dynamisch die Kommunikationsstruktur seiner Sohnmoduln verändern, neue Sohnmoduln kreieren, und anderes.

Die Sohnmoduln können in einer Estelle-Spezifikation *sequentiell* oder *parallel* existieren.

Die Vater-Sohn-Beziehung zwischen Moduln ist ein wesentlicher Aspekt der Sprache Estelle, und es können dadurch sehr komplizierte Zusammenhänge beschrieben werden.

Insgesamt läßt sich die Struktur einer Estelle-Spezifikation also baumartig darstellen wie in Abb. 3.1.4. Knoten, die keine Blätter sind, stellen dabei die Vatermoduln dar.

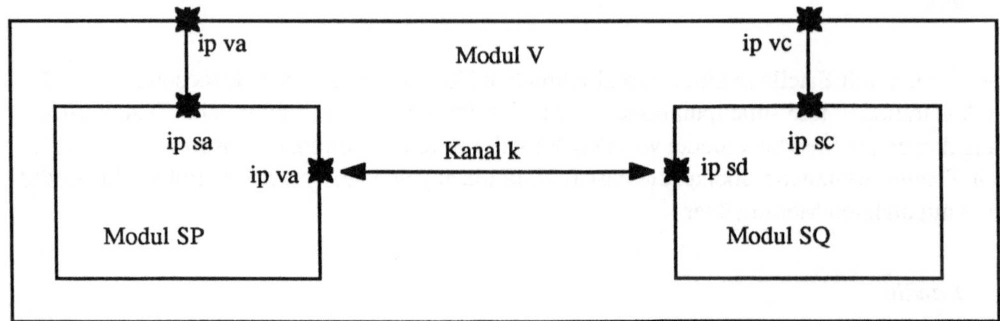

Abb. 3.1.3: Ein Vatermodul mit zwei Sohnmoduln

Die Baumstruktur ist allerdings während der Interpretation der Spezifikation nicht statisch, sondern kann sich dynamisch verändern, indem dynamisch Moduln beendet werden, und neue Moduln erzeugt werden.

Es ist wichtig, hierbei zwischen *Moduldefinition* und *Modulinstanz* zu unterscheiden. Der Unterschied ist etwa der gleiche wie zwischen Datentyp und Variable in einer beliebigen Programmiersprache. Von einem definierten Datentyp können im Prinzip beliebig viele Variablen existieren. Entsprechendes gilt für Moduldefinition und Modulinstanz. Von jeder Moduldefinition können im Prinzip beliebig viele Instanzen existieren. Die Instanzen werden von demjenigen Vatermodul erzeugt und beendet, in dem sich die Moduldefinition befindet. Die Erzeugung und Beendigung von Instanzen ist ein wichtiger Aspekt der Dynamik einer Estelle-Spezifikation. Abb. 3.1.5 zeigt noch einmal schematisch den Zusammenhang zwichen Moduldefinition und Modulinstanz.

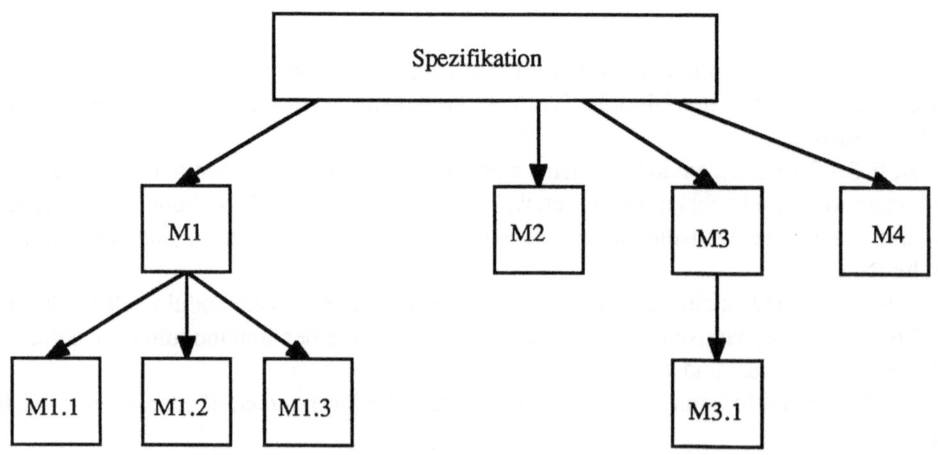

Abb. 3.1.4: Baumstruktur einer Estelle-Spezifikation

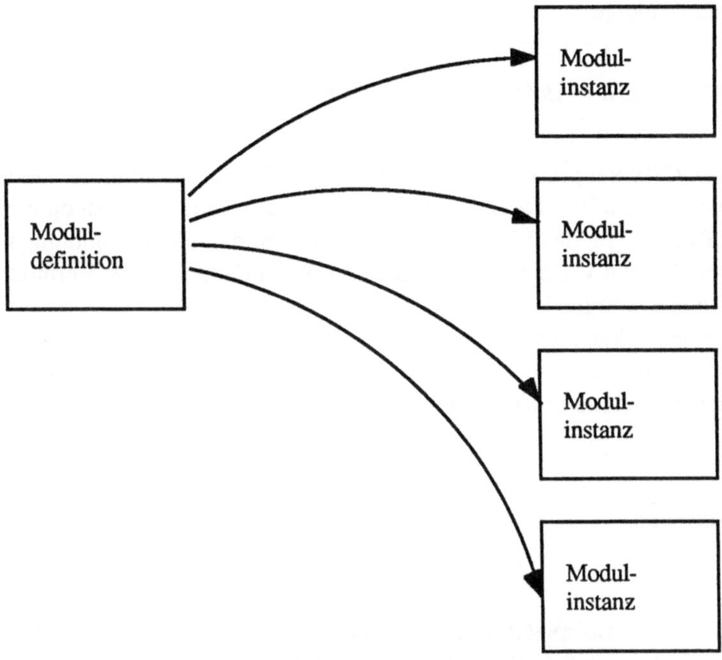

Abb. 3.1.5: Moduldefinition und Modulinstanz

Im Sprachgebrauch wird oft nicht zwischen Moduldefinition und Modulinstanz unterschieden, sondern einfach nur Modul gesagt. Das ist legitim, weil meist implizit klar ist, worum es sich handelt. Im folgenden wird deswegen der Begriff Modul auch in beiden Bedeutungen verwendet und nur dann, wenn es nicht implizit klar ist, wird zwischen Moduldefinition und Modulinstanz unterschieden.

Im Abschnitt 3.2 werden zunächst die Estelle-Sprachelemente zur Beschreibung von Zustandsübergängen vorgestellt. Die Konzepte, die sich auf das Vater-Sohn-Verhältnis und die Kommunikation zwischen Moduln beziehen, folgen in Abschnitt 3.3.

3.2 Basiskonstrukte zur Beschreibung der Zustandsübergänge

3.2.1 Zustände und Transitionen

Ein endlicher Automat wird in der Automatentheorie oft als Graph repräsentiert. Die Knotenmenge stellt dabei die Zustandsmenge dar und die gerichteten Kanten die Zustandsübergänge. Im Beispiel aus Abb. 3.2.1 stellt der Automat das Verhalten einer Protokollinstanz dar, mit deren Hilfe eine Kommunikationsverbindung aufgebaut werden kann. Die Protokollinstanz besitzt die Zustandsmenge

{UNTERBROCHEN, WARTEN, VERBUNDEN}.

UNTERBROCHEN repräsentiert den Fall, daß gerade keine Kommunikationsverbindung existiert und auch keine initiiert wurde. Bei *WARTEN* wurde eine Verbindung initiiert, aber es fehlt noch die Bestätigung des Kommunikationspartners, daß die Verbindung auch dort gewünscht ist. Der Zustand *VERBUNDEN* repräentiert den Fall, daß eine Verbindung existiert und Daten übertragen werden können.

Mit einer Eingabe kann der Instanz einen gegenwärtigen Zustand verlassen, einen neuen Zustand erreichen und dabei eine Ausgabe erzeugen. Eine solcher Zustandsübergang ist in dem Graphen durch eine gerichtete Kante, ausgehend vom alten Zustand zum neuen Zustand und einem Paar

Eingabe/Ausgabe,

dargestellt.

Abb. 3.2.1 zeigt als Beispiel das Zustandsübergangsverhalten der Protokollinstanz, wobei hier nur die Verbindungsaufbauphase dargestellt ist. Die Instanz kann zum Beispiel aus dem Zustand *UNTERBROCHEN* mit der Eingabe *ICONreq* in den Zustand *WARTEN* gelangen und dabei *CR* ausgeben.

Die Eingabe *ICONreq* repräsentiert einen Aufbauwunsch eines Benutzers des Protokolls. Die Protokollinstanz gibt nach Erhalt des *ICONreq* eine Ausgabe *CR* an die entfernte Protokollinstanz aus, u.s.w..

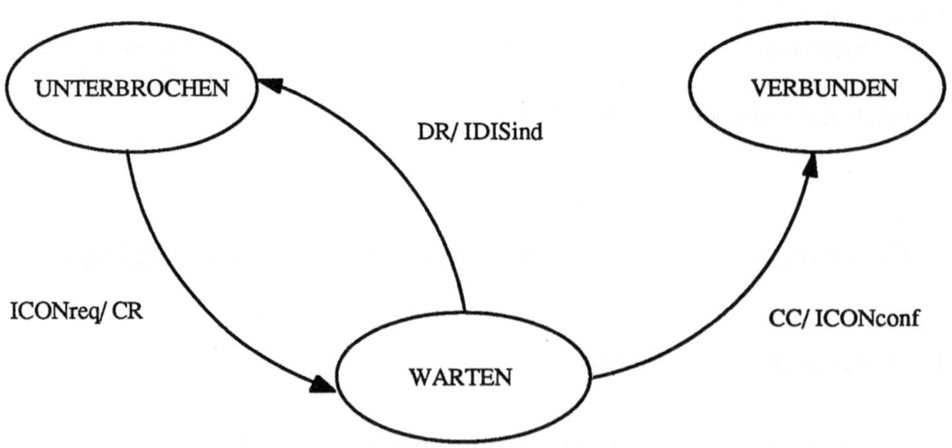

Abb. 3.2.1: Zustandsübergänge eines Automaten

Die Zustandsmenge eines Moduls (so werden die erweiterten endlichen Automaten genannt) wird in der sogenannten **state**-*Klausel* definiert. Dem Schlüsselwort **state** folgt die Liste der Zustände. Im obigen Beispiel wäre das:

```
state UNTERBROCHEN, WARTEN, VERBUNDEN;
```

Die Menge der Zustandsübergänge, in Estelle *Transitionen* genannt, folgt dem Schlüsselwort **trans**.

```
trans
{1}     from UNTERBROCHEN to WARTEN
        when Benutzer.ICONreq                    begin
             output PDU.CR                       end;
{2}     from WARTEN to VERBUNDEN
        when PDU.CC                              begin
             output Benutzer.ICONconf            end;
{3}     from WARTEN to UNTERBROCHEN
        when PDU.DR                              begin
             output Benutzer.IDISind             end;
```

Im obigen Beispiel sind in Estelle die Zustandsübergänge des Automaten aus Abb. 3.2.1 spezifiziert. Die **from**-Klausel gibt an, von welchem Zustand aus die Transition eingeleitet werden soll, und die **to**-Klausel gibt den neuen Zustand an, in den der Modul durch die Ausführung der Transition überführt wird. In der **when**-Klausel wird die Eingabe aufgeführt, durch die die Ausführung der Transition ermöglicht wird. Die Eingaben befinden sich in einer Warteschlange. Durch die Transition wird das erste Element der Warteschlange konsumiert. Im obigen Fall sind das die Eingaben *BENUTZER.ICONreq* und *PDU.CC*. Das Präfix *BENUTZER* bzw. *PDU* gibt jeweils an, über welchen Interaktionspunkt die Eingabe empfangen wird. Eingabe und Ausgabe werden in Estelle

Interaktion

genannt.

Die Klauseln können in jeder Reihenfolge, sofern sie sinnvoll ist, definiert werden. Auch können Klauseln in unterschiedlicher Anzahl miteinander kombiniert werden. Da in dem obigen Beispiel aus dem Zustand *WARTEN* mit zwei verschiedenen Eingaben eine Transition möglich ist, bietet es sich an, die **from**-Klausel nur einmal aufzuführen. Dadurch können Textwiederholungen vermieden werden.

```
trans
  when Benutzer.ICONreq
{1}     from UNTERBROCHEN to WARTEN                     begin
             output PDU.CR                              end;
  from WARTEN
{2}     when PDU.CC
             to VERBUNDEN                               begin
                  output Benutzer.ICONconf              end;
        when PDU.DR
{3}          to UNTERBROCHEN                            begin
                  output Benutzer.IDISind               end;
```

Allerdings muß hier darauf hingewiesen werden, daß die Reihenfolge der Klauseln innerhalb einer Spezifikation nicht zu oft unterschiedlich sein sollte. Das kann auf Kosten der Verständlichkeit gehen.

3.2.2 Prioritäten

Im allgemeinen können zu einem Zeitpunkt mehrere Transitionen ausführbarbar sein, z.B. dadurch, daß an verschiedenen Interaktionspunkten mit getrennten FIFO-Puffern Eingaben vorliegen, die zu einem Zustandsübergang führen können. Für diesen Fall möchte der Spezifizierer die Möglichkeit haben, Prioritäten zu definieren. In Estelle ist das mit der **priority**-Klausel möglich.

Die obige Protokollinstanz soll erweitert werden. Der *Benutzer* soll nach der Eingabe eines *ICONreq* die Möglichkeit haben, den Verbindungsaufbau mittels *IDISreq* wieder abzubrechen. Dabei soll der Abbruchwunsch Vorrang gegenüber einer eventuellen Verbindungsbestätigung *CC* haben.

```
const niedrig = 1;
      hoch = 0;
trans
  from UNTERBROCHEN to WARTEN
{1}     when Benutzer.ICONreq                           begin
             output PDU.CR                              end;
  from WARTEN
{2}     to VERBUNDEN
          priority niedrig
             when PDU.CC                                begin
                  output Benutzer.ICONconf              end;
{3}     to UNTERBROCHEN
             when PDU.DR                                begin
                  output Benutzer.IDISind               end;
{4}     to UNTERBROCHEN
          priority hoch
             when BENUTZER.IDISreq                      begin
                  output PDU.DR                         end;
```

Prioritäten werden in Estelle stets in Form von Konstanten angegeben, im obigen Beispiel *niedrig* und *hoch*. Wenn bei einer Transition keine Priorität angegeben ist, dann hat diese Transition stets eine Priorität die niedriger ist als die niedrigste spezifizierte Priorität.

3.2.3 Nicht-Determinismus

Im Zusammenhang mit den Prioritäten stellt sich die Frage, was passiert, wenn mehrere Transitionen die gleiche Priorität besitzen und gleichzeitig ausführbarbar sind. Im folgenden Beispiel sind zwei Transitionen spezifiziert, die beide aus dem Zustand *ZUSTAND_A* mit der Eingabe *IP.signal* ausgeführt werden können.

```
from ZUSTAND_A to ZUSTAND_B
  when IP.signal                               begin
       {tu' etwas}                             end;
from ZUSTAND_A to ZUSTAND_C
  when IP.signal                               begin
       {tu' etwas anderes}                     end;
```

Estelle wählt in einem solchen Fall eine von den beiden Transitionen nicht-deterministisch aus.

Nicht-Determinismus ist in der allgemeinen Automatentheorie ein bekanntes Konzept. Abb. 3.2.2 zeigt den Zustandsübergangsgraphen des obigen Beispiels.

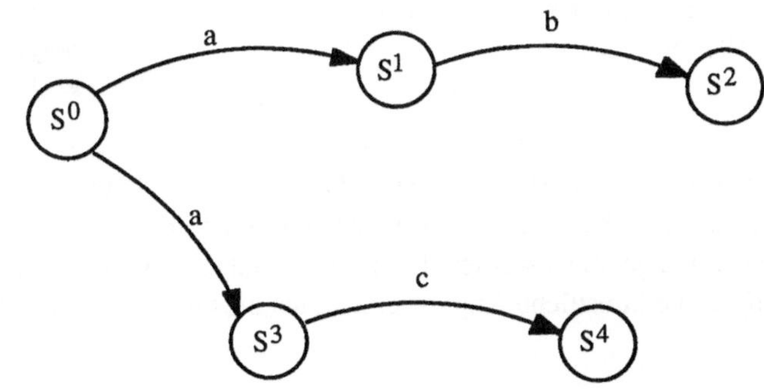

Abb. 3.2.2: Zustandsübergänge eines nicht-deterministischen Automaten

Die Automaten, die in Estelle spezifiziert werden, können also *nicht-deterministische* Automaten sein. Spezifikation mit nicht-deterministischen Automaten findet zum Beispiel bei Dienstspezifikationen Anwendung. Dienste sind in oft unzuverlässig, d.h. ein Benutzer eines Dienstes bekommt den gewünschten Dienst vom Diensterbringer nicht immer erbracht. Die Gründe dafür sind vom Benutzer dabei nicht im voraus zu erkennen. Aus Sicht des Benutzers verhält sich der Diensterbringer also nicht-deterministisch. In einer Spezifikationssprache muß ein solches Verhalten spezifizierbar sein. Ein Beispiel eines nicht-deterministischen Diensterbringers ist in Abschnitt 3.3.6 beschrieben.

3.2.4 Spontane Transitionen

Ebenfalls im Zusammenhang mit Dienstspezifikationen ist oft folgendes Verhalten zu beschreiben: ein Modul verändert seinen Zustand von selbst, ohne eine Eingabe von außen zu erhalten. In diesem Fall kann in einer Transition die **when**-Klausel entfallen.

```
from ZUSTAND_A to ZUSTAND_B                          begin
       {tu' etwas}                                   end;
```

3.2.5 Moduln mit nur einem Zustand

Wenn ein Modul nur einen Zustand besitzt, können die **from**-Klauseln bei der Beschreibung der Zustandsübergänge entfallen. Das folgende Beispiel zeigt das Zustandsübergangsverhalten eines Moduls, der über den Interaktionspunkt *MSAP1* die Eingabe *MDATreq* entgegennehmen kann. Er verhält sich dann nicht-deterministisch, indem er entweder *DATind* über *MSAP2* ausgibt oder nicht.

```
trans
  when MSAP1.MDATreq                                 begin
           output MSAP2.DATind                       end;
  when MSAP1.MDATreq                                 begin
                                                     end;
```

Da bei erneuter Eingabe von *MDATreq* sich das Verhalten wiederholt, ist es nicht sinnvoll, explizit Zustände anzugeben. Durch Zustände soll immer eine gewisse Merkfähigkeit des Automaten zum Ausdruck gebracht werden. Da ein Automat mit nur einem Zustand sich nichts merken kann, kann auf die künstliche Angabe eines Zustands verzichtet werden.

3.2.6 Zustandsmengen

Unsere Protokollinstanz soll dahingehend erweitert werden, daß auch aus dem Zustand *VERBUNDEN* die *PDU*-Eingabe *DR* einen Übergang zum Zustand *UNTERBROCHEN* bewirkt und dabei an den *BENUTZER IDISind* ausgegeben wird.

```
{5}  from VERBUNDEN to UNTERBROCHEN
       when PDU.DR                                   begin
            output Benutzer.IDISind                  end;
```

Die Transition {5} ist weitgehend identisch mit der Transition {3}, nur der Ausgangszustand ist unterschiedlich. Um eine Textwiederholung wie im Fall der Transitionen {3} und {5} zu vermeiden, können in Estelle sogenannte *Zustandsmengen* definiert werden. Damit können die Transitionen {3} und {5} durch folgende Konstruktion ersetzt werden:

```
stateset
        Aufbau = [WARTEN,VERBUNDEN]
trans
        ...
{5'}  from Aufbau to UNTERBROCHEN
         when PDU.DR                                 begin
                output Benutzer.IDISind              end;
```

Nach dem Schlüsselwort **stateset** folgt ein Bezeichner für eine Zustandsmenge, die anschließend in Form einer Liste angegeben wird. In der Spezifikation der Transition {5'} wird dann anstelle eines Zustandsbezeichners der Bezeichner der Zustandsmenge aufgeführt. {5'} kann so interpretiert werden, daß aus jedem Zustand der Menge *Aufbau* der Zustandsübergang zum Zustand UNTERBROCHEN ausgeführt werden kann.

3.2.7 Zeit in Estelle

In manchen Spezifikationen, z.B. Protokollen, spielt die Zeit eine wichtige Rolle. In unserem Beispiel der Protokollinstanz könnte z.B. gefordert werden, daß in dem Zustand WARTEN nur eine gewisse Zeit lang gewartet wird. Nach Ablauf dieser Zeit soll die Protokollinstanz den Verbindungsaufbau automatisch beenden und in den Zustand *UNTERBROCHEN* zurückkehren. Zur Spezifikation von zeitabhängigem Verhalten gibt es in Estelle die **delay**-Klausel. Damit kann eine Transition, die in einem Zustand ausführbar ist, verzögert werden.

```
{6}   from WARTEN to UNTERBROCHEN
         delay (5)                                   begin
                output Benutzer.IDISind
                output PDU.DR                        end;
```

Mit der obigen Transition {6} wartet unsere Protokollinstanz 5 Zeiteinheiten im Zustand *WARTEN*, sofern in der Zwischenzeit nichts anderes passiert und kann dann die Transition {6} ausführen.

Das Maß einer Zeiteinheit wird in der Spezifikation mit dem Schlüsselwort **timescale** angegeben, z.B.

```
timescale seconds;
```

Die Deklaration mittels **timescale** hat allerdings in Estelle keine Semantik und kann als Kommentar aufgefaßt werden.

3.2.8 Definition und Gebrauch von Daten

Daten spielen in einer Spezifikation in zweifacher Hinsicht eine wichtige Rolle.

Erstens kann mit Hilfe von Daten im Rahmen einer Interaktion komplexe Information von einem Modul zu einem anderen Modul übertragen werden.

Zweitens handelt es sich bei den Moduln, wie eingangs erwähnt, um erweiterte endliche Automaten, also um endliche Automaten mit einem Zusatzspeicher. Der Zusatzspeicher besteht aus einer Menge von Variablen, in denen Werte gespeichert werden können.

Beide Aspekte des Einsatzes von Daten in einer Spezifikation erfordern die Möglichkeit der Beschreibung von Datentypen. Weil Estelle auf Pascal basiert, können alle Datentypen, die in Pascal beschreibbar sind, auch in Estelle beschrieben werden. Die syntaktischen Regeln sind dabei identisch.

Unsere Beispielprotokollinstanz soll um eine Datenphase erweitert werden. Sobald die vom Benutzer initiierte Verbindung erfolgreich aufgebaut wurde, kann der Benutzer über diese Verbindung mittels der Interaktion *IDATreq* Daten versenden. Die Daten einer Transition werden in Estelle in Form von Parametern angegeben. Die Definition des Typs der Parameter erfolgt zusammen mit der Definition des Kanals, über den der Modul kommuniziert; dazu mehr in Abschnitt 3.3.4.

Im folgenden Beispiel findet innerhalb der Datenphase eine begrenzte Korrektur von Übertragungsfehlern statt, indem jedes *DT* durch ein *AK* mit den gleichen Daten vom Empfänger bestätigt wird. Bei ausbleibender oder falscher Bestätigung wird das gesendete Datum erneut übertragen. Es finden jedoch höchstens vier Wiederholungen statt, dann wird die Verbindung abgebrochen. Für die Speicherung der Daten wird eine Variable *alteDaten* vom Typ *ISDUTyp* eingeführt und für den Wiederholungszähler eine Variable *Zaehler*, die die Werte 0 bis 4 annehmen kann.

```
type ISDUTyp = ... ; {beliebige Pascal-Datentypdeklaration}


var alteISDU : ISDUTyp;
    Zaehler : 0..4;
{7}  from VERBUNDEN to SENDEND
       when BENUTZER.IDATreq(ISDU)                        begin
              output PDU.DT(ISDU);
              alteISDU := ISDU                              end;
     from SENDEND
       when PDU.AK(ISDU)
              provided ISDU = alteISDU
{8}                  to VERBUNDEN                          begin
                          Zaehler := 0                      end;
              provided otherwise
{9}                  to same;
     from SENDEND
       delay(5)
              provided Zaehler < 4
{10}                 to same                               begin
                          output PDU.DT(alteISDU);
                          Zaehler := Zaehler + 1            end;
              provided otherwise
{11}                 to UNTERBROCHEN                       begin
                          output PDU.DR;
                          output BENUTZER.IDISind           end;
```

Wenn eine Transition einen Zustand in sich selbst überführt, kann in Estelle das Schlüsselwort **same** verwendet werden, wie z.B. in Transition {10}.

Das obige Beispiel ist nicht sehr realistisch, denn es können Verdopplungen von Daten entstehen. Normalerweise werden in Protokollen sogenannte Folgenummern zur Vermeidung von Verdopplungen benutzt. Aus Vereinfachungsgründen ist das hier nicht der Fall sondern erst in dem Protokollbeispiel in Abschnitt 3.4.1.

3.2.9 Parametrisierung von Transitionen

Eine Besonderheit im Zusammenhang mit Daten stellt die **any**-Klausel dar, mit der Transitionen "parametrisiert" werden können. Im folgenden ist die Transition {a} semantisch identisch mit {b}+{c}:

```
trans
{a}  from A to B
       when IP.c
            any x:1..2
                 provided E(x)                    begin
                      S11(x);S12(x)               end;
trans
{b}  from A to B
       when IP.c
            provided E(1)                         begin
                 S11(1);S12(1)                    end;
{c}  from A to B
       when IP.c
            provided E(2)                         begin
                 S11(2);S12(2)                    end;
```

Der Wertebereich der Variablen, die in einer **any**-Klausel definiert werden, beschränkt sich auf die Transition der **any**-Klausel.

3.2.10 Vorteile des erweiterten endlichen Automaten

Im Zusammenhang mit der Variablen *Zaehler* aus dem obigen Beispiel wird das Konzept des erweiterten endlichen Automaten besonders deutlich. Bestände die Möglichkeit nicht, einen Zähler für die Anzahl der Wiederholungen einzuführen, müßte für jede Wiederholung ein eigener Zustand definiert werden. Dadurch vergrößert sich die Zustandsmenge auf das Doppelte:

```
state UNTERBROCHEN, WARTEN, VERBUNDEN, SENDEND,
      SENDEND1, SENDEND2, SENDEND2, SENDEND4;
```

Für jede Wiederholung müßte eine eigene Transition definiert werden:

```
from SENDEND to SENDEND1 ...
from SENDEND1 to SENDEND2 ...
         ...
```

Die Aktionen, die während der Transitionen stattfinden, sind jedoch weitgehend identisch. Noch deutlicher wäre die Explosion der Zustandsmenge dann, wenn der Zähler einen noch größeren oder gar unendlichen Wertebereich durchlaufen würde.

Gleichwohl ist es jedoch im allgemeinen nicht leicht zu entscheiden, welche "Gedächtnisinformation" des Moduls in Form von expliziten Zuständen und welche in Form von Variablenwerten dargestellt werden soll. Als wichtigster Aspekt sollte hier stets die Lesbarkeit der Spezifikation im Vordergrund stehen. Im Prinzip ist es z.B. stets möglich, bei jedem Modul mit nur einem Zustand auszukommen, fraglich ist nur, ob dadurch die Spezifikation überschaubar bleibt.

3.2.11 Zusammenfassung: allgemeine Struktur einer Transition

In den obigen Abschnitten wurden die einzelnen Klauseln vorgestellt, die zur Definition einer Transition verwendet werden können. Zusammenfassend kann die Beschreibung einer Transition aus folgenden Teilen bestehen:

```
from-Klausel
provided-Klausel
any-Klausel          } Aktivierungsklauseln
delay-Klausel
when-Klausel
priority-Klausel
to-Klausel            - Folgezustandsklausel
begin ... end         - Transitionsblock
```

Im *Transitionsblock* befindet sich die Beschreibung derjenigen Aktivitäten, die nach Ausführung der Transition durchgeführt werden. Dafür können im *Transitionsblock* Konstanten, Typen, Variablen und sogar Prozeduren und Funktionen deklariert werden. Oft reicht jedoch eine Folge von einfachen Anweisungen wie in den obigen Beispielen.

3.3 Strukturierung einer Spezifikation

Bisher wurde nur das Zustandsübergangsverhalten von Moduln an den Blättern des Baumes aus Abb. 3.1.3 beleuchtet. In den folgenden Abschnitten wird nun der Gesamtzusammenhang, in dem die Moduln stehen, betrachtet und die Strukturierungskonzepte von Estelle vorgestellt.

3.3.1 Moduln

In Estelle ist die gesamte Spezifikation in *Moduln* aufgeteilt, sodaß jeder Modul einen Teil des Gesamtsystems darstellt. Die Moduln können hierarchisch angeordnet sein, ein Modul besteht dann selbst wieder aus Moduln.

Sofern sich zwei Moduln auf der gleichen Hierarchiestufe befinden, können sie über *Kanäle* miteinander kommunizieren. Andernfalls können sie an der Kommunikation des hierarchisch übergeordneten Moduls teilhaben.

Der Begriff des Moduls ist nicht ganz exakt und wurde bisher in zwei Bedeutungen verwendet. Es muß eigentlich zwischen der

- Moduldefinition (die Beschreibung eines Moduls) und einer
- Modulinstanz (das, was zur Zeit der Interpretation der Spezifikation existiert)

unterschieden werden. Anders ausgedrückt, kann man die *Moduldefinition* auch als *Typ* betrachten und die *Modulinstanz* als Element eines *Typs*. Dabei kann es stets mehrere Instanzen einer Moduldefinition geben. Diese Instanzen können dynamisch, also während der Interpretation der Spezifikation, beendet oder erzeugt werden. Daraus erklärt sich auch, daß ein Strukturbaum wie in Abb. 3.1.3 nur eine Momentaufnahme einer Spezifikation während ihrer Ausführung ist.

In den beiden folgenden Abschnitten wird das Konzept der Moduldefinition und Modulinstanz etwas genauer beschrieben. In den darauffolgenden Abschnitten wird allerdings weitgehend unterschiedslos der Begriff "Modul" verwendet, wenn aus dem Zusammenhang klar ist, worum es geht.

3.3.1.1 Moduldefinition

Die Beschreibung eines Moduls besteht aus einem *Modulkopf*, dessen Spezifikation dem Schlüsselwort **module** folgt und einem *Modulrumpf*, dessen Spezifikation dem Schlüsselwort **body** folgt.

```
module Medium_Dienst;
   ... {Beschreibung der Modulschnittstelle} end;
body Medium_Rumpf for Medium_Dienst;
   ... {Beschreibung des Modulverhaltens} end;
```

In einer Spezifikation gibt es eine viele-zu-eins-Beziehung zwischen Modulrümpfen und Modulköpfen. Zu einem Modulkopf können mehrere Modulrümpfe definiert werden. Als *Moduldefinition* wird im folgenden ein Paar (*Modulkopf,Modulrumpf*) bezeichnet.

3.3.1.2 Modulinstanzen

Zur Erzeugung einer Modulinstanz wird ein Modulkopf mit einem Modulrumpf initialisiert. Eine Modulinstanz ist über eine *Modulvariable* identifizierbar. Genaueres zu diesen Konzepten wird in den Abschnitten 3.7.1 und 3.7.2 beschrieben.

Abb. 3.3.1 zeigt das Übersichtsdiagramm der Estelle-Spezifikation des Protokolls aus Abschnitt 3.4.1. In diesem Fall ändert sich die Struktur während der Interpretation der Spezifikation nicht, d.h. es kommen im Laufe der Zeit keine neuen Modulinstanzen hinzu und es fallen keine weg. Andernfalls wäre natürlich die Spezifikation nicht so einfach als Übersichtsdiagramm darstellbar.

In der Spezifikation gibt es zwei Instanzen der Moduldefinition (*Benutzer,Benutzer_Rumpf*), die mit den Variablennamen *B_Ini* und *B_Empf* identifizierbar sind und je eine Instanz der Moduldefinition (*Station,Station_Ini_Rumpf*) und (*Station,Station_Empf_Rumpf*),

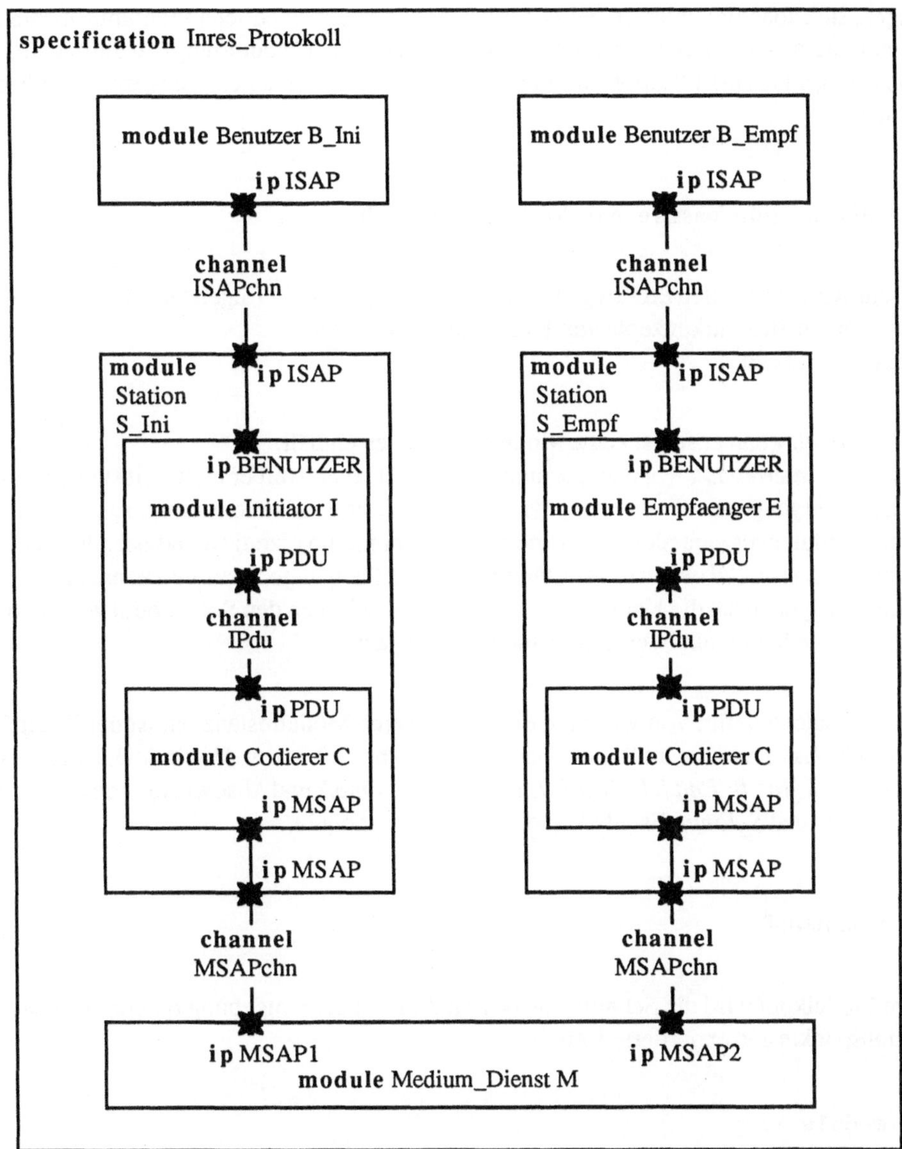

Abb. 3.3.1: Übersichtsdiagramm einer Estelle-Spezifikation

die mit den Variablennamen *S_Ini* bzw. *S_Empf* identifizierbar sind. Ferner gibt es genau eine Instanz der Moduldefinition (*Medium_Dienst,Medium_Rumpf*), die mit der Variablen *M* identifiziert wird.

Die Möglichkeit, mehrere Rümpfe zu einem Kopf zu definieren, hat den erkennbaren Vorteil, daß die Schnittstelle, die im Fall der Modulinstanzen *S_Ini* und *S_Empf* identisch ist, nur einmal beschrieben werden muß. Im Zusammenhang mit OSI-Protokollen ist das sehr nützlich. Zum Beispiel gibt es fünf ISO-Transport-Protokollklassen, die alle den Transportdienst erbringen, sich aber alle unterschiedlich verhalten und unterschiedliche Protokolle darstellen. In diesem Fall bietet es sich an, für jede Protokollklasse einen Modulrumpf zu definieren, und jeweils den gewünschten Rumpf für unterschiedliche Instanzen eines Transport-Moduls auszuwählen.

3.3.1.3 Blattmoduln, passive und aktive Vatermoduln

In diesem Abschnitt sollen drei Begriffe definiert werden, die im folgenden häufig verwendet werden, um die Strukturkonzepte von Estelle zu beschreiben.

Ein Modul heißt

- *Blattmodul*, wenn er selbst keine Moduldefinitionen enthält,
- *passiver Vatermodul*, wenn er Sohnmoduln besitzt, aber, weil er nicht selbständig Zustandsübergänge ausführen kann, dynamisch die Kommunikationsstruktur zwischen den Sohnmodul nicht verändern kann und keine Sohnmoduln erzeugen und beenden kann,
- *aktiver Vatermodul*, wenn er selbständig Zustandsübergange ausführen kann, und dadurch dynamisch die Kommunikationsstruktur zwischen den Sohnmodul verändern sowie neue Sohnmoduln erzeugen und beenden kann.

Entscheidend dafür, von welchem obigen Typ eine Modulinstanz ist, ist der Rumpf mit dem sie initialisiert wurde. Im Protokollbeispiel aus Abb. 3.3.1 bzw.Abschnitt 3.4.1 gibt es die Blattmoduln *B_Ini*, *B_Empf*, *I*, *C*(in *S_Ini*), *E*, *C*(in *S_Empf*) und *M* sowie die passiven Vatermoduln *S_Ini* und *S_Empf*. Es gibt keine aktiven Vatermoduln.

3.3.2 Modulkopf

In dem Modulkopf wird die Schnittstelle des Moduls mit der Umgebung beschrieben, also Interaktionspunkte und exportierte Variable.

```
module M;
     ip ...{Liste von Interaktionspunkten};
     export ...{Liste von exportierten Variablen};
end;
```

Zusätzlich kann der Modulkopf eine Parameterliste enthalten, die dem Modulnamen folgt:

```
module M(p1,p2); ...
```

Damit können dem Modul bei seiner Initialisierung Parameter übergeben werden. Die Parameter können verschiedenen Instanzen einer Moduldefinition jeweils einen unterschiedlichen Charakter geben.

Ein Modul kann einer *Modulklasse* zugeordnet werden.

```
module M systemprocess (p1,p2);...
```

Die vier verschiedenen Klassen, die es gibt, werden mit den Schlüsselwörtern **systemprocess, systemactivity, process, activity** gekennzeichnet. Die Bedeutung dieser Klassen, denen man einen Modul zuordnen kann, wird in Abschnitt 3.3.6 beschrieben.

3.3.3 Modulrumpf

Im Modulrumpf wird das Verhalten eines Moduls beschrieben. Der Rumpf besteht aus drei Teilen, die sämtlich optional sind:

- *Deklarationsteil*
- *Initialisierungsteil*
- *Transitions-Deklarationsteil*

Diese drei Begriffe werden im nächsten Abschnitt erläutert.

Ob der Modul ein *Blattmodul* oder ein *aktiver* oder *passiver Vatermodul* ist, richtet sich nach dem Inhalt der verschiedenen Teile des Modulrumpfes.

3.3.3.1 Rumpf eines Blattmoduls

Im *Deklarationsteil* können Konstanten, Variablen, Typen, Prozeduren und Funktionen deklariert werden. Die Deklarationen entsprechen dabei größtenteils denen in Pascal. Syntax und Semantik können direkt übernommen werden. Zusätzlich werden im Deklarationsteil die Zustände und Zustandsmengen angegeben.

Der *Initialisierungsteil* ist eine Transition, die bei Kreierung des Moduls ausgeführt wird. Dort kann der erste Zustand angegeben werden, den der Modul nach seiner Initialisierung annehmen soll. Es können dort auch die lokalen Variablen, die im Deklarationsteil definiert sind, initialisiert werden. Eine Initialisierung der Variablen ist optional.

Der *Transitions-Deklarationsteil* besteht aus der Definition der Transitionen.

Ein Beispiel des Rumpfes eines Blattmoduls ist der Modulrumpf *Initiator_Rumpf* der Protokollspezifikation aus Abschnitt 3.4.1.

3.3.3.2 Rumpf eines passiven Vatermoduls

Das Verhalten eines passiven Vatermoduls wird bestimmt durch das Verhalten der Sohnmoduln sowie die Kommunikationsstruktur.

Der *Deklarationsteil* kann die gleichen Deklarationen enthalten wie ein Blattmodul. Typen, Konstanten, Variablen, Prozeduren und Funktionen können von allen Sohnmoduln benutzt werden. Zusätzlich enthält der passive Vatermodul

- Kanaldefinitionen
- Moduldefinitionen
- Deklarationen von Modulvariablen
- Initialisierungsteil für die Kommunikationsstruktur der Sohnmoduln

Die genaue Syntax und Semantik der *Kanaldefinitionen* wird in einem folgenden Abschnitt zusammen mit den Interaktionspunkten behandelt. *Modulvariablen* repräsentieren die Instanzen der Sohnmoduln. Zur Erinnerung sei darauf hingewiesen, daß die Moduldefinition nur die Schnittstelle und das Verhalten eines Moduls definiert. Ein Modul kann jedoch in beliebig vielen Instanzen innerhalb des Vatermoduls vorkommen. Für jede Instanz gibt es eine Modulvariable.

Der Rumpf eines passiven Vatermoduls enthält keinen *Transitions-Deklarationsteil*.

Im Protokoll aus Abschnitt 3.4.1 gibt es innerhalb des Rumpfes des passiven Vatermoduls *S_Ini* die Moduldefinitionen (*Initiator,Initiator_Rumpf*) und (*Codierer,Codierer_Rumpf*). Von beiden Moduldefinitionen gibt es nur eine Instanz: *I* bzw. *C*.

3.3.3.3 Rumpf eines aktiven Vatermoduls

Der Rumpf eines aktiven Vatermoduls enthält zusätzlich zu dem eines passiven Vatermoduls einen

- *Definitionsteil für interne Interaktionspunkte* und einen
- *Transitions-Deklarationsteil*

Ein *interner* Interaktionspunkt dient, ebenso wie bisher bei Interaktionspunkten gewohnt, zur Kommunikation. Im Unterschied zu *externen* Interaktionspunkten, wie wir künftig die bisher kennengelernten Interaktionspunkte nennen wollen, ist ein *interner* nicht Teil der Schnittstelle eines Moduls, sondern dient zur Kommunikation des Vatermoduls mit einem Sohnmodul.

Der *Transitions-Deklarationsteil* eines aktiven Vatermoduls ist ähnlich dem eines Blattmoduls, jedoch können in einer Transition zusätzliche Aktionen stattfinden, wie

- Kreierung neuer Sohnmoduln
- Veränderung der Kommunikationsstruktur
- ...

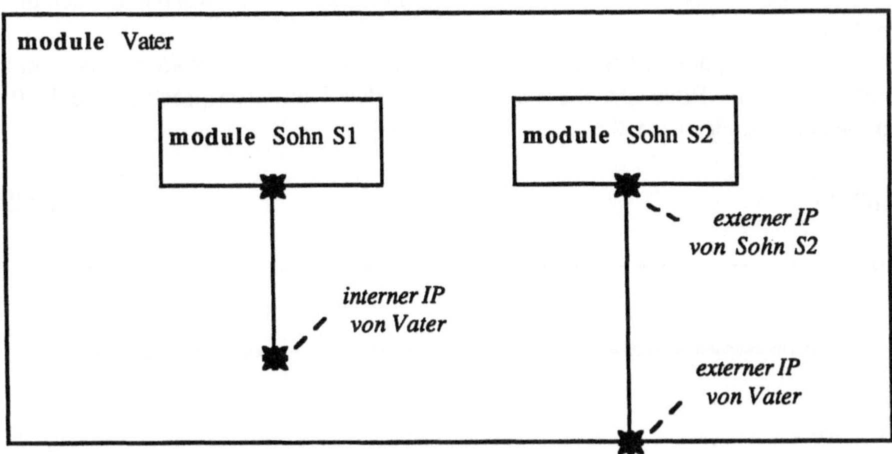

Abb. 3.3.2: Interne und externe IPe eines aktiven Vatermoduls

Der aktive Vatermodul besitzt ebenso wie der Blattmodul Zustände, die nach dem Schlüsselwort **state** aufgelistet werden. Das folgende Beispiel zeigt die allgemeine Struktur des Rumpfes eines aktiven Vatermoduls:

```
body Rumpf for aktiverVater;
     type ... {Deklaration von Typen};
     const ... {Deklaration von Konstanten};
     var ... {Deklaration von Variablen};
     procedure ... {Deklaration von Prozeduren};
     function ... {Deklaration von Funktionen};
     channel ... {Kanaldefinitionen};
     module ... {Modulkopfdefinitionen}
     body ... {Modulrumpfdefinitionen}
     ip ... {interne IPe};
     modvar ... {Deklaration von Modulvariablen};
     state ... {Definitionsteil für Zustände};
     stateset ... {Definitionsteil für Zustandsmengen};
     initialize ... {Initialisierungsteil};
     trans
       ...      {Transitions-Deklarationsteil}
end;
```

3.3.4 Kanäle

Über Kanäle können Moduln miteinander kommunizieren. Ein Kanal verbindet immer genau zwei Interaktionspunkte. Kanäle können als unidirektionale oder bidirektionale Informationswege definiert werden, also grundsätzlich können Informationen in zwei Richtungen übertragen werden.

Ein Interaktionspunkt kann gegenüber einem Kanal in zwei *Rollen* vorkommen, je nachdem an welchem "Ende" des Kanals er sich befindet. Bildlich gesprochen sind die Rollen also mit den Kanalenden assoziiert.

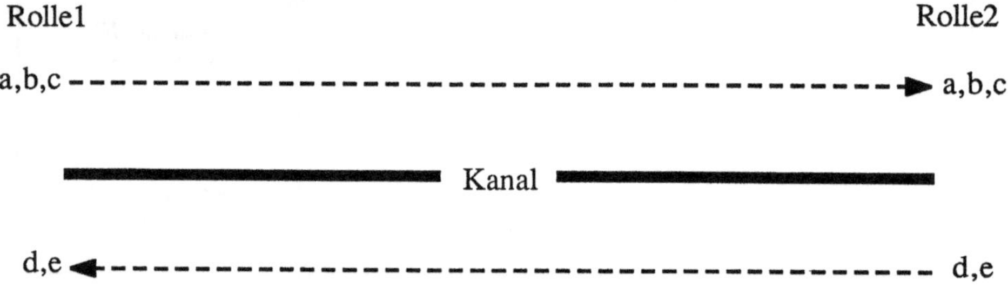

Abb. 3.3.3: Schematische Darstellung eines Kanals mit seinen Rollen

Schematische Darstellung eines Kanals mit seinen Rollen

Die zwei Rollen, die ein Interaktionspunkt gegenüber dem Kanal aus Abb. 3.3.3 einnehmen kann, sind *Rolle1* und *Rolle2*. In *Rolle1* können über den Kanal die Interaktionen *a,b* und *c* gesendet werden und *d* und *e* empfangen werden. In *Rolle2* ist das umgekehrt. Die beiden Rollen eines Kanals sind immer *komplementär*.

Die Kanaldefinition in Estelle folgt dem Schlüsselwort **channel**. Danach werden zunächst Bezeichner für die Rollen gegeben, die ein Interaktionspunkt gegenüber dem Kanal einnehmen kann, und dann für jeden Bezeichner die Interaktionen, die in der entsprechenden Rolle gesendet werden können. Für das obige Beispiel lautet die Estelle-Spezifikation:

```
channel Kanal(Rolle1,Rolle2);
     by Rolle1:
        a;
        b;
        c;
     by Rolle2:
        d;
        e;
```

In der Protokollspezifikation aus Abb. 3.3.1 bzw. Abschnitt 3.4.1 gibt es zum Beispiel einen Kanal *ISAPchn* zwischen dem Modul *B_Ini* und dem Modul *S_Ini*. Es gibt die zwei Rollen *Benutzer* und *Station* (hier aus Übersichtsgründen übereinstimmend mit den Namen der Moduldefinitionen). In der Rolle *Benutzer* kann über den Kanal *ICONreq* und *IDATreq* gesendet werden und *ICONconf* und *IDISind* empfangen werden. In der Rolle *Station* ist es genau umgekehrt. Dabei besitzt die Interaktion *IDATreq* einen Parameter *ISDU* vom Typ *ISDUTyp*, der zur Übermittlung von Daten dient.

```
channel ISAPchn(Benutzer,Station);
     by Benutzer :
        ICONreq;
        IDATreq(ISDU : ISDUTyp);
     by Station :
        ICONconf;
        IDISind;
```

Im Fall, daß ein Kanal nur für einseitige Kommunikation benötigt wird, kann bei einer der beiden Rollen die Spezifikation der Interaktionen entfallen.

3.3.5 Interaktionspunkte

Ein Interaktionspunkt (IP) ist eine abstrakte Schnittstelle eines Moduls, über die die Kommunikation mit anderen Moduln oder mit sich selbst (z.B. mit Sohnmoduln) abgewickelt wird. Ein IP besitzt drei Attribute:

- *Warteschlangendisziplin:* gibt an, ob es eine individuelle Warteschlange für jeden IP eines Moduls gibt oder nicht. Die Warteschlangen sind stets FIFO-Warteschlangen.
- *Kanalbezeichner:* ein Bezeichner, der mit einer *Kanaldefinition* assoziiert ist.
- *Rolle:* die Rolle, die der IP gegenüber dem Kanal einnimmt.

Ein viertes Attribut besitzt ein IP implizit, nämlich je nachdem wo er definiert ist, ist er entweder ein interner oder ein externer IP. Der Unterschied wurde in Abschnitt 3.3.3.3 erklärt.

Hinsichtlich des Attributs *Warteschlangendisziplin* gibt es zwei Möglichkeiten. Entweder jeder IP eines Moduls besitzt eine eigene FIFO-Warteschlange zur Speicherung der eingehenden Interaktionen. Dieser Fall wird durch das Schlüsselwort **individual queue** definiert. Oder ein IP teilt sich die Warteschlange mit anderen IPen des gleichen Moduls. Das wird mit dem Schlüsselwort **common queue** spezifiziert.

Im dem Protokollbeispiel sind in dem Modulkopf *Station* zwei IPe, *ISAP* und *MSAP* definiert.

```
module Station systemprocess;
     ip ISAP : ISAPchn(Station) individual queue;
     ip MSAP : MSAPchn(Station) individual queue;
end;
```

Die Definition von *ISAP* zum Beispiel enthält den Kanalbezeichner *ISAPchn* und den Rollenbezeichner *Station*. Der Kanal *ISAPchn* wurde im vorigen Abschnitt definiert. Das heißt, daß dieser IP mit einem anderen IP verknüpft werden kann, der ebenfalls mit dem Kanalbezeichner *ISAPchn* definiert ist, aber die Rolle *Benutzer* annimmt. In unserem Beispiel ist das der IP *ISAP* des Moduls *Benutzer*.

```
module Benutzer systemprocess;
     ip ISAP : ISAPchn(Benutzer) individual queue;
end;
```

Die Definition der Warteschlangendisziplin kann auch entfallen. Dann muß aber zu Beginn der Spezifikation ein entsprechender Defaultwert definiert werden. In der Protokollspezifikation in Abschnitt 3.4.1 ist die Warteschlangendisziplin defaultmäßig **individual queue**.

3.3.6 Parallele und sequentielle Moduln

In Abschnitt 3.1 wurde bereits erwähnt, daß eine Estelle-Spezifikation eine baumartige Struktur besitzt. Dabei wurde jedoch noch nichts darüber gesagt, ob die Moduln einer Spezifikation sequentiell oder parallel nebeneinander aktiv sind, also Transitionen ausführen. In Estelle gibt es prinzipiell beide Möglichkeiten. Allerdings müssen dabei Hierarchiegesichtspunkte berücksichtigt werden.

Vatermoduln können dynamisch Sohnmoduln kreieren und beenden sowie deren Kommunikationsstruktur verändern. Dabei befindet sich also ein Vatermodul in einer Art Überwachungsfunktion gegenüber seinen Sohnmoduln. Deswegen und aus anderen Gründen, wie z.B. Konfliktsituationen, haben Transitionen von Vatermoduln stets Priorität über Transitionen ihrer Sohnmoduln. Ein Konflikt kann zum Beispiel dadurch entstehen, daß ein Vatermodul einen Sohnmodul beenden möchte und der Sohnmodul gleichzeitig mit dem Vatermodul über einen Interaktionspunkt kommunizieren möchte. Während der Transition eines Vatermoduls werden alle Transitionen der Sohnmoduln verhindert. Das bedeutet, daß ein Vatermodul alle Aktionen seiner Sohnmoduln überwacht (bzw. synchronisiert). Diese Prioritätsrelation ist transitiv, also ein Vatermodul hat Priorität über alle untergeordneten Moduln (Enkel, Urenkel, ...) in dem Hierarchiebaum der Spezifikation. Das schließt Parallelismus zwischen Moduln aus, die sich in einer Vorfahren/Nachfahren-Relation befinden.

Etwas anderes ist die Parallelität unter Moduln der gleichen Generation als Sohnmoduln des gleichen Vaters. In Estelle kann spezifiziert werden, ob die Sohnmoduln parallel aktiv sein sollen oder nicht. Hierfür gibt es die Schlüsselworte **process**, **activity**, **systemprocess** und **systemactivity**, auch *Attribute* der Moduldefinition genannt. Bei der Attributierung von Moduln gibt es einige Regeln zu beachten.

- *Regel 1*: Jeder aktive Modul muß attributiert sein.
- *Regel 2*: Ein "**system**"-Modul (**systemprocess** oder **systemactivity**) darf nicht Nachfahre eines attributierten Moduls sein.
- *Regel 3*: Ein mit **process** oder **activity** attributierter Modul muß Nachfahre eines "**system**"-Moduls sein.
- *Regel 4*: Ein mit **process** oder **systemprocess** attributierter Modul kann nur Nachfahren mit den Attributen **process** oder **activity** haben.

– *Regel 5*: Ein mit **activity** oder **systemactivity** attributierter Modul kann nur Nachfahren mit den Attributen **activity** haben.

Die Bedeutung der Attributierung soll nun erläutert werden. Sohnmoduln eines Vatermoduls, der mit dem Schlüsselwort

@BEISPIELN = **process**

attributiert ist, sind *parallel*, Transitionen verschiedener Sohnmoduln können also gleichzeitig ausgeführt werden.

Sohnmoduln eines Vatermoduls, der mit dem Schlüsselwort

activity

attributiert ist, sind *sequentiell*, Transitionen verschiedener Sohnmoduln können also nicht gleichzeitig ausgeführt werden. Wenn zwei Transitionen in verschiedenen Sohnmoduln ausführbar sind, dann wird eine dieser Transitionen nicht-deterministisch ausgewählt.

Entscheidend für die Parallelität der Sohnmoduln ist also die Attributierung des Vatermoduls und nicht der Sohnmoduln. Eine Besonderheit stellen die Attribute

systemprocess und **systemactivity**

dar. Ein Modul wird zusätzlich mit "**system**" gekennzeichnet, wenn er kein Nachfahre eines aktiven Moduls ist. Das folgt aus Regel 1 und 2. Ein solcher Modul kann mit allen anderen Moduln im System parallel sein. Der Zusatz "**system**" deutet also darauf hin, daß der Modul autonom ist, und ein Untersystem spezifiziert, das parallel mit allen anderen Systemteilen existiert. Die Regeln 2 und 3 implizieren, daß sich in jedem Pfad des Strukturbaumes einer Spe-

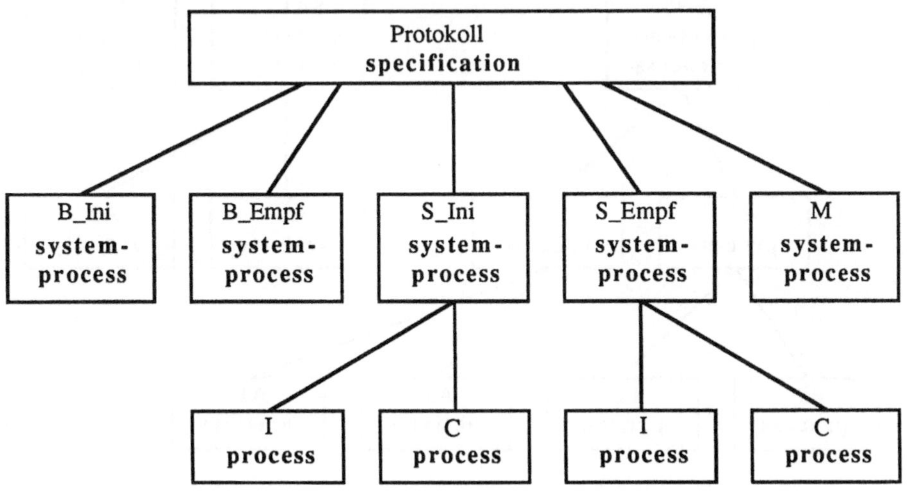

Abb. 3.3.4: Strukturbaum mit Attributen

zifikation genau ein "**system**"-Modul befinden muß (sofern sich an den Blättern des Baumes aktive Moduln befinden, wovon ausgegangen werden kann).

Abb. 3.3.4 zeigt den Strukturbaum der Protokollspezifikation aus Abschnitt 3.4.1 hinsichtlich der Attributierung der Moduln.

In dem Beispiel aus Abb. 3.3.4 können sämtliche Moduln parallel existieren. Die Moduln *S_Ini* und *S_Empf* sind selbst passive Moduln, sind aber trotzdem mit **systemprocess** attribu-

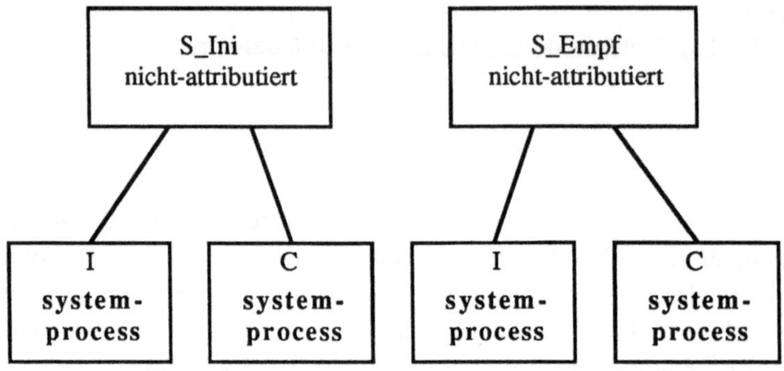

Abb. 3.3.5: Alternative, zu Abb. 3.3.4 semantisch äquivalente Darstellung von S_Ini und S_Empf

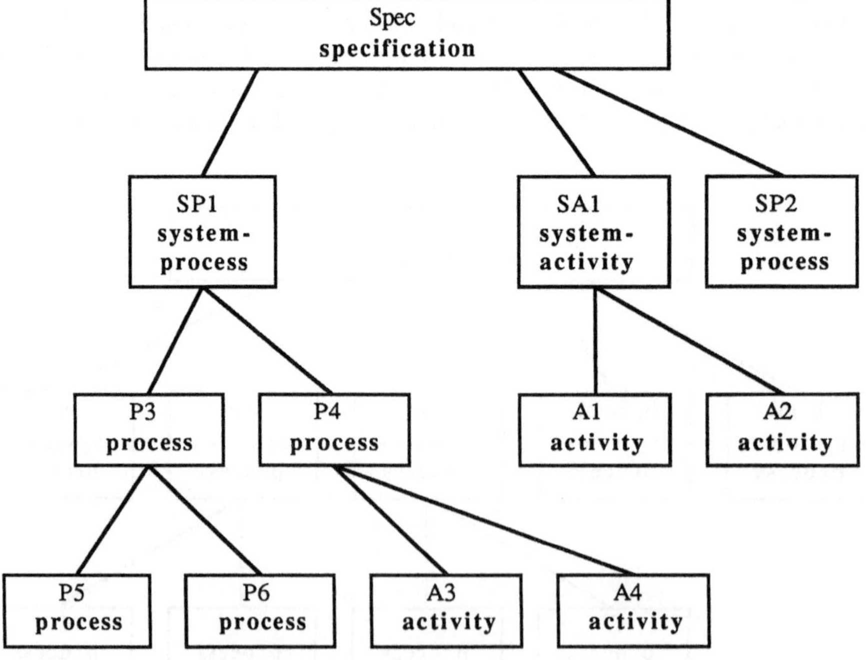

Abb. 3.3.6: Strukturbaum mit sequentiellen Teilen

tiert, weil sie selbständige Untersysteme sind. Eine alternative und semantisch völlig identische Darstellung von *S_Ini* und *S_Empf* zeigt Abb. 3.3.5.

Abb. 3.3.6 zeigt ein System, in dem es neben den parallelen auch sequentielle Systemteile gibt.

Anhand von Abb. 3.3.6 sollen die Parallelitätskonzepte von Estelle nun für den allgemeinen Fall verdeutlicht werden. Der oberste Knoten Spec ist der Spezifikationsmodul, ein passiver Modul, der nur einen Deklarations- und einen Initialisierungsteil besitzt. Spec hat drei parallele Sohnmoduln SP1, SA1 und SP2. Transitionen in SP2, P3 und P4 (oder deren Söhne) und einer der Moduln SA1, A1 oder A2 können parallel ausgeführt werden.Transitionen in A1 und A2 können nicht parallel ausgeführt werden. Tabelle Tab.3.1 faßt die maximalen Parallelitäten zusammen, Transitionen von Moduln, die in einer Zeile mit x markiert sind, können parallel miteinander ausgeführt werden.

Tab.3.1: Maximale Parallelität der Moduln aus Abb. 3.3.6

SP1	P3	P5	P6	P4	A3	A4	SA1	A1	A2	SP2
x							x			x
x								x		x
x									x	x
	x			x			x			x
	x			x				x		x
	x			x					x	x
	x				x		x			x
	x				x			x		x
	x				x				x	x
	x					x	x			x
	x					x		x		x
	x					x			x	x
		x	x	x			x			x
		x	x	x				x		x
		x	x	x					x	x
		x	x		x		x			x
		x	x		x			x		x
		x	x		x				x	x
		x	x			x	x			x
		x	x			x		x		x
		x	x			x			x	x

3.3.7 Operationen auf Moduln und Interaktionspunkten

Estelle bietet eine Reihe Möglichkeiten, Modulinstanzen zu erzeugen, zu beenden und die Kommunikationsstruktur zwischen den Modulinstanzen festzulegen und zu verändern. Es sind stets Vatermoduln, die diese Operationen auf Sohnmoduln und auf deren sowie den eigenen Interaktionspunkten anwenden. Die Operationen werden zur

- *Initialisierung* und
- *dynamischen Veränderung*

der internen Struktur eines Vatermoduls verwendet. Dabei können sowohl *aktive* als auch *passive* Vatermoduln diese Operationen anwenden, *passive* Vatermoduln allerdings nur zur *Initialisierung.*

3.3.7.1 Modulvariablen

Um eine Modulinstanz einer bestimmten Moduldefinition erzeugen zu können, muß in dem Vatermodul eine Modulvariable definiert sein, die zur Identifizierung der Modulinstanz dient. Die Deklaration der Modulvariable folgt dem Schlüsselwort **modvar** und besitzt die gleiche Syntax wie eine Variablendeklaration in Pascal, nur daß der "Typ" ein Modulkopf ist.

```
modvar
     B_Ini, B_Empf : Benutzer;
     S_Ini, S_Empf : Station;
                 M : Medium_Dienst;
```

Die obige Deklaration mittels **modvar** läßt sich auch so interpretieren, daß *B_Ini* und *B_Empf* zwei Modulinstanzen vom *Typ Benutzer* sind, *S_Ini* und *S_Empf* vom *Typ Station* und *M* vom *Typ Medium_Dienst.*

3.3.7.2 Kreierung von Modulinstanzen

Eine Instanz zu einer Moduldefinition läßt sich mit **init** kreieren. Das folgende Fragment kreiert je zwei Instanzen vom Typ *Benutzer* und *Station* jeweils mit verschiedenen Rümpfen und eine Instanz vom Typ *Medium_Dienst.*

```
begin
     init B_Ini with Benutzer_Ini_Rumpf;
     init B_Empf with Benutzer_Empf_Rumpf;
     init S_Ini with Station_Ini_Rumpf;
     init S_Empf with Station_Empf_Rumpf;
     init M with Medium_Rumpf;
end;
```

Nach Ausführung der **init**-Operation werden die Modulvariablen zu Identifizierung der entsprechenden Modulinstanzen benutzt. Wenn eine **init**-Operation mit einer der Variablen erneut ausgeführt würde, dann würde die Variable im folgenden eine neu kreierte Instanz identifizieren. Dabei bleibt allerdings die alte Instanz bestehen und koexistiert mit der neuen. Um die alte Instanz wieder identifizieren zu können, sind einige Operationen nötig, wofür auf [40] verwiesen wird.

3.3.7.3 Beendigung von Modulinstanzen

Eine Instanz kann mit dem Operator **release** beendet werden. Es können nur Sohnmoduln von ihren Vatermoduln beendet werden. Die **release**-Operation wird rekursiv auf alle Moduln in einem Unterbaum angewendet.

3.3.7.4 Operationen auf Interaktionspunkten

In Estelle gibt es zwei Operationen, mit denen die Kommunikationsstruktur festgelegt und verändert wird

- **connect (disconnect)**
- **attach (detach)**

In Klammern sind die jeweiligen inversen Operationen aufgeführt.

3.3.7.4.1 Die connect/disconnect-Operation

Die **connect**-Operation wird verwendet, um

- interne IPe eines Vatermoduls mit externen IPen von Sohnmoduln zu verbinden:

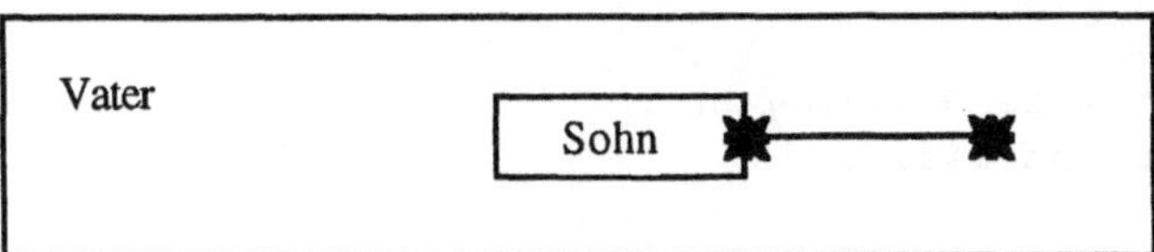

- externe IPe zweier Sohnmoduln zu verbinden:

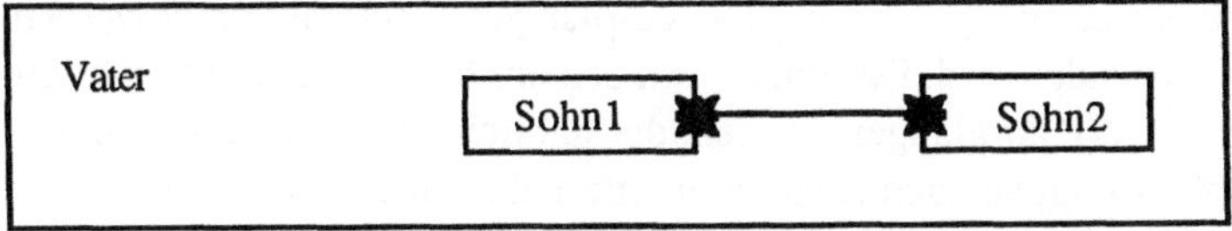

– zwei interne IPe eines Vatermoduls zu verbinden:

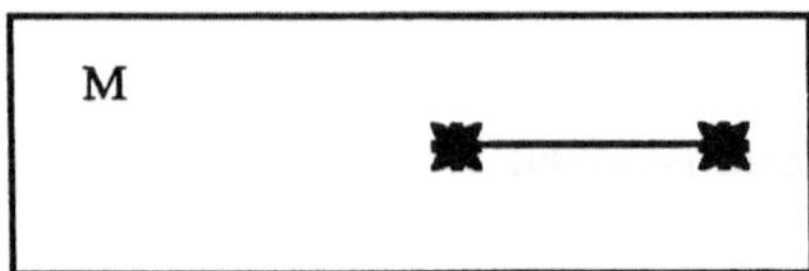

Das folgende Fragment bindet die Interaktionspunkte der Modulinstanzen *B_Ini, S_Ini, B_Empf, S_Empf* und *M* in der gewünschten Form, die in Abb. 3.3.1 dargestellt ist.

```
begin
    connect B_Ini.ISAP to S_Ini.ISAP;
    connect B_Empf.ISAP to S_Empf.ISAP;
    connect M.MSAP1 to S_Ini.MSAP;
    connect M.MSAP2 to S_Empf.MSAP;
end;
```

Durch die **connect**-Operation wird jedem der beiden beteiligten IPen eine FIFO-Warteschlange zugeordnet, über die der Modul Interaktionen empfangen kann.

Die **disconnect**-Operation trennt IPe, die mit **connect** verbunden wurden. Obwohl die **disconnect**-Operation auf zwei IPen operiert, braucht nur ein IP angegeben werden.

Ein IP kann zu verschiedenen Zeitpunkten mit verschiedenen IPen verbunden sein, jedoch zu jedem Zeitpunkt nur mit einem. Es ist verboten, einen IP mit einem zweiten Modul zu verbinden, bevor er von dem ersten gelöst wurde. Dagegen ist es nicht verboten, einen IP mit **disconnect** zu lösen, der mit keinem anderen IP verbunden ist. Eine solche Operation hätte allerdings keinen Effekt.

Mit einer **disconnect**-Operation können alle IPe eines Sohnmoduls auf einmal gelöst werden, wenn in der **disconnect**-Anweisung eine Modulvariable anstelle eines IP-Bezeichners angegeben wird. Es sind also die folgenden allgemeinen Formen möglich:

```
disconnect Interaktionspunkt;
disconnect ModulVariable;
```

Die **disconnect**-Operation trennt jeweils zwei IPe. Das wirft die Frage auf, was mit den Interaktionen geschieht, die sich in den Warteschlangen der beteiligten IPe befinden. Nachdem die **disconnect**-Operation ausgeführt wurde, bleiben alle Interaktionen in den Warteschlangen der Moduln, die sie empfangen haben. Die empfangenen Interaktionen werden erst zerstört, wenn der Modul beendet wird. Das impliziert, daß ein Modul weiter Interaktionen bearbeiten kann, die über einen IP empfangen wurden, der garnicht mehr mit einem anderen IP verbunden ist. Wenn ein Modul versucht, eine Interaktion über einen nicht-verbundenen IP auszugeben, wird diese Interaktion zerstört, aber ein solcher Versuch führt nicht zu einem Fehler.

In der Diskussion von **disconnect** wurde bisher stillschweigend eine Annahme zur Vereinfachung gemacht, u.zw. daß die IPe mit **individual queue** definiert wurden, also jeweils eine eigene FIFO-Warteschlange zur Pufferung eingehender Interaktionen besitzen. Im Fall, daß sich mehrere IPe eine Warteschlange teilen, was mit **common queue** spezifiziert wird, ist das Lösen von IPen nicht so ganz einfach. Für die genaue Semantik hierzu wird auf [40] verwiesen.

3.3.7.4.2 Die attach/detach-Operation

Die attach-Operation wird benutzt, um externe Interaktionspunkte von Sohnmoduln an externe Interaktionspunkte von Vatermoduln zu binden:

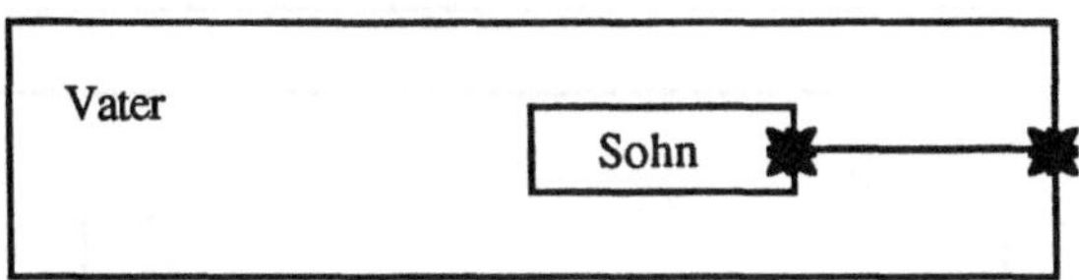

Das folgende Fragment, das sich im Rumpf des Moduls *S_Ini* befindet, verbindet den Vater-IP *ISAP* mit dem Sohn-IP *I.BENUTZER* und den Vater-IP *MSAP* mit dem Sohn-IP *C.MSAP*.

```
begin
      attach ISAP to I.BENUTZER;
      attach MSAP to C.MSAP;
end;
```

Falls die Warteschlange dem beteiligten Vater-IP möglicherweise schon durch eine **attach**- oder **connect**-Operation auf höherer Ebene zugeordnet wurde, ist sie nach der **attach**-Operation dem Sohn-IP zugeordnet. Dabei ist zu beachten, daß auch der Sohn-IP bereits eine Warteschlange besitzen kann, z.B. dadurch, daß der Sohn-IP vorher bereits mit dem IP eines anderen Sohnes verbunden war. Im Fall, daß sich vor der **attach**-Operation schon in einer oder beiden Warteschlangen Interaktionen befinden, werden die Interaktionen des Vater-IPes an die des Sohn-IPes angehängt. Der Mechanismus ist in Abb. 3.3.7 gezeigt. Vor dem **attach** beinhaltet die Warteschlange des Sohn-IPes die Interaktionen *a* und *b* und die des Vater-IPes die Interaktion *c*. Nach dem **attach** enthält die gemeinsame Warteschlange die Interaktionen *a,b* und *c*.

Dieser Mechanismus setzt sich auf Söhne von Söhnen fort. Eine Verbindung, die durch mehrere **attach**- und eine **connect**-Operation aufgebaut wurde, besitzt also immer genau eine Warteschlange an jedem Ende.

Die inverse Operation zu **attach** ist **detach**. IPe, die mit **attach** verbunden wurden, können mit **detach** wieder gelöst werden. Obwohl die **detach**-Operation auf zwei IPen operiert, braucht ebenso wie bei der **disconnect**-Operation nur ein IP angegeben werden, entweder der des Sohnmoduls oder der des Vatermoduls, der die **detach**-Operation ausführt. Im Beispiel aus Abb. 3.3.7 sind also die folgenden beiden Operationen äquivalent:

```
detach v;
detach Sohn.s;
```

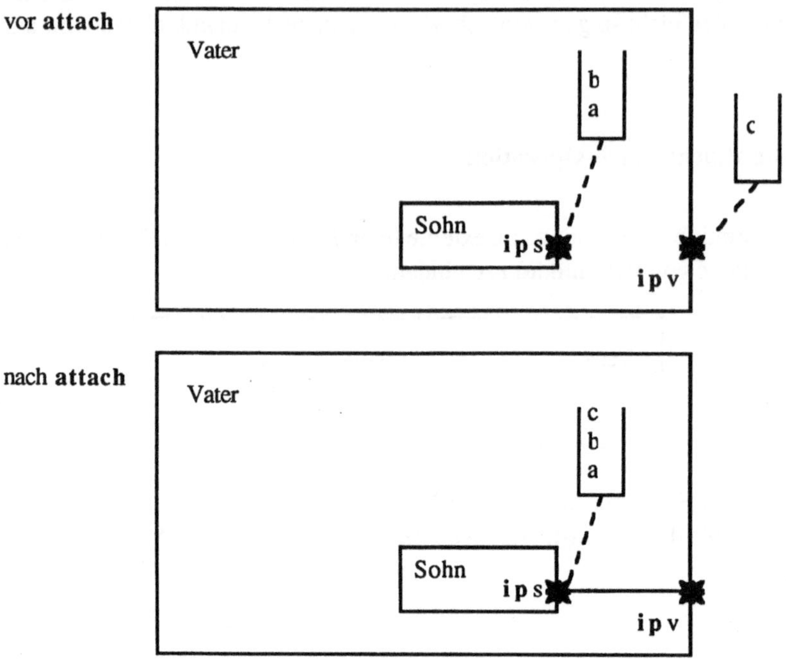

Abb. 3.3.7: Warteschlangen vor und nach **attach**

Die genaue Semantik von **detach** ist etwas kompliziert, insbesondere dann, wenn sich Interaktionen in den beteiligten Warteschlangen befinden und IPe mehrerer Hierarchieebenen miteinander verbunden sind. Angenommen im obigen Beispiel wird sofort nach der **attach**-Operation eine **detach**-Operation vom Vater ausgeführt, bevor eine der Interaktionen konsumiert wurde oder eine neue hinzugekommen ist, dann ergibt sich die gleiche Situation wie vor der **attach**-Operation.

Wenn in der Zwischenzeit allerdings weitere Interaktionen an den Sohn geschickt wurden, dann werden diejenigen, die über IP *v* gekommen sind, wieder der Warteschlange von IP *v* zugeordnet. Interaktionen, die nicht über *v* gekommen sind, bleiben in der Warteschlange von *s*. Es gibt hier noch verwickeltere Situationen, insbesondere wenn **common queue**-Warteschlangen involviert sind. Für diese Fälle wird auf [40] verwiesen.

3.3.8 Modulinitialisierung

Jeder Modul besitzt einen *Initialisierungsteil*, der den ersten Zustand des Moduls festlegt. Im Folgenden wird zwischen dem *Zustand* eines Moduls und dem *Gesamtzustand* eines Moduls unterschieden. Unter den *Zuständen* eines Moduls wird das verstanden, was mit dem Schlüsselwort **state** spezifiziert werden kann. Der *Gesamtzustand* eines Moduls enthält mehr Information, nämlich Werte von Variablen und eventuell die Kommunikationsstruktur von Sohnmoduln. Tab. 3.2 stellt die möglichen *Gesamtzustände* der einzelnen Modultypen zusam-

Tab.3.2: Gesamtzustand der verschiedenen Modultypen

Modultyp	Gesamtzustand
Blattmodul	Zustand + Variableninhalt + Pufferinhalt
passiver Vatermodul	Variableninhalt + Kommunikationsstruktur + Pufferinhalt + Gesamtzustand der Sohnmoduln
aktiver Vatermodul	Zustand + Variableninhalt + Kommunikationsstruktur + Pufferinhalt + Gesamtzustand der Sohnmoduln

men. Mit *Pufferinhalt* ist der Inhalt der FIFO-Puffer aller Interaktionspunkte gemeint, die zu dem entsprechenden Modul gehören.

Der Initialisierungsteil eines Moduls wird in allen drei Fällen mit dem Schlüsselwort **initialize** eingeleitet. Dann kann genau eine **to**-Klausel (nur im Fall von Blattmoduln und aktiven Vatermoduln) und genau eine **provided**-Klausel folgen. Anschließend folgt ein normaler Transitionsblock, wie er in Abschnitt 3.2 beschrieben wurde.

Das folgende Fragment zeigt die Initialisierung eines Moduls, der Zustände und Variable besitzt.

```
initialize to ZUSTAND1                     begin
     Variable1 := Wert1;
     Variable2 := Wert2;                        end;
```

Wird eine Variable nicht initialisiert, besitzt sie einen undefinierten Wert. Auf die Variable kann erst lesend zugegriffen werden, nachdem ihr mindestens einmal ein Wert zugewiesen wurde.

Passive Vatermoduln besitzen keine Zustände im obigen Sinne. Die Initialisierung beschränkt sich also auf die Initialisierung der Variablen, das Zuweisen von Modulrümpfen zu Modulköpfen von Sohnmoduln und das Verbinden von Interaktionspunkten, also die Festlegung der Kommunikationsstruktur. Das folgende Fragment zeigt den Initialisierungsteil im Modulrumpf *Station_Ini_Rumpf*.

```
initialize                                                    begin
     init I with Initiator_Rumpf;  {Initialisierung der Modul-    }
     init C with Codierer_Rumpf;   {koepfe mit den -ruempfen      }
     attach ISAP to I.BENUTZER;    {Verknüpfung der Sohn-ip's mit}
     attach MSAP to C.MSAP;        {den Vater-ip's                }
     connect I.PDU to C.PDU;       {Verbindung der ip's über      }
                                   {einen Kanal             } end;
```

Der Initialisierungsteil wird nur einmal ausgeführt, u.zw. bei der Modulinitialisierung. Gleichwohl kann ein Modul mehrere Initialisierungsteile besitzen, von denen bei der Modulinitialisierung dann einer nicht-deterministisch ausgewählt wird.

3.4 Beispiele

3.4.1 Eine Protokollspezifikation in Estelle

In diesem Abschnitt wird das Protokoll vollständig beschrieben, das in den vorigen Abschnitten schon teilweise im Zusammenhang mit der Vorstellung der Estelle-Sprachelemente entwickelt wurde und in Abb. 3.3.1 schematisch dargestellt ist. Das Protokoll ist das Inres-Protokoll aus Abschnitt 2. Es besteht im wesentlichen aus den zwei Protokollinstanzen *Initiator* und *Empfaenger*, die über den Diensterbringer *Medium_Dienst* miteinander kommunizieren. Über die Protokollinstanz *Initiator* kann ein Benutzer eine Verbindung initiieren und Daten an den anderen Benutzer senden. Der andere Benutzer kann über die Instanz *Empfaenger* die Verbindung annehmen und die Daten empfangen, oder die Verbindung ablehnen. Dabei müssen natürlich die Protokolldateneinheiten in Dienstelemente des *Medium*-Dienstes umgewandelt werden. Dafür sind die beiden Prozesse *Codierer* zuständig. Der Benutzer der Instanz *Empfaenger* kann zu jedem Zeitpunkt die Verbindung abbrechen. Für Details wird auch auf Abschnitt 2 oder das Abracadabra-Protokoll aus [41] verwiesen, das bei dem hier beschriebenen Protokoll Pate stand.

Insgesamt bilden die Protokollinstanzen zusammen mit den *Codierern* jeweils eine *Station*. Die Stationen können im Sinne des OSI-Referenzmodells [32] als Subsysteme (*subsystems*) interpretiert werden.

Der Dienst, den der *Medium*-Dienst zur Verfügung stellt, ist ebenfalls in Abschnitt 2 beschrieben. Ein Benutzer dieses Dienstes kann mit Hilfe des Dienstelementes *MDATreq* Informationen versenden und mit Hilfe des Dienstelementes *MDATind* Informationen empfangen. Beide Dienstelemente besitzen einen Parameter, in dem die Daten übergeben werden. Der Datentransport, den der *Medium*-Dienst zur Verfügung stellt, ist unzuverlässig. Es können Daten verloren gehen. Datenverlust wird den Benutzern nicht angezeigt.

```
specification Inres_Protokoll;
default individual queue;
timescale seconds;
type ISDUTyp = ... ; {beliebige Pascal-Datentypdeklaration}
type Folgenummer = 0..1;
type PduTyp = (CR,CC,DT,AK,DR);
type MSDUTyp = record id : PduTyp;
                      num : Folgenummer;
                      data : ISDUTyp;                          end;
function succ(Nummer:Folgenummer) : Folgenummer;               begin
     if Nummer = 0 then succ :=1
     else succ := 0                                            end;
```

```
channel ISAPchn(Benutzer,Station);
     by Benutzer :
          ICONreq;
          ICONresp;
          IDATreq(ISDU : ISDUTyp);
          IDISreq;
     by Station :
          ICONconf;
          ICONind;
          IDATind(ISDU : ISDUTyp);
          IDISind;
channel MSAPchn(Station,Medium_Dienst);
     by Station :
          MDATreq(MSDU : MSDUTyp);
     by Medium_Dienst :
          MDATind(MSDU : MSDUTyp);
module Benutzer systemprocess;
     ip ISAP : ISAPchn(Benutzer);                                        end;
body Benutzer_Rumpf for Benutzer;                                        end;
module Medium_Dienst systemprocess;
     ip MSAP1 : MSAPchn(Medium_Dienst);
        MSAP2 : MSAPchn(Medium_Dienst);                                  end;
body Medium_Rumpf for Medium_Dienst;
     trans
          when MSAP1.MDATreq(MSDU)                                       begin
               output MSAP2.MDATind(MSDU)                                end;
          when MSAP2.MDATreq(MSDU)                                       begin
               output MSAP1.MDATind(MSDU)                                end;
          when MSAP1.MDATreq(MSDU)                                   begin end;
          when MSAP2.MDATreq(MSDU)                              begin end; end;
module Station systemprocess;
     ip ISAP : ISAPchn(Station);
        MSAP : MSAPchn(Station);                                         end;
body Station_Ini_Rumpf for Station;
     channel IPdu(Initiator,Codierer);
          by Initiator :
               CR;
               DT(Num:Folgenummer;ISDU:ISDUTyp);
          by Codierer :
               CC;
               AK(Num:Folgenummer);
               DR;
     module Initiator process;
          ip BENUTZER : ISAPchn(Station);
             PDU : IPdu(Initiator);                                      end;
     body Initiator_Rumpf for Initiator;
          var alteDaten : ISDUTyp;
              Zaehler : 0..4;
              Nummer : Folgenummer;
          state UNTERBROCHEN,WARTEN,VERBUNDEN,SENDEND;
          stateset
               jederZustand = [UNTERBROCHEN,WARTEN,VERBUNDEN,SENDEND];
               ignoriereICONreq = [WARTEN,VERBUNDEN,SENDEND];
               ignoriereIDATreq = [UNTERBROCHEN,WARTEN];
               ignoriereCC = [UNTERBROCHEN,VERBUNDEN,SENDEND];
               ignoriereAK = [UNTERBROCHEN,WARTEN,VERBUNDEN];
               ignoriereDR = [UNTERBROCHEN];
```

```
initialize to UNTERBROCHEN                                  begin end;
trans
    from UNTERBROCHEN to WARTEN
        when Benutzer.ICONreq                                   begin
            Zaehler := 0;
            output PDU.CR                                       end;
    from WARTEN to VERBUNDEN
        when PDU.CC                                             begin
            Nummer := 1;
            Zaehler := 0;
            output Benutzer.ICONconf                            end;
    from WARTEN
        delay(5)
            provided Zaehler < 4
                to same                                         begin
                    output PDU.CR;
                    Zaehler := Zaehler + 1                      end;
            provided otherwise
                to UNTERBROCHEN                                 begin
                    output BENUTZER.IDISind                     end;
    from VERBUNDEN to SENDEND
        when BENUTZER.IDATreq(ISDU)                             begin
            output PDU.DT(Nummer,ISDU);
            alteDaten := ISDU                                   end;
    from SENDEND
        when PDU.AK(Num)
            provided Num = Nummer
                to VERBUNDEN                                    begin
                    Nummer := succ(Nummer)                      end;
            provided (Num <> Nummer)
                    and (Zaehler < 4)
                to same                                         begin
                    output PDU.DT(Nummer,alteDaten);
                    Zaehler := Zaehler + 1                      end;
            provided otherwise
                to UNTERBROCHEN                                 begin
                    output BENUTZER.IDISind                     end;
    from SENDEND
        delay(5)
            provided Zaehler < 4
                to same                                         begin
                    output PDU.DT(Nummer,alteDaten);
                    Zaehler := Zaehler + 1                      end;
            provided otherwise
                to UNTERBROCHEN                                 begin
                    output BENUTZER.IDISind                     end;
```

```
            from jederZustand to UNTERBROCHEN
                 when PDU.DR                                         begin
                      output Benutzer.IDISind                        end;
            from jederZustand to same
                 when BENUTZER.ICONresp                          begin end;
                 when BENUTZER.IDISreq                           begin end;
            from ignoriereICONreq to same
                 when BENUTZER.ICONreq                           begin end;
            from ignoriereIDATreq to same
                 when BENUTZER.IDATreq                           begin end;
            from ignoriereCC to same
                 when PDU.CC                                     begin end;
            from ignoriereAK to same
                 when PDU.AK                                     begin end;
            from ignoriereDR to same
                 when PDU.DR                                 begin end; end;
    module Codierer process;
         ip PDU : IPdu(Codierer);
            MSAP : MSAPchn(Station);                                 end;
    body Codierer_Rumpf for Codierer;
         var MSDU : MSDUTyp;
         trans
              when PDU.CR                                            begin
                   MSDU.id := CR;
                   output MSAP.MDATreq(MSDU)                         end;
              when PDU.DT(Num,ISDU)                                  begin
                   MSDU.id := DT;
                   MSDU.num := Num;
                   MSDU.data := ISDU;
                   output MSAP.MDATreq(MSDU)                         end;
              when MSAP.MDATind(MSDU)
                   case MSDU.id of
                   CC: output PDU.CC;
                   AK: output PDU.AK(MSDU.data);
                   DR: output PDU.DR;                           end; end;
    modvar
         I : Initiator;
         C : Codierer;
    initialize                                                       begin
         init I with Initiator_Rumpf;
         init C with Codierer_Rumpf;
         attach ISAP to I.BENUTZER;
         attach MSAP to C.MSAP;
         connect I.PDU to C.PDU;                                end; end;
body Station_Empf_Rumpf for Station;
    channel IPdu(Empfaenger,Codierer);
         by Empfaenger :
              CC;
              AK(Num:Folgenummer);
              DR;
         by Codierer :
              CR;
              DT(Num:Folgenummer;ISDU:ISDUTyp);
```

```
module Empfaenger process;
    ip BENUTZER : ISAPchn(Station);
       PDU : IPdu(Empfaenger);                                  end;
body Empfaenger_Rumpf for Empfaenger;
    state UNTERBROCHEN,WARTEN,VERBUNDEN;
    var Nummer : Folgenummer;
    stateset
        jederZustand = [UNTERBROCHEN,WARTEN,VERBUNDEN];
        ignoriereICONresp = [WARTEN,VERBUNDEN];
        ignoriereIDISreq = [UNTERBROCHEN];
        ignoriereCR = [WARTEN,VERBUNDEN];
        ignoriereDT = [UNTERBROCHEN,WARTEN];
    initialize to UNTERBROCHEN                              begin end;
    trans
        from UNTERBROCHEN to WARTEN
            when PDU.CR                                         begin
                output BENUTZER.ICONind                         end;
        from WARTEN to VERBUNDEN
            when BENUTZER.ICONresp                              begin
                Nummer := 0;
                output PDU.CC                                   end;
        from VERBUNDEN to same
            when PDU.DT(Num, ISDU)
              provided Num = succ(Nummer)                       begin
                output BENUTZER.IDATind(ISDU);
                output PDU.AK(Num);
                Nummer := succ(Nummer)                          end;
              provided Num = Nummer                             begin
                output PDU.AK(Num)                              end;
        from VERBUNDEN to WARTEN
            when PDU.CR                                         begin
                output BENUTZER.ICONind                         end;
        from jederZustand to UNTERBROCHEN
            when BENUTZER.IDISreq                               begin
                output PDU.DR                                   end;
        from jederZustand to same
            when BENUTZER.ICONreq                           begin end;
            when BENUTZER.IDATreq                           begin end;
        from ignoriereICONresp to same
            when BENUTZER.ICONresp                          begin end;
        from ignoriereIDISreq to same
            when BENUTZER.IDISreq                           begin end;
        from ignoriereCR to same
            when PDU.CR                                     begin end;
        from ignoriereDT to same
            when PDU.DT                                 begin end; end
```

```
    module Codierer process;
         ip PDU : IPdu(Codierer);
            MSAP : MSAPchn(Station);                                   end;
    body Codierer_Rumpf for Codierer;
         var MSDU : MSDUTyp;
         trans
              when PDU.CC                                              begin
                   MSDU.id := CR;
                   output MSAP.MDATreq(MSDU)                           end;
              when PDU.AK(Num)                                         begin
                   MSDU.id := AK;
                   MSDU.num := Num;
                   output MSAP.MDATreq(MSDU)                           end;
              when PDU.DR                                              begin
                   MSDU.id := DR;
                   output MSAP.MDATreq(MSDU)                           end;
              when MSAP.MDATind(MSDU)
                   case MSDU.id of
                   CR: output PDU.CR;
                   DT: output PDU.DT(MSDU.num,MSDU.data);         end; end;
    modvar
         E : Empfaenger;
         C : Codierer;
    initialize                                                         begin
         init E with Empfaenger_Rumpf;
         init C with Codierer_Rumpf;
         attach ISAP to E.BENUTZER;
         attach MSAP to C.MSAP;
         connect E.PDU to C.PDU;                                  end; end;
modvar
    B_Ini,B_Empf : Benutzer;
    S_Ini,S_Empf : Station;
    M : Medium_Dienst;
initialize                                                             begin
         init B_Ini with Benutzer_Rumpf;
         init B_Empf with Benutzer_Rumpf;
         init S_Ini with Station_Ini_Rumpf;
         init S_Empf with Station_Empf_Rumpf;
         init M with Medium_Rumpf;
         connect B_Ini.ISAP to S_Ini.ISAP;
         connect B_Empf.ISAP to S_Empf.ISAP;
         connect M.MSAP1 to S_Ini.MSAP;
         connect M.MSAP2 to S_Empf.MSAP;                          end; end.
```

3.4.2 Eine Dienstspezifikation in Estelle

In diesem Abschnitt wird der Dienst formal mit Estelle beschrieben, der durch das *Inres*-Protokoll aus Abschnitt 3.4.1 zusammen mit dem zugrundeliegenden *Medium*-Dienst erbracht wird.

Die Estelle-Spezifikation des Dienstes, dessen Struktur in Abb. 3.4.1 schematisch dargestellt ist, besteht aus den beiden Benutzern, die identisch mit denen aus der Protokollspezifikation sind, und dem Modul *Diensterbringer.* Der Modul *Diensterbringer* selbst ist in zwei Sohnmoduln, *I* und *E*, strukturiert, die das Verhalten an den beiden Dienstzugangspunkten bestimmen. Die Moduln *I* und *E* kommunizieren miteinander über einen internen Kanal *INTERNchn*.

In einer Dienstspezifikation wird in der Regel das Verhalten beschrieben, das von außen an den Dienstzugangspunkten beobachtet werden kann.

Der Grund für die hier gewählte Struktur mit einem internen Kanal liegt in der Vereinfachung der Darstellung. Das beobachtbare Verhalten an den Punkten *ISAPini* und *ISAPempf* kann durchaus temporär sehr unabhängig sein. So kann es vorkommen, daß sich ein Dienstzugangspunkt für befristete Zeit so verhält, als existiere eine Verbindung, wohingegen der andere sich so verhält als existiere sie nicht. Man spricht dann auch von einer *halb-offenen* Verbindung. In dem Protokoll entsteht eine *halb-offene* Verbindung zum Beispiel dann, wenn eine *DR*-Protokolldateneinheit vom *Medium* nicht übertragen wird. Wenn nun die Dienstspezifikation mit nur einem Modul ohne Sohnmoduln beschrieben würde, dann müßten für diese Situationen spezielle Zustände eingeführt werden. Das würde die Spezifikation verkomplizieren. Es empfiehlt sich daher, das Verhalten der beiden Dienstzugangspunkte getrennt zu modellieren.

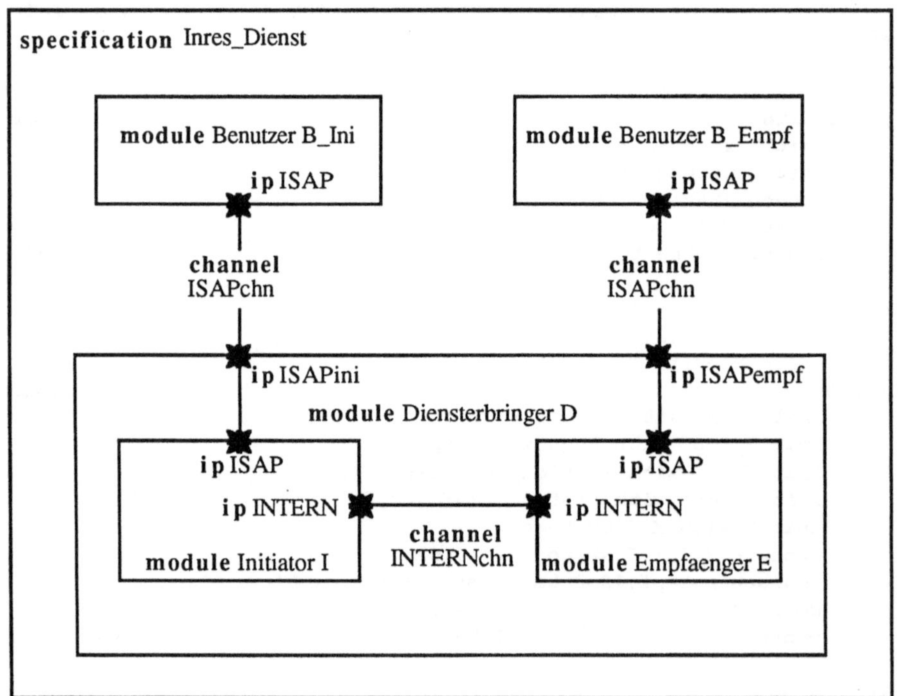

Abb. 3.4.1: Übersichtsdiagramm der Estelle-Dienstspezifikation

Zur Vereinfachung der Bezugnahme sind die Zustandsübergänge im Folgenden mit 1, 2, u.s.w. nummeriert. An jedem der Dienstzugangspunkte gibt es drei Zustände, *UNTERBROCHEN*, *WARTEN* und *VERBUNDEN*.

Der *Initiator*-Dienstzugangspunkt kann vom Benutzer *B_ini* mit dem Dienstelement *ICONreq* in den Zustand *WARTEN* gebracht werden. Das ist durch den Zustandsübergang 1 beschrieben. Allerdings zeigt der Dienstzugangspunkt ein nicht-deterministisches Verhalten, indem er das *ICONreq* mit einem *IDISind* beantwortet und somit den Zustandsübergang 2 wählt. Das kann auch dann passieren, wenn an dem anderen Dienstzugangspunkt ein *ICONind* angezeigt wird (3 gefolgt von 11), aber der dortige Benutzer *B_empf* nicht rechtzeitig mit *ICONresp* antwortet. In diesem Fall entsteht eine *halb_offene* Verbindung, Modul *I* befindet sich im Zustand *UNTERBROCHEN*, und Modul *E* befindet sich im Zustand *VERBUNDEN*.

Sofern die Verbindung erfolgreich aufgebaut wurde (1, 11, 12 und 4), kann der Benutzer *B_ini* beginnen, Daten zu senden (5). Die Daten können allerdings verloren gehen, worauf der Benutzer *B_ini* mit *IDISind* hingewiesen wird (6).

Ein *IDISind* kann dem Benutzer *B_ini* auch dann angezeigt werden, wenn der Benutzer *B_empf* seinem Dienstzugangspunkt ein *IDISreq* sendet (16 und 7). Allerdings kann das *IDISind* auch verloren gehen (18), worauf wieder eine *halb-offene* Verbindung entsteht.

Die Zustandsübergänge 8,9,10,19,20 und 21 dienen wie in der Protokollspezifikation dazu, unerwartete und in bestimmten Zuständen unsinnige Interaktionen aus den entsprechenden Eingabewarteschlangen zu entfernen.

```
specification Inres_Dienst;
default individual queue;
timescale seconds;
type ISDUTyp = ... ; {beliebige Pascal-Datentypdeklaration}
channel ISAPchn(Benutzer,Dienst);
     by Benutzer :
          ICONreq;
          ICONresp;
          IDATreq(ISDU : ISDUTyp);
          IDISreq;
     by Dienst :
          ICONconf;
          ICONind;
          IDATind(ISDU : ISDUTyp);
          IDISind;
module Benutzer systemprocess;
     ip ISAP : ISAPchn(Benutzer);                                  end;
body Benutzer_Rumpf for Benutzer;
    @ZBEISPIEL2 = module Diensterbringer systemprocess;
     ip ISAPini : ISAPchn(Dienst);
        ISAPempf : ISAPchn(Dienst);                                end;
body Diensterbringer_Rumpf for Diensterbringer;                    end;
     channel INTERNchn(Ini,Empf);
          by Ini :
               ICON;
               IDAT(ISDU : ISDUTyp);
          by Empf :
               ICONF;
               IDIS;
     module Initiator process;
          ip BENUTZER : ISAPchn(Dienst);
             INTERN : INTERNchn(Ini);                              end;
```

```
body Initiator_Rumpf for Initiator;
    state UNTERBROCHEN, WARTEN, VERBUNDEN;
    stateset
        jederZustand = [UNTERBROCHEN, WARTEN, VERBUNDEN];
        ignoriereICONreq = [WARTEN, VERBUNDEN];
        ignoriereIDATreq = [UNTERBROCHEN, WARTEN];
        ignoriereICONF = [UNTERBROCHEN, VERBUNDEN];
    initialize to UNTERBROCHEN                                  begin end;
    trans
        from UNTERBROCHEN to WARTEN {1}
            when BENUTZER.ICONreq                                   begin
                output INTERN.ICON                                  end;
        from UNTERBROCHEN to same {2}
            when BENUTZER.ICONreq                                   begin
                output BENUTZER.IDISind                             end;
        from WARTEN to UNTERBROCHEN {3}
            delay (5)                                               begin
                output BENUTZER.IDISind                             end;
        from WARTEN to VERBUNDEN {4}
            when INTERN.ICONF                                       begin
                output BENUTZER.ICONconf                            end;
        from VERBUNDEN to same {5}
            when BENUTZER.IDATreq(ISDU)                             begin
                output INTERN.IDAT(ISDU)                            end;
        from VERBUNDEN to UNTERBROCHEN {6}
            when BENUTZER.IDATreq(ISDU)                             begin
                output BENUTZER.IDISind                             end;
        from jederZustand to UNTERBROCHEN {7}
            when INTERN.IDIS                                        begin
                output BENUTZER.IDISind                             end;
        from ignoriereICONreq to same {8}
            when BENUTZER.ICONreq                               begin end;
        from ignoriereIDATreq to same {9}
            when BENUTZER.IDATreq                               begin end;
        from ignoriereICONF to same {10}
            when INTERN.ICONF                               begin end; end
module Empfaenger process;
    ip BENUTZER : ISAPchn(Dienst);
       INTERN : INTERNchn(Empf);                                    end;
body Empfaenger_Rumpf for Empfaenger;
    state UNTERBROCHEN, WARTEN, VERBUNDEN;
    stateset
        jederZustand = [UNTERBROCHEN, WARTEN, VERBUNDEN];
        ignoriereICONresp = [UNTERBROCHEN, VERBUNDEN];
        ignoriereICON = [WARTEN, VERBUNDEN];
        ignoriereIDAT = [WARTEN];
    initialize to UNTERBROCHEN                                  begin end;
```

```
        trans
            from UNTERBROCHEN to WARTEN {11}
                when INTERN.ICON                                      begin
                    output BENUTZER.ICONind                           end;
            from WARTEN to VERBUNDEN {12}
                when BENUTZER.ICONresp                                begin
                    output INTERN.ICONF                               end;
            from WARTEN to VERBUNDEN {13}
                when BENUTZER.ICONresp                          begin end;
            from VERBUNDEN to same {14}
                when INTERN.IDAT(ISDU)                                begin
                    output BENUTZER.IDATind(ISDU)                     end;
            from UNTERBROCHEN to same {15}
                when INTERN.IDAT(ISDU)                                begin
                    output INTERN.IDIS                                end;
            from VERBUNDEN to WARTEN {16}
                when INTERN.ICON                                      begin
                    output BENUTZER.ICONind                           end;
            from jederZustand to UNTERBROCHEN {17}
                when BENUTZER.IDISreq                                 begin
                    output INTERN.IDIS                                end;
            from jederZustand to UNTERBROCHEN {18}
                when BENUTZER.IDISreq                           begin end;
            from ignoriereICONresp to same {19}
                when BENUTZER.ICONresp                          begin end;
            from ignoriereICON to same {20}
                when INTERN.ICON                                begin end;
            from ignoriereIDAT to same {21}
                when INTERN.IDAT                           begin end; end;
    modvar
        I : Initiator;
        E : Empfaenger;
    initialize                                                        begin
        init I with Initiator_Rumpf;
        init E with Empfaenger_Rumpf;
        attach ISAPini to I.BENUTZER;
        attach ISAPempf to E.BENUTZER;
        connect I.INTERN to E.INTERN;                                 end;
modvar
    B_Ini,B_Empf : Benutzer;
    D : Diensterbringer;
initialize                                                            begin
        init B_Ini with Benutzer_Rumpf;
        init B_Empf with Benutzer_Rumpf;
        init D with Diensterbringer_Rumpf
        connect B_Ini.ISAP to D.ISAPini;
        connect B_Empf.ISAP to D.ISAPempf;                       end; end.
```

4 LOTOS

4.1 Einleitung und Basismodell

Die Historie von LOTOS ist eng verknüpft mit der von Estelle. Beide Sprachen entstanden aus dem Wunsch der ISO nach einer einheitlichen Beschreibungssprache für standardisierte Protokolle und Dienste. Während Estelle das Konzept der endlichen erweiterten Automaten zugrundeliegt, hat LOTOS seine Wurzeln in der Prozeßalgebra. Die Konzepte sind denen von CCS [44] sehr ähnlich, es wird also das beobachtbare Verhalten eines Systems beschrieben, ohne dazu explizit Internas wie Zustände zu benutzen. Hierin unterscheidet sich LOTOS wesentlich von Estelle und SDL.

Dennoch besitzt auch eine LOTOS-Spezifikation zu jedem Zeitpunkt ihrer Interpretation einen "Zustand". Während in Estelle und SDL jedoch der Gesamtzustand zu jedem Zeitpunkt in Form von Zuständen der einzelnen Moduln bzw. Prozessen, den Variableninhalten, den Pufferinhalten und der Kommunikationsstruktur bestimmt ist, ist bei einer LOTOS-Spezifikation die Historie der Ereignisse bis zu dem betrachteten Zeitpunkt entscheidend. Aus dieser Historie läßt sich dann eindeutig das zukünftige Verhalten bestimmen. In gewisser Hinsicht kann also die Folge von Ereignissen bis zu einem bestimmten Zeitpunkt als "Zustand" der Spezifikation in eben diesem Zeitpunkt interpretiert werden. Dieser zunächst sehr diffizil erscheinende Unterschied zwischen dem Automatenmodell und der Prozeßalgebra wird im Laufe dieses Kapitels noch klarer werden.

Zur Strukturierung wird eine LOTOS Spezifikation in sogenannte *Prozesse*, das sind Teilsysteme, aufgeteilt und das beobachtbare Verhalten der einzelnen Prozesse beschrieben. Die Verhaltensweisen der einzelnen Prozesse definieren zusammen mit ihrer Kommunikation das beobachtbare Verhalten der Gesamtspezifikation. Das beobachtbare Verhalten eines Prozesses wird in Form von Ereignissequenzen beschrieben.

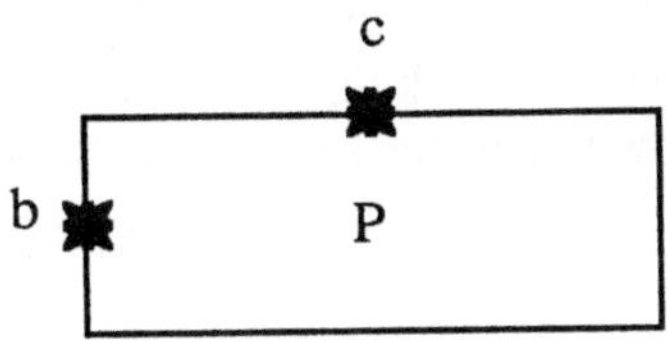

Abb. 4.1.1: Ein Prozeß

Zustände existieren in einer Prozeßspezifikation, wie oben erwähnt, nicht explizit. Sie existieren aber implizit zwischen den beobachtbaren Ereignissen. Bildlich kann man also sagen, daß ein LOTOS-Prozeß kein Innenleben besitzt, sondern sein Verhalten allein aus den Ereignissen bestimmt ist, die sich am "Rand" des Prozesses abspielen. Abb. 4.1.1 soll diese bildliche Vorstellung verdeutlichen. Die Folgen von Ereignissen *a* und *b* bestimmen das Verhalten von Prozeß *P*.

Da die Spezifikation eines Prozesses in LOTOS aus einer Folge von Ereignissen besteht, wird in LOTOS nicht zwischen einem Prozeß und seinem Verhalten unterschieden:

Prozeß = Verhalten.

Auch die Deklaration und Manipulation der Daten, die ein Prozeß verwaltet, werden in Form von Ereignissen beschrieben.

Prozesse können miteinander verknüpft werden und dadurch ein komplexeres Verhalten, also einen komplexeren Prozeß, definieren. In ihrer Verknüpfung können die Prozesse miteinander kommunizieren. Die Kommunikation erfolgt dadurch, daß zwei Prozesse am gleichen Ereignis partizipieren. Es handelt sich hierbei also um eine synchrone Kommunikation.

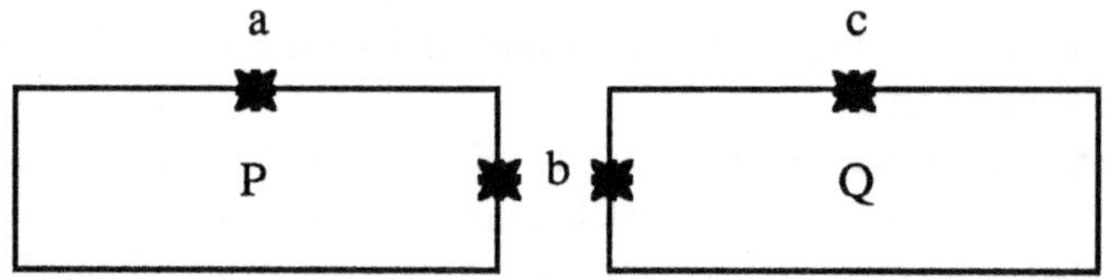

Abb. 4.1.2: Zwei kommunizierende Prozesse

Bevor nun tiefer in die Materie eingestiegen wird, soll kurz ein Überblick über die nachfolgenden Abschnitte gegeben werden. Dieses Kapitel 4 besteht im wesentlichen aus zwei Teilen, in denen das

- *Basis-LOTOS* (*Basic-LOTOS*) und das
- *erweiterte* LOTOS (*extended* LOTOS)

beschrieben werden.

Mit Hilfe von *Basis-LOTOS*, in Abschnitt 4.2 und 4.3, werden das dynamische Verhalten und die verschiedenen Operatoren zur Verknüpfung von Prozessen beschrieben.

Zum *erweiterten* LOTOS gehören die Definition, Deklaration und der Gebrauch von Daten. Die zugehörigen Sprachkonzepte und -konstrukte werden in den Abschnitten 4.4 und 4.5 beschrieben.

4.2 Beschreibung des Prozeßverhaltens in Basis-LOTOS

4.2.1 Das beobachtbare Verhalten eines Prozesses

In diesem Abschnitt soll noch etwas genauer auf das Konzept des beobachtbaren Verhaltens eingegangen werden, das für LOTOS essentiell ist, und in dem sich LOTOS wesentlich von anderen zustandsorientierten Spezifikationssprachen, z.B. [11], [40], unterscheidet.

Gleichwohl gibt es dabei eine gewisse Analogie zu endlichen erkennenden Automaten. Diese Analogie stellt jedoch nur einen Teilaspekt der Prozeßalgebra dar.

Endliche erkennende Automaten werden oft in Form von Graphen definiert. Abb. 4.2.1 zeigt einen endlichen erkennenden Automaten, der die Wortmenge {ab,ac} erkennt.

Die Zustände werden in einem solchen Graphen durch die Knoten repräsentiert, und die gerichteten Kanten repräsentieren die Zustandsübergänge. S^0 ist der Initialzustand und S^2 und S^3 sind die Endzustände.

Das beobachtbare Verhalten eines solchen Automaten kann nun wie folgt interpretiert werden: wenn der Automat ein *a* angeboten bekommt, kann er als nächstes ein *b* oder ein *c* ak-

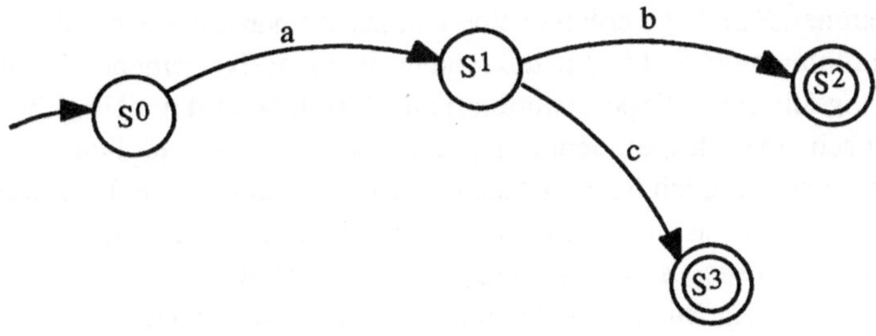

Abb. 4.2.1: Ein endlicher erkennender Automat

zeptieren. Die Umgebung, die mit dem Automaten experimentiert, wird dabei nur implizit feststellen, daß es *Zustände* gibt, nämlich dadurch, daß der Automat zu gewissen Zeitpunkten stabil ist, also ein weiteres Experiment durchgeführt werden kann. Zum Zweck der Spezifikation des beobachtbaren Verhaltens sind also die Zustände überflüssig und nur die Zustandsübergänge interessant. Es besteht kein Grund, Zustände explizit zu spezifizieren.

Das Verhalten eines Automaten, im folgenden *Prozeß* genannt, kann damit in Form eines Baumes dargestellt werden. Die Wurzel des Baumes repräsentiert den Initialzustand des Prozesses. Die Kanten des Baumes sind mit Namen von Ereignissen markiert. In dieser Art und Weise repräsentieren die Markierungen an den Kanten, die von einem Knoten abgehen, die möglichen nächsten Schritte des Prozesses. Die Baumstruktur repräsentiert daher das Prozeßverhalten als eine Sequenz von Mengen alternativer Ereignisse, die nach der Zeit geordnet sind, je nachdem, wie tief sie sich in dem Baum befinden. Es ist wichtig zu beachten, daß die Baumstruktur nicht einfach nur eine alternative Darstellung eines normalen endlichen Automaten ist, unter der normalen Interpretation eines Wort-Erkenners. Durch einen LOTOS-Prozeß wird mehr beschrieben als nur eine durch den Automaten erkennbare Wortmenge [2]. Zum Beispiel spezifizieren die beiden Bäume aus Abb. 4.2.2 unterscheidbares Verhalten, obwohl die zugehörigen Automaten die gleiche Menge von erkennbaren Worten besitzen, nämlich {ab,ac}.

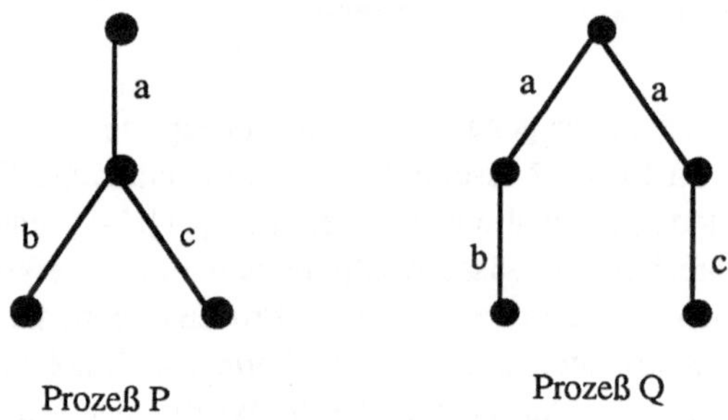

Abb. 4.2.2: Zwei unterscheidbare Verhaltensspezifikationen als Baum dargestellt

Der entscheidende Aspekt zur Unterscheidung von *P* und *Q* ist, daß die Semantik einer Zustandsmaschine über ihr Verhalten gegenüber ihrer Umgebung interpretiert wird. Der beobachtbare Unterschied der beiden obigen Prozesse *P* und *Q* kann folgendermaßen verdeutlicht werden: angenommen *P* und *Q* werden in eine Umgebung plaziert, die mit den Prozessen Experimente durchführen möchte. Mit Prozeß *P* ist nach einem Experiment *a* immer ein Experiment *b* oder *c* möglich. Beim Experimentieren mit Prozeß *Q* wird die Umgebung feststellen, daß manchmal nach einem Experiment *a* das Experiment *b* nicht möglich ist und manchmal das Experiment *c* nicht möglich ist. Es ist also durchaus möglich, zwei Prozesse voneinander zu unterscheiden, obwohl sie die gleiche Wortmenge "erkennen", also im üblichen Sinne der Automatenäquivalenz (*Trace-Äquivalenz* [27]) äquivalent sind.

Milner zeigt in seinem Buch [44], daß man eine Äquivalenzrelation definieren kann, die auf dem Konzept des *beobachtbaren Verhaltens* (*Observation-Äquivalenz*) beruht, und die echt schwächer ist als die *Trace-Äquivalenz.* Darüberhinaus sind in der Literatur noch eine Reihe weiterer mehr oder wenige nützliche Äquivalenzrelationen definiert worden [26], [7], auf die hier aber nicht näher eingegangen werden soll.

4.2.2 Verhaltensausdrücke und Ereignissequenzen

Aus dem vorangegangenen Abschnitt folgt, daß eine Prozeßbeschreibung aus der Beschreibung von Ereignissequenzen besteht. Zur Spezifikation der Ereignissequenzen dienen in LOTOS sogenannte *Verhaltensausdrücke*, welche formal die Reihenfolge festlegen, in der Ereignisse auftreten können. Es ist klar, daß die Regeln, mit denen Verhaltensausdrücke gebildet werden können, einen wesentlichen Bestandteil von LOTOS ausmachen. Wenn das zu spezifizierende Verhalten endlich ist, stimmt die Struktur der Verhaltensausdrücke mit der entsprechenden Baumstruktur überein.

Das absolut inaktive Verhalten wird in LOTOS mit dem Verhaltensausdruck

```
stop
```

spezifiziert.

Aus einem spezifizierten Verhalten kann mit Hilfe des *Action-prefix* ein neues Verhalten spezifiziert werden. Angenommen *B* ist ein Verhalten und *a* ein Ereignisname, dann ist

```
a;B
```

ein neues Verhalten. Die Interpretation von *a;B* ist die, daß der Prozeß sich zunächst in einem Ereignis *a* engagieren kann und sich danach wie *B* verhält.

Im folgenden Beispiel wird das *Action-prefix* benutzt, um das Verhalten einer sehr einfachen Protokollinstanz zu beschreiben.

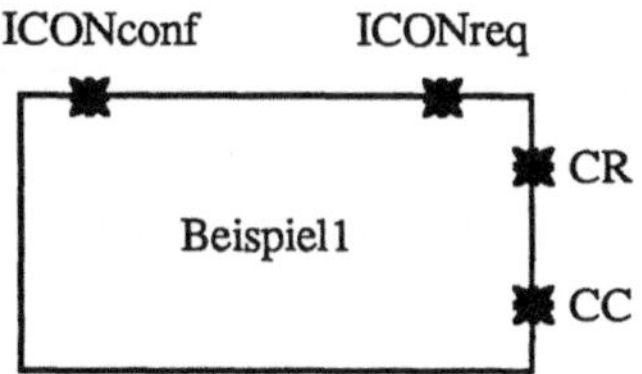

Abb. 4.2.3: Eine Protokollinstanz

```
process Beispiel1 [ICONreq,CR,CC,ICONconf] :=
     ICONreq;CR;CC;ICONconf;stop
endproc
```

Der Prozeß *Beispiel1* kann sich in den Ereignissen *ICONreq*, *CR*, *CC* und *ICONconf* engagieren. Die Menge der Ereignisse ist in der eckigen Klammer nach dem Prozeßnamen angegeben. In dem erweiterten LOTOS hat die Information innerhalb der Klammer eine weitergehende Bedeutung - aber dazu später mehr.

Zunächst bietet *Beispiel1* der Umgebung das Ereignis *ICONreq* an. Nachdem dieses Ereignis stattgefunden hat, bietet der Prozeß der Reihe nach die übrigen Ereignisse an. Dabei kann in diesem Zusammenhang nicht explizit von Eingabe oder Ausgabe gesprochen werden; die Kommunikation ist lediglich eine *Synchronisation* zwischen Prozeß und Umgebung.

Beispiel1 kann im Zusammenhang mit dem OSI-Basis-Referenzmodell [32] folgendermaßen als Protokollinstanz interpretiert werden: die Ereignisse *ICONreq* und *ICONconf* bilden die Schnittstelle zu dem Benutzer der Instanz. *CR* und *CC* bilden die logische Schnittstelle zu einer weiteren entfernten Instanz. Nachdem der Benutzer der Instanz ein *ICONreq* angeboten hat, bietet die Instanz der entfernten Partnerinstanz ein *CR* an. Daraufhin wartet sie, bis die entfernte Instanz ein *CC* anbietet und reagiert darauf mit einem *ICONconf* an der Benutzerschnittstelle.

Ein Prozeß kann der Umgebung auch eine *Auswahl* von verschiedenen Ereignissen anbieten. Hierfür gibt es in LOTOS den *Auswahloperator*. Ein Verhaltensausdruck der Form

```
P [] Q
```

beschreibt einen Prozeß, der sich entweder wie P oder wie Q verhalten kann. Die Auswahl, die durch [] angeboten wird, wird durch die Interaktion mit der Umgebung getroffen. Wenn die Umgebung ein Initialereignis von P anbietet, wird P ausgewählt, wenn die Umgebung ein Initialereignis von Q anbietet, wird Q ausgewählt. Wenn ein Ereignis angeboten wird, das initial

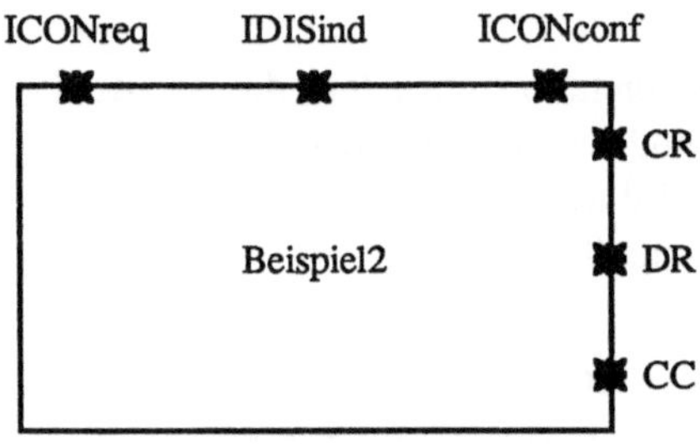

Abb. 4.2.4: Eine weitere Protokollinstanz

von P und Q ist, dann ist das Verhalten nicht determiniert.

Das folgende Beispiel zeigt eine Erweiterung der Protokollinstanz von vorher. Nach dem Ereignis *CR* sind die zwei Ereignisse *CC* und *DR* als nächstes möglich:

```
process Beispiel2 [ICONreq,IDISind,CR,DR,CC,ICONconf] :=
      ICONreq;CR;(CC;ICONconf;stop
                 []DR;IDISind;stop)
endproc
```

4.2.3 Verhaltensrekursion

In der Realität zeigen Prozesse oft ein unendliches Verhalten, z.B. das Verhalten endet nicht, sondern wiederholt sich nach einer Weile. In LOTOS gibt es hierfür die *Verhaltensrekursion.*

Im *Beispiel2*-Prozeß endete das Verhalten nach jeder der beiden möglichen Sequenzen. Im folgenden Beispiel sind die beiden Sequenzen *ICONreq;CR;CC;ICONconf;DR;IDISind* und *ICONreq;CR;DR;IDISind* unendlich oft hintereinander möglich.

```
process Beispiel3 [ICONreq,IDISind,CR,DR,CC,ICONconf] :=
      ICONreq;CR;(CC;ICONconf;DR;IDISind;Beispiel3
                 []DR;IDISind;Beispiel3)
endproc
```

4.2.4 Nicht-Determinismus

In Abschnitt 4.2.2 haben wird bereits eine Möglichkeit kennengelernt, Nicht-Determinismus zu spezifizieren:

```
  a;b;stop
[]a;c;stop
```

In dem obigen Verhaltensausdruck wird der Umgebung eine Auswahl aus zwei identischen Initialereignissen angeboten. Die Auswahl unter den nachfolgenden Verhaltensweisen ist nicht determiniert.

Eine andere Möglichkeit, in LOTOS nicht-deterministisches Verhalten zu spezifizieren, ist der Gebrauch des internen Ereignisses *i*. In dem folgenden Verhalten wird der Umgebung entweder das Initialereignis *a* oder *c* angeboten:

```
  a;b;stop
[]i;c;d;stop
```

Die Umgebung hat auf diese Auswahl keinen Einfluß. Die Auswahl hängt davon ab, ob das Ereignis *i* stattfindet. Milner [44] spricht in diesem Zusammenhang von einer *stillen Transition*. Der Automat, der im Sinne von Abschnitt 4.2.1 durch den obigen Verhaltensausdruck beschrieben wird, ist in der Lage, seinen Zustand von selbst zu verändern.

Anwendungen dieser Art des Nicht-Determinismus finden sich in der Spezifikation von Diensten.

Mit dem internen Ereignis *i* kann in LOTOS auch Zeitverhalten "simuliert" werden, wie das folgende Beispiel zeigt:

```
process Beispiel4 [ICONreq,IDISind,CR,DR,CC,ICONconf] :=
      ICONreq;CR;(CC;ICONconf;DR;IDISind;Beispiel4
                 []DR;IDISind;Beispiel4
                 []i;IDISind;Beispiel4)
endproc
```

Der Prozeß *Beispiel4* kann sich zu Beginn mit der Umgebung in einem Ereignis *ICONreq* und dann in einem Ereignis *CR* engagieren. Nach diesem Engagement sind zunächst zwei Verhaltensweisen möglich. Der Prozeß kann sich in einem *CC* oder in einem *DR* engagieren. Außerdem kann er auch eine stille Transition durchführen und der Umgebung ein *IDISind* anbieten.

Das obige Beispiel kann so interpretiert werden, daß der Prozeß nur eine endliche Zeit auf *CC* und *DR* "wartet". Wenn beides nicht eintrifft, fährt er von selbst mit einem *IDISind* fort. Dabei bilden die Ereignisse *ICONreq*, *ICONconf* und *IDISind* die Schnittstelle zum Benutzer und die Ereignisse *CR*, *CC* und *DR* die Schnittstelle zu einer weiteren Protokollinstanz.

4.3 Strukturierung einer Spezifikation in Basis-LOTOS

Beschränkung auf die Beschreibung beobachtbaren Verhaltens bedeutet nicht, daß die Spezifikation nicht strukturierbar ist. Auch das beobachtbare Verhalten kann in mehrere Teilverhalten zerfallen, die entweder sequentiell oder parallel existieren. Die folgenden Abschnitte zeigen die für die Strukturierung notwendigen LOTOS-Sprachelemente.

4.3.1 Sequentielle Komposition

Zur Spezifikation von sequentiellem Verhalten wurde der *Action-Präfix*-Operator eingeführt. Hiermit können beliebig viele Ereignis-Identifikatoren aneinandergereiht oder eine Folge von Ereignis-Identifikatoren vor einen Prozeßidentifikator gestellt werden:

```
a;b;c;Prozeß1
```

Im allgemeinen ist es jedoch auch sinnvoll, zwei Prozesse sequentiell "hintereinanderzuschalten". Hierfür gibt es den Operator *sequentielle Komposition*:

```
Prozeß1>>Prozeß2
```

Die beabsichtigte Interpretation ist die folgende: Wenn der erste Prozeß erfolgreich terminiert, sich also nicht in eine Deadlocksituation begibt, dann wird der zweite Prozeß aktiviert. Um die Stelle der erfolgreichen Terminierung zu markieren, gibt es in LOTOS den speziellen Prozeß **exit**. Wenn die Kontrolle den **exit**-Prozeß des ersten Prozesses in einer sequentiellen Komposition erreicht hat, dann wird die Kontrolle an den zweiten Prozeß weitergereicht.

Unsere Protokollinstanz soll nun um eine Datenphase erweitert werden. Nach erfolgreichem Verbindungsaufbau mit der Sequenz *ICONreq;CR;CC;ICONconf* soll es dem Benutzer

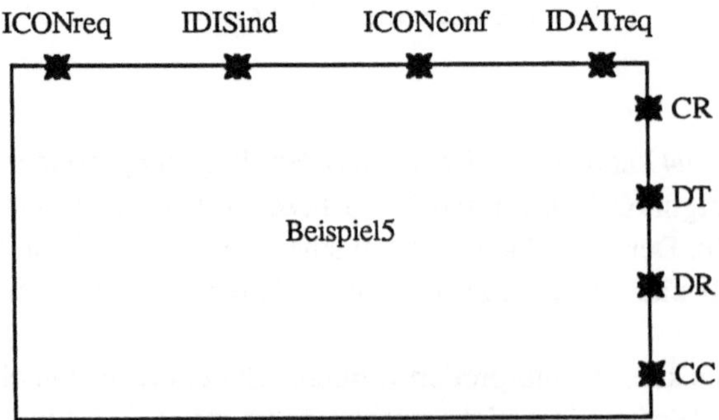

Abb. 4.3.1: Eine weitere Protokollinstanz

der Protokollinstanz möglich sein, eine beliebige Menge von Ereignissen *IDATreq* anzubieten, die die Protokollinstanz dann in Form eines *DT* der Partnerinstanz anbietet.

```
    process Beispiel5 [ICONreq,IDISind,CR,DR,CC,ICON-
conf,IDATreq,DT] :=
         Verbindungsphase[ICONreq,IDISind,CR,DR,CC,ICONconf]
         >>Datenphase[IDATreq,DT,DR,IDISind]
    where
    process Verbindungsphase[ICONreq,IDISind,CR,DR,CC,ICONconf] :=
            ICONreq;CR;(CC;ICONconf;exit
                       []DR;IDISind;Beispiel5)
    endproc
    process Datenphase[IDATreq,DT,DR,IDISind] :=
            (IDATreq;DT;Datenphase[IDATreq,DT,DR,IDISind]
           []DR;IDISind;Beispiel5)
    endproc
    endproc
```

Wir definieren dafür zwei Prozesse, einen Prozeß *Verbindungsphase* und einen Prozeß *Datenphase*. *Verbindungsphase* wird dann mit **exit** erfolgreich beendet, wenn die Sequenz *ICONreq;CR;CC;ICONconf* durchgeführt wurde. Für den Fall, daß die Sequenz nicht durchgeführt wird, sondern *ICONreq;CR;DR;IDISind*, wird die *Verbindungsphase* wiederholt.

4.3.2 Unterbrechung

In fast allen verbindungsorientierten OSI-Protokollen ist es so, daß der normale Gang der Dinge zu jedem Zeitpunkt durch einen Verbindungsabbruch unterbrochen werden kann. Das hat in LOTOS zu der Einführung des sogenannten *Unterbrechungsoperators* geführt.

Angenommen, P und Q sind zwei Prozesse, dann ist durch

```
    P [> Q
```

ein Prozeß definiert, bei dem zu jedem Zeitpunkt die Ausführung unterbrochen werden, und ein Initialereignis von Q stattfinden kann. Wenn ein solches Ereignis stattfindet, wird die Kontrolle an Q abgegeben. Ein solches Ereignis kann sogar vor dem Initialereignis von P stattfinden. Wenn allerdings P einmal erfolgreich terminiert ist, kann Q nicht mehr ausgeführt werden.

Folgendes Beispiel zeigt die Semantik der Unterbrechung. Angenommen, es existieren die beiden Prozesse *Aktivitaet* und *Unterbrechung*

```
process Aktivitaet[a,b,c] :=
     a;b;c;exit
endproc
process Unterbrechung[d,e] :=
     d;e;stop
endproc
```

dann ist der Verhaltensausdruck

```
Aktivitaet[a,b,c][>Unterbrechung[d,e]
```

äquivalent zu

```
 (d;e;stop
[]a;(d;e;stop
   []b;(d;e;stop
      []c;(d;e;stop)
         []exit))))
```

Im Beispiel in Abschnitt 4.3.4 wird noch eine Anwendung der Unterbrechung im Zusammenhang mit unserem kleinen Protokoll gezeigt. Der Prozeß *Unterbrechung* ist jederzeit in der Lage, den *Verbindungsaufbau* und die *Datenphase* zu unterbrechen und einen Verbindungsabbau einzuleiten.

4.3.3 Parallelität

Eine weitere Möglichkeit der Strukturierung ergibt sich aus der parallelen Komposition von Prozessen. In LOTOS gibt es dafür mehrere Operatoren, die sich allerdings nur dadurch unterscheiden, ob und wie die parallelen Prozesse miteinander kommunizieren.

4.3.3.1 Unabhängige Parallelität

Von *unabhängiger Parallelität* spricht man dann, wenn die parallelen Prozesse nicht miteinander kommunizieren. Wenn P und Q zwei Prozesse sind, dann bezeichnet

```
P ||| Q
```

unabhängige Komposition der Prozesse P und Q. Für den Fall, daß P und Q gleiche Ereignisnamen besitzen, können sowohl P als auch Q an einem solchen Ereignis partizipieren aber niemals beide gleichzeitig. Das bedeutet also, daß P ||| Q sich in allen Ereignissen engagieren kann, in denen sich P oder Q engagieren können. Andererseits kann sich P ||| Q in keinem Ereignis engagieren, in dem sich weder P noch Q engagieren können.

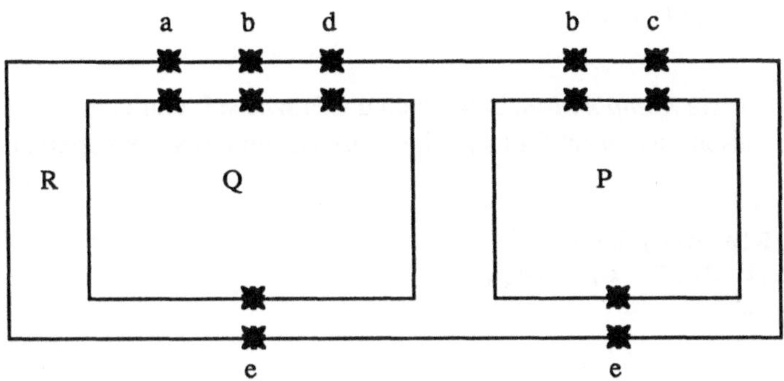

Abb. 4.3.2: Zwei unabhängige parallele Prozesse definieren einen neuen Prozeß

```
process R[a,b,c,d,e] :=
      Q[a,b,d,e]|||P[b,c,e]
endproc
```

4.3.3.2 Abhängige Parallelität

In vielen Anwendungen reicht die unabhängige Parallelität als parallele Verknüpfung zweier Prozesse nicht aus, sondern die Prozesse sollen gegenseitig miteinander in Interaktion stehen. Für den Fall, daß parallele Prozesse miteinander komunizieren sollen, gibt es in LOTOS die *parallele Komposition.* Wenn P und Q zwei Prozesse sind, dann bezeichnet

```
P || Q
```

die *parallele Komposition* von P und Q, bei der sich P und Q in allen Ereignissen synchronisieren müssen. Damit hat || genau die dualen Eigenschaften zu |||. P || Q kann nur an einem Ereignis partizipieren, an dem sowohl P als auch Q partizipieren kann und kann an keinem Ereignis partizipieren, an dem einer der beiden, P oder Q, nicht partizipieren kann.

4.3.3.3 Allgemeine Parallelität

Auch die *parallele Komposition* aus dem vorigen Abschnitt ist in vielen Anwendungsfällen möglicherweise ungeeignet, weil zu sehr einschränkend. Man möchte den Prozessen doch etwas mehr Freiheit gönnen und nicht verlangen, daß sie sich in jedem Ereignis untereinander und mit der Umgebung synchronisieren. Hierfür gibt es in LOTOS die *allgemeine parallele*

Komposition. Wenn P und Q zwei Prozesse sind und $a_1,...,a_n$ Ereignisse, an denen P und Q partizipieren können, dann bezeichnet

```
P |[a1,...,an]| Q
```

die *allgemeine parallele Komposition,* in der sich die Prozesse P und Q nur bezüglich $a_1,...,a_n$ synchronisieren müssen. In diesem Fall sind die Prozesse nur teilweise voneinander abhängig.

```
process R[a,b,c,d,e] :=
     Q[a,b,d,e]|[b,e]|P[b,c,e]
endproc
```

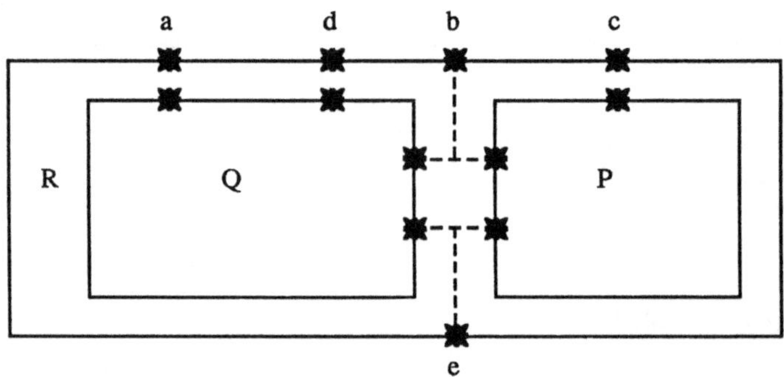

Abb. 4.3.3: Zwei teilweise abhängige parallele Prozesse definieren einen neuen Prozeß

Im obigen Beispiel sind die Prozesse *P* und *Q* teilweise voneinander abhängig, indem sie sich in den Ereignissen *b* und *e* synchronisieren müssen.

4.3.3.4 Der *hiding*-Operator

Bei den zuletzt vorgestellten Parallelitätsoperatoren mußten sich die beiden komponierten Prozesse nicht nur untereinander, sondern auch mit der Umgebung synchronisieren. Im allgemeinen ist das nicht immer notwendig. Es gibt Fälle, in denen es ausreicht, wenn sich die beteiligten Prozesse untereinander synchronisieren und das Ereignis, an dem sie beide partizipieren, von der Umgebung "verborgen" ist. Für diesen Fall gibt es in LOTOS den *hiding-Operator.*

```
process R[a,b,c,d,e] :=
hide b,e in
     Q[a,b,d,e]|[b,e]|P[b,c,e]
endproc
```

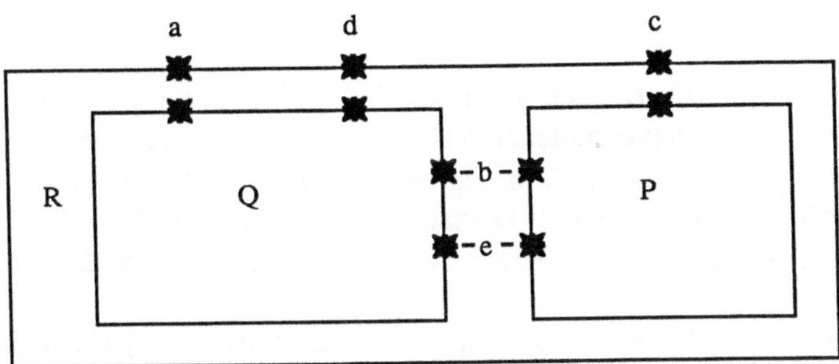

Abb. 4.3.4: Beispiel für den *hiding*-Operator

Im obigen Beispiel können die beiden Prozesse *P* und *Q* an den Ereignissen *b* und *e* partizipieren. Die beiden Ereignisse *b* und *e* finden dann unbemerkt und ohne Beteiligung der Umgebung statt.

4.3.3.5 *Constraint*-orientierte Spezifikation

Auf den ersten Blick mag es sinnvoll erscheinen, den *hiding-Operator* mit dem *allgemeinen Parallelitätsoperator* zu vereinen, sodaß gemeinsame Ereignisse von zwei Prozessen immer vor der Umgebung verborgen sind. Jedoch gibt es methodische Gründe, dies nicht zu tun.

Ohne die Eigenschaften des *hiding-Operators* ist es möglich, mit dem *allgemeinen Parallelitätsoperator* Mehrfachsynchronisation schrittweise zu spezifizieren. Hierzu ein kleines Beispiel.

Angenommen es soll ein Verhalten *C* spezifiziert werden, bei dem die Ereignisse *a, b* und *c* in beliebiger Reihenfolge, und dann das Ereignis *d* angeboten wird. In LOTOS könnte man das folgendermaßen machen:

```
C := (a;d;stop)|[d]|(b;d;stop)|[d]|(c;d;stop)
```

Danach soll die Spezifikation dahingehend erweitert werden, daß nun auch noch das Ereignis *e* in beliebiger Reihenfolge mit *a, b* und *c* angeboten wird und dann erst *d*. Das Verhalten *C* kann dann folgendermaßen erweitert werden:

```
C' := C|[d]|(e;d;stop)
```

Wäre das Ereignis *d* in *C* verborgen gewesen, dann wäre diese Erweiterung nicht möglich gewesen.

Die obige Art der Spezifikation nennt man *Constraint*-orientierte Spezifikation. Die einfachen Teilprozesse

```
a;d;stop      b;d;stop      c;d;stop      e;d;stop
```

stellen jeweils einfache *Constraints* dar, nämlich daß *a* vor *d*, *b* vor *d*, *c* vor *d* und *e* vor *d* angeboten werden. *C'* stellt den komplexeren *Constraint* dar, daß *a*, *b*, *c* oder *e* in beliebiger Reihenfolge vor *d* angeboten werden. *Constraint*-orientierte Spezifikation findet in der Regel Anwendung in der Spezifikation von OSI-Diensten. Dabei werden zunächst die *Constraints* an jedem der Dienstzugangspunkte spezifiziert, woraufhin anschließend Ende-zu-Ende-*Constraints* hinzugenommen werden.

Einen Überblick über die verschiedenen Spezifikationsstile gibt [50]. Ein Beispiel zur *Constraint*-orientierten Spezifikation findet sich in Abschnitt 4.6.2.

4.3.3.6 Sequentielle Komposition nach paralleler Komposition

Auf eine Eigenart bei der Kombination von sequentieller mit paralleler Komposition sei hier noch hingewiesen.

Eine parallele Komposition von Prozessen terminiert nur dann erfolgreich, wenn beide Teilprozesse erfolgreich terminieren. Darauf muß geachtet werden, wenn eine sequentielle Komposition einer parallelen nachgeschaltet wird. Terminieren nicht beide Prozesse in der vorgeschalteten parallelen Komposition, dann wird niemals der nachgeschaltete Prozeß begonnen. So ist zum Beispiel folgender Verhaltensausdruck

```
(a;b;exit||a;c;stop)>>naechstes-Verhalten[...]
```

äquivalent mit

```
(a;b;exit||a;c;stop)
```

weil der letztere Ausdruck nicht im obigen Sinne erfolgreich terminiert.

4.3.4 Ein Beispiel in Basis-LOTOS

In diesem Abschnitt wird die Anwendung der Konzepte von Basis-LOTOS anhand der Spezifikation eines simplen Protokolls gezeigt. Das Beispiel besteht aus zwei Protokollinstanzen, die direkt miteinander kommunizieren. Aus Vereinfachungsgründen wird hier auf eine Protokollarchitektur gemäß OSI verzichtet; gemäß OSI würden die beiden Protokollinstanzen nicht direkt miteinander kommunizieren, sondern würden einen zugrundeliegenden Dienst benutzen. Eine vollständige Protokollspezifikation nach den Regeln von OSI findet sich in Abschnitt 4.6.1.

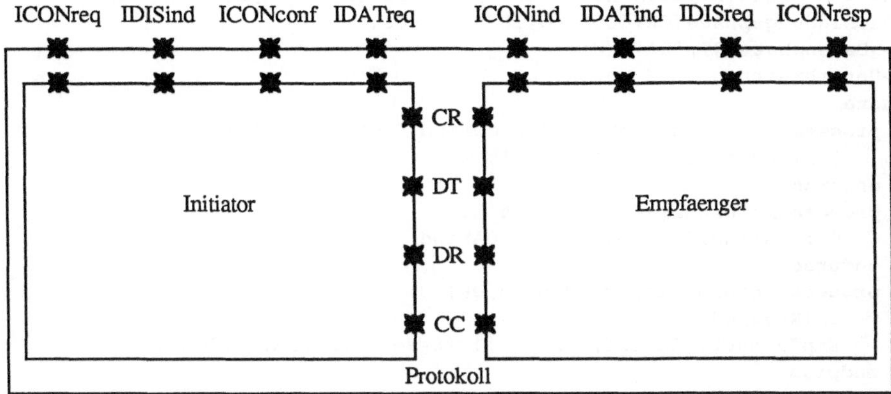

Abb. 4.3.5: Zwei direkt kommunizierende Protokollinstanzen

```
process Protokoll[ICONreq,ICONind,IDATreq,IDATind,IDISreq,IDISind,
                  CR,DT,DR,CC,ICONresp,ICONconf] :=
  hide CR,DT,DR,CC in
     Initiator|[CR,DT,DR,CC]|Empfaenger
where
  process Initiator[ICONreq,IDATreq,IDISind,CR,DT,DR,CC,ICONconf] :=
    (Verbindungsphase[ICONreq,CR,CC,ICONconf]
     >>Datenphase[IDATreq,DT])
     [>Unterbrechung[DR,IDISind]
   where
     process Verbindungsphase[ICONreq,CR,CC,ICONconf] :=
        ICONreq;CR;(CC;ICONconf;exit
                   []i;IDISind;Verbindungsphase[ICONreq,CR,CC,ICONconf])
     endproc
     process Datenphase[IDATreq,DT] :=
        IDATreq;(DT;Datenphase[IDATreq,DT]
               []i;IDISind;Verbindungsphase[ICONreq,CR,CC,ICONconf])
     endproc
     process Unterbrechung[DR,IDISind] :=
        DR;IDISind;Initiator[ICONreq,IDATreq,IDISind,CR,DT,DR,CC,ICONconf]
     endproc
  endproc
```

```
  process Empfaenger[ICONind,IDATind,IDISreq,CR,DT,DR,CC,ICONresp] :=
    (Verbindungsphase[CR,ICONind,ICONresp,CC]
     >>Datenphase[DT,IDATind])
    [>Unterbrechung[IDISreq,DR]
    where
      process Verbindungsphase[CR,ICONind,ICONresp,CC] :=
         CR;ICONind;ICONresp;CC;exit
      endproc
      process Datenphase[DT,IDATind] :=
         DT;IDATind;Datenphase[DT,IDATind]
      endproc
      process Unterbrechung[IDISreq,DR] :=
         IDISreq;DR;
         Empfaenger[ICONind,IDATind,IDISreq,CR,DT,DR,CC,ICONresp]
      endproc
  endproc
endproc
```

4.4 Beschreibung abstrakter Datentypen in LOTOS

4.4.1 Einleitung

Wenn wir uns die LOTOS-Spezifikation des Protokolls aus Abb. 4.3.5 betrachten, so fallen einige Unzulänglichkeiten auf.

Erstens enthält die Datenanforderung IDATreq, die der Benutzer der Protokollinstanz zum Transport übermittelt, keinerlei Information über die Art der Daten, die übermittelt werden sollen. Das Dienstelement IDATreq müßte also mindestens einen Parameter besitzen, in dem das zu transportierende Datum mitgeführt wird.

Zweitens erscheint die Übergabe der Dienstelemente zwischen Benutzer und Protokollinstanz doch möglicherweise nicht allgemein anwendbar. Die eindeutige Zuordnung eines Ereignisses in der Umgebung unseres Systems zu einem der Prozesse *Initiator* oder *Empfaenger* war nur deshalb möglich, weil die Gesamtmengen der Ereignisse, in denen der eine bzw. der andere Prozeß partizipieren kann, disjunkt sind. Im allgemeinen wird das sicher nicht der Fall sein. Angenommen es handelte sich hier um ein symmetrisches Protokoll, dann wären beide Protokollinstanzen in der Lage, ein IDATreq zu verarbeiten. Dabei ist es dann durchaus nicht egal, welche Instanz in dem IDATreq-Ereignis partizipiert.

Beide Punkte deuten auf etwas hin, was bisher völlig ignoriert wurde: die Notwendigkeit der Beschreibung von Datenstrukturen und damit die Möglichkeit der Strukturierung von Ereignissen. LOTOS bietet hierfür das Konzept der abstrakten Datentypen, das im folgenden zunächst allgemein betrachtet wird.

4.4.2 Allgemeine Einführung in die abstrakten Datentypen

4.4.2.1 Grundkonzepte

Von einer Spezifikationssprache wird verlangt, daß man mit ihr abstrakt und möglichst implementierungsunabhängig beschreiben kann. In der Regel erlaubt die Abstraktion, wichtige Eigenschaften eines Objekts in den Vordergrund zu stellen und unwichtige Details zu verbergen. Insbesondere gilt das auch für die Datenabstraktion.

Das Konzept der abstrakten Datentypen betont die funktionalen Eigenschaften von Datenobjekten und vermeidet die Repräsentation von unwichtigen Details. Abstrakte Datentypen sind dann sinnvoll einsetzbar, wenn

- *nicht* beschrieben werden soll, **wie** ein Typ implementiert werden muß,
- *sondern*, **was** das Resultat der Anwendung von Operatoren auf Daten eines Typs ist.

Im einfachsten Fall besteht ein abstrakter Datentyp (ADT) aus einer Menge, auch *Sorte* genannt, und einer Anzahl Operatoren auf dieser Menge. Zum Beispiel ist die Menge der natürlichen Zahlen zusammen mit dem Additions- und dem Multiplikationsoperator ein ADT. In mathematischer Notation würde man einen ADT etwa als n-Tupel schreiben können, wobei die erste Komponente die betrachtete Menge ist und die zweite bis n-te Komponente jeweils ein Operator. So kann man zum Beispiel (N,+,*) als abstrakten Datentyp bezeichnen. Natürlich ist das nur die halbe Wahrheit. Dadurch, daß wir uns durch unsere Schulausbildung relativ genau mit den natürlichen Zahlen auskennen, fragen wir an dieser Stelle nicht nach dem Resultat der Anwendung eines der Operatoren auf Elemente der Menge der natürlichen Zahlen. 3+5 ist 8 und 2*11 ist 22, das sagt uns unsere Intuition.

Im allgemeinen muß hingegen die Anwendung der Operatoren auf den Datenobjekten genau definiert werden, jedenfalls soweit, wie es für die Spezifikation interessant ist. Im Fall von ADTen spricht man hier von Axiomen. Mit den Axiomen muß keineswegs jede nur denkbare Anwendung eines Operators auf die Datenobjekte definiert sein. In einer Spezifikation muß nur das definiert sein, was spezifiziert werden soll und nicht das, was nicht spezifiziert werden soll. Hier kann also durchaus dem Benutzer einer Spezifikation ein gewisser Freiheitsgrad zugestanden werden. Ein gültiger ADT in diesem Sinne wäre zum Beispiel (N,#), wobei lediglich gefordert ist, daß der Operator # angewandt auf 2 und 3 die Zahl 5 ergibt. Damit ist nichts über das Resultat der Anwendung von # auf 2 und 4 gesagt. Jede Implementation von (N,#), die das berücksichtigt, ist eine korrekte Implementation.

Im allgemeinen kann ein ADT aber auch aus mehreren Sorten bestehen und die Operatoren können Elemente verschiedener Sorten als Argumente besitzen, wobei das Resultat des Operators in einer weiteren Sorte liegt. In den nächsten Abschnitten wird ein Beispiel entwickelt, in dem ein ADT die beiden Sorten *natürliche Zahlen* und *boolesche Werte* sowie verschiedene Operatoren besitzt. Im allgemeinen gilt also

ADT = Sorten + Operatoren.

Wichtig ist, daß ein ADT gegenüber seinen Sorten und Operatoren abgeschlossen ist, d.h. daß das Resultat eines Operators eines ADTen immer ein Element einer Sorte des ADTen ist. Im mathematischen Sinne ist ein ADT also eine *Algebra*. Für weitere Grundlagen zum Thema ADT wird auf [23] verwiesen.

4.4.2.2 Abstrakte Datentypen gegenüber konkreten Datentypen

Bevor wir hier fortfahren, soll noch etwas über den Vorteil abstrakter Datentypen gegenüber konkreten Datentypen im Zusammenhang mit Spezifikationen gesagt werden.

Die beiden Datentypkonzepte sind sehr unterschiedlich. Konkrete Datentypen sind Datentypen, wie sie in den meisten Programmiersprachen benutzt werden. Algorithmen oder Programme, die in einer Programmiersprache geschrieben sind, manipulieren bestimmte Datenobjekte. Das Verständnis eines konkreten Datentyps ist nur möglich im Zusammenhang mit seiner Implementation in einer bestimmten Programmiersprache. Es ist nicht möglich, einen konkreten Datentypen unabhängig von der Implementierungssprache zu beschreiben. Das ist die Motivation für die Einführung einer programmiersprachenunabhängigen Datentypbeschreibung. Da von dem Aspekt der Implementierung abstrahiert wird, wird diese Beschreibung ein *abstrakter Datentyp* genannt.

Warum braucht man eine programmiersprachenunabhängige Datentypbeschreibung?

Wir betrachten eine Warteschlange, die im Wesentlichen durch ihre zwei Operationen *add* und *first* charakterisiert werden kann. Beide sind durch Prozeduren implementiert, die in den meisten Fällen auf linearen Listen operieren, die wiederum Datenstrukturen sind. Der Operator *add* fügt stets ein Element an einem Ende der Liste an, und der Operator *first* produziert das erste Element am anderen Ende der Liste. Wenn diese Operationen in verschiedenen Programmiersprachen implementiert sind, erhält man unterschiedliche Prozeduren. Aber all die unterschiedlichen Prozeduren sollten den gleichen Effekt haben. Um überprüfen zu können, ob eine implementierte Prozedur den gewünschten Effekt hat oder nicht, braucht man eine korrekte und präzise Beschreibung des gewünschten Effekts. Hiermit würde ein Vergleich des Effekts der spezifizierten Operation mit der implementierten Prozedur ermöglicht. Der Effekt von Operationen auf Objekten ist genau das, was mit einem ADT ausgedrückt werden soll. Folglich werden abstrakte Datentypen benötigt, um die Korrektheit einer Klasse implementierter Datenstrukturen zu testen. Abstrakte Datentypen bilden ein mathematisches Modell für konkrete Datentypen.

Im obigen Beispiel des ADTs (**N**,#) wäre zum Beispiel der gewöhnliche *Natural*-Datentyp zusammen mit der +-Operation eine korrekte Implementation. Die normale +-Operation erfüllt die Spezifikation, da + angewandt auf 2 und 3 die natürliche Zahl 5 ergibt. Selbstverständlich ist im allgemeinen Fall die Beschreibung eines ADTs sehr viel komplexer und eine rein verbale Beschreibung wie im Fall von (**N**,#) nicht angemessen. Schließlich handelt es sich ja bei einem ADT um ein mathematisches Objekt. Um Mehrfachinterpretationen der Beschreibung zu vermeiden und um eine formale Überprüfung einer Implementation gegenüber einer ADT-Beschreibung zu ermöglichen, bietet es sich an, die ADTen formal zu beschreiben. Die entsprechenden Mechanismen hierzu bietet die Sprache ACT ONE, deren Konzepte in LOTOS übernommen wurden.

4.4.2.3 Die Signatur

Ein abstrakter Datentyp besteht aus Sorten und Operatoren. Ein Operator bildet eine oder mehrere Sorten auf eine Sorte ab. Zur Definition eines ADTen müssen also zunächst einmal die Sorten- und Operatornamen und die Definitions- und Wertebereiche der Operatoren definiert werden können.

Die Notation in den folgenden Beispielen lehnt sich an die in der Literatur der ADTen übliche Notation an, z.B. [23].

```
ADT    Beispiel
SORTS  bool,nat
OPNS   true    :          ->bool
       false   :          ->bool
       not     :      bool->bool
       0       :          ->nat
       1       :          ->nat
       plus    : nat,nat->nat
       istNull:        nat->bool
```

In dem obigen Beispiel werden Namen von zwei Sorten und mehreren Operatoren definiert. Zusammen mit den Namen der Operatoren sind die Definitions- und Wertebereiche angegeben. Es fällt auf, daß einige Operatoren keine Argumente besitzen wie zum Beispiel *true* und *false*. Solche Operatoren werden *Konstanten* genannt.

Die Sorten- und Operatorennamen bilden zusammen mit den Definitions- und Wertebereichen der Operatoren die *Signatur* eines abstrakten Datentyps.

4.4.2.4 Terme

Die Konstanten definieren einen Teil der Elemente der Sorte. Im allgemeinen kann die Sorte jedoch sehr viel mehr Elemente umfassen.

Die Gesamtheit der Elemente einer Sorte kanndurch wiederholte Anwendung von Operatoren des ADTs erzeugt werden. Eine solche Kombination von Operatoranwendungen bezeichnet man als *Term*.

Beispiele für Terme der booleschen Sorte sind

```
true,
false,
not(true),
not(false),
not(not(true)),...
```

Terme repräsentieren Elemente einer Sorte. Ein Term, der ein Element einer Sorte *s* repräsentiert, wird auch als *s-Term* bezeichnet. Die obigen Terme sind also *bool*-Terme.

Jeder dieser bool-Terme kann als ein Element der booleschen Sorte interpretiert werden. An diesem Beispiel wird bereits deutlich, daß es keinesfalls immer gewünscht ist, daß jeder Term genau ein Element der Sorte definiert. In der Regel ist die Menge der Terme einer Sorte sehr viel größer als die Menge Elemente einer Sorte.

Wenn die Signatur eines ADTs gegeben ist, kann die Menge der Terme für diesen Typ successive generiert werden.

Im obigen Beispiel haben wir zunächst die Terme

```
{0,1,true,false}
```

Für jeden Operator aus der Gesamtmenge der Operatoren des ADTs werden Terme generiert, indem für die Parameter alle bisher existierenden Terme eingesetzt werden. In unserem Beispiel entsteht die folgende Menge:

```
{0,1,true,false,
plus(0,0),plus(1,0),plus(0,1),plus(1,1),
not(true),not(false),
istNull(0),istNull(1)}
```

Mit Hilfe dieser Menge können nun in einem nächsten Schritt mit dem selben Prinzip weitere Terme erzeugt werden. Durch wiederholte Anwendung dieses Algorithmus kann nun die Gesamtmenge der Terme erzeugt werden. Man beachte, daß in der obigen Menge Terme zweier verschiedener Sorten enthalten sind, das sind die

bool-Terme: `true,false,not(true),not(false),istNull(0),...`

und die

nat-Terme: `0,1,plus(0,0),...`

Die Generierung der Terme gemäß obigem Algorithmus wird unendlich weitergehen und eine unendliche Menge von Termen erzeugen.

4.4.2.5 Gleichungen

Gleichungen zwischen Termen einer Sorte geben an, welche Terme das selbe Element der Sorte bezeichnen. Zum Beispiel die Gleichung

```
not(true) = false
```

bedeutet, daß die Terme *not(true)* und *false* das gleiche Element der Sorte *bool* bezeichnen.

Durch eine Menge von Gleichungen wird die Menge der Terme in disjunkte Teilmengen von Termen partitioniert. Diese Teilmengen werden *Äquivalenzklassen* genannt. Diese Äquivalenzklassen identifizieren die Elemente einer Sorte.

Die Menge der bool-Terme wird in Äquivalenzklassen durch die folgenden beiden Gleichungen eingeteilt

```
not(true) = false
not(false) = true
```

Die beiden zugehörigen Äquivalenzklassen sind dann

```
{true,not(false),not(not(true)), ... } und
{false,not(true),not(not(false)), ... }
```

Desweiteren werden durch die Gleichungen die *Eigenschaften* der Operatoren definiert. Die einzigen Eigenschaften, die ein Operator also haben kann, sind, daß er bestimmte Gleichungen erfüllt. So sind zum Beispiel die Eigenschaften des *not*-Operators durch die obigen beiden Gleichungen gegeben.

Die Gleichungen können zur Definition des ADTs in beliebiger Reihenfolge spezifiziert werden. Zu den obigen Sorten und Operatorendefinitionen könnten zum Beispiel die folgenden Gleichungen hinzugefügt werden:

```
ADT     Beispiel
SORTS   bool,nat
OPNS    true    :          ->bool
        false   :          ->bool
        not     :      bool->bool
        0       :          ->nat
        1       :          ->nat
        plus    : nat,nat->nat
        istNull:       nat->bool
EQNS    not(true) = false
        not(false) = true
        ...
```

Nicht immer lassen sich alle gewünschten Eigenschaften eines Operators mit einer endlichen Menge Gleichungen spezifizieren. Mit Hilfe von Variablen können Gleichungen mit dem *FORALL*-Konstrukt "parametrisiert" werden. Beispiele dazu finden sich in den nächsten Abschnitten.

4.4.2.6 Konstruktion einer Sorte mit Hilfe von Gleichungen

Die durch die Gleichungen induzierte Reduktion der Menge Terme, die unterschiedliche Elemente einer Sorte repräsentieren, wird anhand der Definition des Operators *plus* besonders deutlich. Im folgenden werden die Eigenschaften, d.h. die Gleichungen von *plus*, schrittweise definiert. Durch *plus* werden folgende Terme erzeugt:

```
0                          <- Terme ohne plus
1
plus(0,0)                  <- Terme mit einem plus
plus(0,1)
plus(1,0)
plus(1,1)
plus(plus(0,0),0)          <- Terme mit zwei plus
plus(plus(0,0),1)
plus(plus(0,1),0)
plus(plus(0,1),1)
plus(plus(1,0),0)
plus(plus(1,0),1)
plus(plus(1,1),0)
plus(plus(1,1),1)
plus(0,plus(0,0))
plus(0,plus(0,1))
plus(0,plus(1,0))
plus(0,plus(1,1))
plus(1,plus(0,0))
plus(1,plus(0,1))
plus(1,plus(1,0))
plus(1,plus(1,1))
...                        <- Terme mit drei plus
...                              ...
```

4.4.2.6.1 Symmetrieeigenschaft der Addition

Zunächst kann die Menge der Terme mit einer bestimmten Anzahl *plus* durch eine Gleichung reduziert werden, die die gewünschte Symmetrie der Addition ausdrückt. So soll für alle Terme *x* und *y* gelten, daß *plus(x,y)* identisch ist mit *plus(y,x)*. Um diese Eigenschaft zu spezifizieren ist eine unendliche Menge von Gleichungen nötig, die für alle möglichen Termkombinationen die obige Eigenschaft ausdrücken. Für diesen Fall gibt es die parametrisierte Gleichung:

```
FORALL x,y: nat
     plus(x,y) = plus(y,x)
```

Mit dieser Gleichung wird die Menge der unterschiedlichen Terme folgendermaßen reduziert:

```
0                         <- Terme ohne plus
1
plus(0,0)                 <- Terme mit einem plus
plus(0,1)
plus(1,1)
plus(plus(0,0),0)         <- Terme mit zwei plus
plus(plus(0,0),1)
plus(plus(0,1),0)
plus(plus(0,1),1)
plus(plus(1,1),0)
plus(plus(1,1),1)
...                       <- Terme mit drei plus
...                            ...
```

4.4.2.6.2 Addition von Null

Der Additionsoperator *plus* soll eine weitere Eigenschaft besitzen. Die Addition von *0* soll keinen Effekt haben. Das wird durch die folgende Gleichung zum Ausdruck gebracht:

```
FORALL x: nat
     plus(x,0) = x
```

Damit reduzieren sich Termmengen wie folgt:

```
0                              <- Terme ohne plus
1
plus(1,1)                      <- Terme mit einem plus
plus(plus(1,1),1)              <- Terme mit zwei plus
plus(plus(plus(1,1),1),1)      <- Terme mit drei plus
plus(plus(1,1),plus(1,1))
...                            <- Terme mit vier plus
...                                 ...
```

Es wird nun langsam eine mögliche Zuordnung der Terme zu den natürlichen Zahlen deutlich:

```
0                                    = null
1                                    = eins
plus(1,1)                            = zwei
plus(plus(1,1),1)                    = drei
plus(plus(plus(1,1),1),1)            = vier
plus(plus(plus(plus(1,1),1),1),1)=   fünf
...                                 ...
```

4.4.2.6.3 Die "Additionseigenschaft" der Addition

Etwas stört jedoch noch, und zwar Terme wie *plus(plus(1,1),plus(1,1))*. Außerdem fehlt noch eine wichtige Eigenschaft des Additionsoperators, nämlich das, was man eigentlich erwartet: *zwei+drei=fünf*, etc., oder in der obigen Schreibweise:

```
plus(plus(1,1),1),plus(plus(1,1),1)) =
                              plus(plus(plus(plus(1,1),1),1),1)
```

Beide Probleme werden durch eine zusätzliche Gleichung gelöst:

```
FORALL x,y: nat
     plus(x,plus(y,1)) = plus(plus(x,y),1)
```

Mit Hilfe dieser Gleichung kann man unter Verwendung der bisherigen Gleichungen mit vollständiger Induktion über die Anzahl der *plus* in einem Term zeigen, daß sich jeder beliebige Term, der *0*, *1* und *plus* in beliebiger Anzahl enthält, in der Form

```
0    oder
1    oder
plus(plus(......(plus(1,1),......,1),1)
```

schreiben läßt, und daß die Additionseigenschaft tatsächlich gilt.

Eine vollständige Definition des Datentyps *Beispiel* inclusive der Gleichungen für den Operator *istNull* könnte dann wie folgt aussehen:

```
ADT    Beispiel
SORTS  bool,nat
OPNS   true    :          ->bool
       false   :          ->bool
       not     :      bool->bool
       0       :          ->nat
       1       :          ->nat
       plus    : nat,nat->nat
       istNull:       nat->bool
EQNS   not(true) = false
       not(false) = true
       FORALL x,y: nat
            plus(x,y) = plus(y,x)
            plus(x,0) = x
            plus(x,plus(y,1)) = plus(plus(x,y),1)
            istNull(0) = true
            istNull(plus(x,1)) = false
```

4.4.3 Definition abstrakter Datentypen mit LOTOS

Die Konzepte zur Spezifikation von Werten, Ausdrücken und Operationen in LOTOS sind von der Spezifikationssprache für abstrakte Datentypen ACT ONE [23] abgeleitet. ACT ONE, und damit LOTOS, weist die folgenden Merkmale auf:

- Gebrauch einer Bibliothek von vordefinierten Datentypen
- Kombination von Spezifikationen zur Konstruktion komplexerer Spezifikationen
- Umbenennung von Spezifikationen
- Parametrisierung von Spezifikationen
- Aktualisierung von parametrisierten Spezifikationen
- Erweiterung von existierenden Spezifikationen durch neue Werte und Operationen

4.4.3.1 Spezifikation von Signatur und Gleichungen

In LOTOS gibt es zur Definition der Signatur und der Gleichungen eines abstrakten Datentyps, in Anlehnung an [23], die Schlüsselwörter **type, is, sorts, opns, eqns, forall, ofsort** und **endtype** sowie einige weitere, auf die später noch eingegangen wird. Die Definition des abstrakten Datentyps *Beispiel* aus Abschnitt 4.4.2.5 sieht dann wie folgt aus:

```
type Beispiel is
  sorts bool,nat
  opns true    :         ->bool
       false   :         ->bool
       not     :     bool->bool
       0       :         ->nat
       1       :         ->nat
       plus    : nat,nat->nat
       kleiner: nat,nat->bool
  eqns forall x,y:nat
       ofsort nat
       not(true) = false;
       not(false) = true;
       plus(x,y) = plus(y,x);
       plus(x,0) = x;
       plus(x,plus(y,1)) = plus(plus(x,y),1);
       istNull(0) = true;
       istNull(plus(x,1)) = false;
endtype
```

Bis auf **ofsort** sind die Schlüsselwörter schon in Abschnitt 4.4.2 vorgekommen und haben die entsprechende Bedeutung. Mit **ofsort** wird in LOTOS die Sorte der linken und rechten Seite der Gleichungen angegeben.

4.4.3.2 Bedingte Gleichungen

Mit *bedingten Gleichungen* können Gleichungen angegeben werden, die nur unter bestimmten Bedingungen erfüllt sind. Eine bedingte Gleichung besteht aus einem booleschen Ausdruck, gefolgt von =>, gefolgt von einer Gleichung.

Das Standardbeispiel einer bedingten Gleichung ist die Definition des Divisionsoperators bei den reellen Zahlen:

```
eqns forall x,y:Real:
     ofsort Real
     y ne 0 => (x/y)*y = x
```

Der Operator *ne* ist der Ungleichheitsoperator mit der üblichen Semantik. Durch die obige Definition ist noch nichts über den Fall ausgesagt, daß y gleich 0 ist. Wenn auch der Fall y eq 0 definiert werden soll, ist dafür eine zusätzliche Gleichung notwendig:

```
y eq 0 => (x/y)*y = ...
```

4.4.3.3 Kombinationen

Wenn ein System mit einer großen Anzahl von Operationen und Gleichungen spezifiziert werden soll, dann muß die Sprache Konzepte besitzen, die eine gewisse Strukturierung erlauben. In LOTOS können mehrere kleine ADT-Spezifikationen benutzt werden, um einen neuen komplexeren ADT zu spezifizieren. Damit existiert ein Konzept der *Kombination*, das erlaubt, eine umfangreiche ADT-Spezifikation in kleinere Teile aufzuteilen.

In einem vorangegangenen Kapitel wurde der ADT *Beispiel*, bestehend aus den Sorten *nat* und *bool*, definiert. Eine Erweiterung um einen Operator *succ* könnte wie folgt aussehen:

```
type Erweitertes_Beispiel is
  sorts bool,nat
  opns true    :          ->bool
       false   :          ->bool
       not     :     bool->bool
       0       :          ->nat
       1       :          ->nat
       plus    : nat,nat->nat
       kleiner: nat,nat->bool
       succ    :      nat->nat
```

```
    eqns forall x,y:nat
         ofsort nat
         not(true) = false;
         not(false) = true;
         plus(x,y) = plus(y,x);
         plus(x,0) = x;
         plus(x,plus(y,1)) = plus(plus(x,y),1);
         istNull(0) = true;
         istNull(plus(x,1)) = false;
         succ(x) = plus(x,1);
endtype
```

Die gleiche Definition hätte auch unter Verwendung der bisherigen Definition in einer etwas einfacheren Weise gegeben werden können:

```
type Erweitertes_Beispiel is Beispiel with
  opns succ: nat -> nat
  eqns forall x:nat:
       ofsort nat
       succ(x) = plus(x,1);
endtype
```

In der letzteren Version ist die gesamte Definition von *Beispiel* importiert worden, wodurch eine Wiederholung der Sorten und Operatoren vermieden werden konnte.

4.4.3.4 Parametrisierung

Eine weitere Möglichkeit der Vermeidung von Wiederholungen stellt die *Parametrisierung* von abstrakten Datentypen dar. Bisher hat eine Definition immer genau einen ADT definiert. Parametrisierte Datentypdefinitionen eignen sich für Typen, die "Variationen eines Themas" darstellen wie z.B. Mengen, Felder, Warteschlangen. Eine Menge ist in der Regel eine Menge von Elementen eines bestimmten Typs.

Im folgenden ist ein ADT für eine Menge, natürlicher Zahlen, definiert. Dabei ist *NaturalNumber* der in LOTOS vordefinierte Typ der natürlichen Zahlen und *eq* und *ne* der zugehörige Gleichheits- bzw. Ungleichheitsoperator. Die Signatur besteht aus der Sorte *Menge* und den beiden Operatoren *add* und *ist_in*. Der Operator *add* fügt ein Element zu der Menge hinzu, und mit *ist_in* kann überprüft werden, ob ein bestimmtes Element in der Menge enthalten ist.

```
type Nat_Menge is NaturalNumber,Boolean with
  sorts Menge
  opns leere_Menge: -> Menge
              add: Menge,Nat -> Menge
           ist_in: Menge,Nat -> Bool
  eqns forall x,y:Nat, m:Menge
        ist_in(leere_Menge,x) = false;
        ist_in(add(m,x)y) = (x eq y) or (ist_in(m,y));
        x eq y
           => add(add(m,x),y) = add(m,x);
        x ne y
           => add(add(m,x),y) = add(add(m,y),x);
endtype
```

Mengen gibt es auch mit ganz anderen Typen von Elementen, dabei ist jedoch die Grundkonstruktion jedesmal gleich, wie folgendes Beispiel einer Menge reeller Zahlen zeigt.

```
type Real_Menge is RealNumber,Boolean with
  sorts Menge
  opns leere_Menge: -> Menge
              add: Menge,Real -> Menge
           ist_in: Menge,Real -> Bool
  eqns forall x,y:Real, m:Menge
        ist_in(leere_Menge,x) = false;
        ist_in(add(m,x)y) = (x eq y) or (ist_in(m,y));
        x eq y
           => add(add(m,x),y) = add(m,x);
        x ne y
           => add(add(m,x),y) = add(add(m,y),x);
endtype
```

Es fällt auf, daß die beiden obigen Definitionen fast identisch sind, sie unterscheiden sich lediglich in den importierten Typen *RealNumber* bzw. *NaturalNumber.* Um eine solche Textwiederholung zu vermeiden, machen wir den variablen Untertyp der Menge zu einem Parameter:

```
type MengenTyp is
  formalsorts Element
  sorts Menge
  opns leere_Menge: -> Menge
              add: Menge,Element -> Menge
           ist_in: Menge,Element -> Bool
  eqns forall x,y:Element, m:Menge
          ist_in(leere_Menge,x) = false;
          ist_in(add(m,x)y) = (x eq y) or (ist_in(m,y));
          x eq y
             => add(add(m,x),y) = add(m,x);
          x ne y
             => add(add(m,x),y) = add(add(m,y),x);
endtype
```

Die Menge ist nun mit dem formalen Parameter *Element* ausgerüstet, der, wie folgt, mit *NaturalNumber* bzw. *RealNumber* aktualisiert werden kann:

```
type Nat_Menge is
  Menge actualizedby NaturalNumber using
  sortnames Nat for Element
endtype
type Real_Menge is
  Menge actualizedby RealNumber using
  sortnames Real for Element
endtype
```

Bei der Definition eines parametrisierten Datentyps können nicht nur die Sorten als formale Parameter festgelegt werden. Es sind auch Operatoren (**formalopns**) und Gleichungen (**formaleqns**) als formale Parameter möglich. Eine Gleichung als formaler Parameter muß als eine Anforderung interpretiert werden, die eine aktuelle Gleichung erfüllen muß.

4.4.3.5 Vordefinierte Typen

Dem Leser, der mit abstrakten Datentypen nicht vertraut ist, mag nach Durchlesen der vorangegangenen Abschnitte der Umgang mit ADTen doch recht umständlich und kompliziert erscheinen. Die Spezifikation mit ADTen ist eine Frage der Gewöhnung, und entscheidende Vorteile ergeben sich aus der zugrundeliegenden Philosophie. Etwas gedämpft wird die Komplexität des Umgangs mit ADTen durch die Existenz von vordefinierten Typen.

LOTOS bietet dem Benutzer eine Reihe von Datentypdefinitionen an, von denen angenommen wird, daß sie von generellem Nutzen sind. Diese Definitionen können in Spezifikationen über ihre Typ-Bezeichner referenziert werden. In LOTOS-Spezifikationen ist es außerdem möglich, alternative Definitionen für die Standarddefinitionen anzugeben. In diesem Fall überlagern die Definitionen des Benutzers die Standarddefinitionen, die sich in Annex A von [17] befinden.

4.5 Anwendung abstrakter Datentypen in LOTOS

Im vorigen Abschnitt wurde das Konzept der abstrakten Datentypen im Zusammenhang mit LOTOS vorgestellt. In diesem Abschnitt wird nun beschrieben, wie die ADTen sich in die Spezifikationen einbinden lassen, um die Unzulänglichkeiten, auf die zu Beginn von Kapitel 4 hingewiesen wurde, zu beseitigen.

4.5.1 Strukturierte Ereignisse und Prozeßkommunikation

In LOTOS kommunizieren die Prozesse, indem sie zusammen an Ereignissen partipizieren. In Basis-LOTOS konnten mit den Ereignissen keine Werte übergeben werden, lediglich das Ereignis selbst kann als Information betrachtet werden. Die einzig mögliche Prozeßinteraktion war somit die Synchronisation. In den meisten Anwendungsfällen reicht das jedoch nicht aus, sondern es ist bei der Prozeßkommunikation ein umfangreicherer Informationsaustausch notwendig. Hierfür gibt es in LOTOS die strukturierten Ereignisse.

Ein strukturiertes Ereignis besteht aus einem *Gate*-Namen (entspricht ungefähr dem Ereignisnamen in Basis-LOTOS), der den Interaktionspunkt bezeichnet und einer endlichen Liste von Attributen. Die Attribute können entweder Werte- oder Variablendeklarationen sein.

Bei einem Ereignis, das einen Wert deklariert, wird der *Gate*-Name von den Attributen durch ein Ausrufungszeichen (!) getrennt:

```
gate!wert;...
```

Bei einem Ereignis, das eine Variable deklariert, wird der *Gate*-Name von den Attributen durch ein Fragezeichen (?) getrennt:

```
gate?var:typ;...
```

In diesem Fall ist das Attribut ein Variablenname, gefolgt von einem Sorten-Identifikator. Es können auch mehrere Attribute aufgeführt werden:

```
gate!wert1?var1:typ1?var2:typ2;...
```

Wertübergabe

Der einfachste Typ der Prozeßinteraktion mit strukturierten Ereignissen ist die Wertübergabe. Im folgenden Beispiel übergibt der Prozeß *Sender* die Zahl 7 an den Prozeß *Empfaenger*:

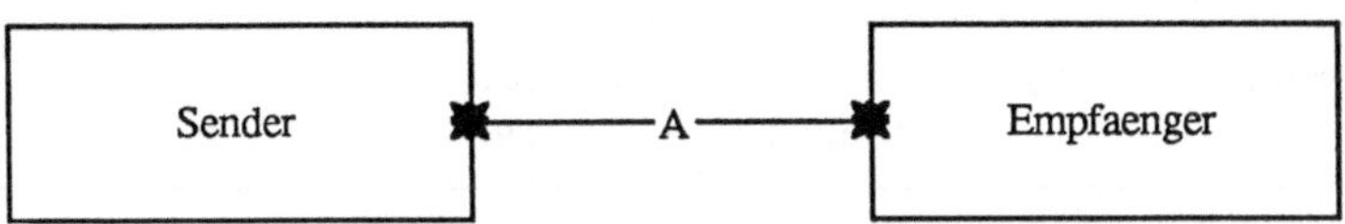


```
process Sender [A] :=
     A!7; stop
endproc
process Empfaenger [A] :=
     A?var:Nat; stop
endproc
```

Nach der Synchronisation der beiden Prozesse am *Gate A* existiert im Prozeß *Empfaenger* eine Variable *var* von der Sorte *Nat* mit dem Wert 7. Der Gültigkeitsbereich der Variablen erstreckt sich auf das gesamte nachfolgende Verhalten des Prozesses. Die Variable besitzt ihren Wert solange, bis er durch ein anderes Ereignis mit der gleichen Variablendeklaration "überschrieben" wird.

Synchronisation

In dem Fall, wo eine Wertdeklaration A!W als Attribut an einem *Gate* angegeben wurde, ist genau ein Ereignis beschrieben. Wenn zwei Prozesse an einem *Gate* mit einer Wertdeklaration synchronisieren, ist die Semantik dieser Interaktion so wie in Basis-LOTOS.

Werterzeugung

In dem Fall, wo eine Variablendeklaration A?x:t als Attribut angegeben wurde, ist eine Menge von Ereignissen beschrieben, nämlich die Menge aller Ereignisse A!X, wobei X von der Sorte t ist. Wenn zwei Prozesse an einem *Gate* mit einer Variablendeklaration synchronisieren, wobei die Variablen von der gleichen Sorte sind, dann wird dadurch ein Wert per Zufall erzeugt, der von dieser Sorte ist. Tab.4.1 faßt die möglichen Interaktionstypen zusammen.

In dem Fall, wo an einem *Gate* mehr als ein Attribut angegeben wurde, müssen die Attribute in Reihenfolge den Synchronisationsbedingungen aus Tab.4.1 genügen. Zum Beispiel kann

```
connection-endpoint!ident?adr:Adresse?text:string      synchronisieren mit
connection-endpoint!ident?adr:Adresse!'abc'             und
connection-endpoint!ident?adr0!'dies ist ein text'      aber nicht mit
connection-endpoint!ident?adr0                          oder
connection-endpoint!ident?adr0!(3+5)
```

Tab.4.1: Zusammenfassung der möglichen Interaktionstypen

Prozeß A	Prozeß B	Sync.-Bedingung	Interakt.-typ	Effekt
g!E1	g!E2	Wert(E1)= Wert(E2)	Synchronisation	Synchronisation
g!E	g?x:t	Wert(E) dom(t)	Wertübergabe	nach Synchronisation x=Wert(E)
g?x:t	g?y:u	t=u	Werterzeugung	nach Synchronisation x=y für ein x aus dom(t)

4.5.2 Bedingungs-Konstrukte

Mit der Möglichkeit, in LOTOS Werte zu beschreiben, haben wir nun auch die Möglichkeit, Verhalten zu spezifizieren, das von Bedingungen auf Werten abhängig ist.

4.5.2.1 Selektionsprädikate

Mit *Selektionsprädikaten* können die Synchronisationsbedingungen weiter verschärft werden. Ein Prozeß, in dem folgendes Interaktionsereignis definiert ist

```
A?var:Nat;...
```

kann mit jedem Prozeß synchronisieren, der am *Gate A* einen Wert der Sorte *Nat* anbietet.

Für manche Anwendungen ist das möglicherweise zu allgemein. Mit einer zusätzlichen Bedingung

```
A?var:Nat[var<3];...
```

kann die Menge der möglichen Ereignisse weiter eingeschränkt werden. Nun kann der Prozeß nur noch mit den Ereignissen A!0, A!1 und A!2 synchronisieren.

4.5.2.2 Guards

Jedem Verhalten kann ein *Guard* (Bedingung) vorausgehen. Wenn der *Guard* erfüllt ist, ist das nachfolgende Verhalten möglich. Andernfalls ist das nachfolgende Verhalten identisch mit **stop**:

```
[x=0] -> A!x;B?var:Nat;...
```

Normalerweise wird eine Auswahl von bedingten Ereignissen angeboten, die Bedingungen müssen sich dabei nicht unbedingt ausschließen:

```
( [x=0] -> prozess1;...
[][x<2] -> prozess2;...
[][x<9] -> prozess3;...)
```

4.5.3 Parametrisierung von Prozessen

Oft werden ähnliche Prozesse in verschiedenem Kontext benutzt. Bei Programmiersprachen bedient man sich der Prozedur zur Vermeidung von Textwiederholungen. Prozeduren werden je nach Anwendungsfall mit unterschiedlichen Parametern aufgerufen. Beim Aufruf werden die formalen Parameter, die mit der Prozedurdefinition spezifiziert wurden, durch aktuelle Parameter ersetzt.

In LOTOS existiert eine ähnliche Möglichkeit im Zusammenhang mit Prozessen.

Angenommen es soll ein Prozeß spezifiziert werden, der bei einer gegebenen natürlichen Zahl überprüft, ob sie zwischen zwei Schranken liegt. Befindet sie sich innerhalb der Schranken, soll die Zahl ausgegeben werden, andernfalls wird die vorgegebene obere bzw. die untere Schranke ausgegeben, je nachdem, ob die Zahl unterhalb der unteren oder oberhalb der oberen Schranke liegt. Dieser Prozeß soll zudem in unterschiedlichen Umgebungen, d.h. mit unterschiedlichen Schranken, eingesetzt werden können.

```
process Vergleich[ein,aus](min,max:Nat) :=
      ein?x:Nat;([min<x<max] ->aus!x;Vergleich[ein,aus](min,max)
               [][x<=min]    ->aus!min;Vergleich[ein,aus](min,max)
               [][x=>max]    ->aus!max;Vergleich[ein,aus](min,max))
endproc
```

Im obigen Beispiel sind zwei Dinge als Parameter interpretierbar, einerseits die *Gate*-Namen, andererseits die beiden Variablen *min* und *max*. Eine Anwendung des Prozesses *Vergleich* könnte etwa wie folgt aussehen:

```
Vergleich[Eingabe,Ausgabe](3,5+2)
```

Die Bedeutung von *Vergleich* in diesem Zusammenhang ergibt sich dann mit der Substitution der Parameter:

```
process Vergleich[Eingabe,Ausgabe] :=
     Eingabe?x:Nat; ([3<x<7]->Ausgabe!x;Vergleich[Eingabe,Ausgabe]
                    [][x<=3] ->Ausgabe!3;Vergleich[Eingabe,Ausgabe]
                    [][x>=7] ->Ausgabe!7;Vergleich[Eingabe,Ausgabe])
endproc
```

4.5.4 Verallgemeinerte Auswahl

Durch den obigen parametrisierten Prozeß *Vergleich* ist implizit eine unendliche Anzahl von Prozessen definiert worden, u.zw für jede Kombination von aktuellen Parametern einer. Das ist Grund genug, um über eine Verallgemeinerung des Auswahloperators nachzudenken. Da nämlich unendlich viele verschiedene Verhaltensweisen spezifiziert wurden, kann es durchaus sein, daß man zwischen diesen unendlich vielen Verhaltensweisen auswählen möchte.

Sei also *B(x)* etwa ein Verhalten, daß von einer Variablen *x* abhängt. Wir können die Auswahl zwischen allen Prozessen *B(x)* für alle *x* folgendermaßen spezifizieren:

```
choice x:Nat[]B(x)
```

Es gibt hiermit sinnvolle Anwendungen. Zum Beispiel kann durch

```
choice x:Nat[]i;B(x)
```

eine nicht-deterministische Auswahl zwischen unterschiedlichen Instanzen des Prozesses *B(x)* spezifiziert werden.

Auch mehr als eine Indexvariable kann benutzt werden:

```
choice x1:t1,...xn:tn[]B(x1:t1,...xn:tn)
```

Es können auch Mengen von *Gate*-Namen zur Indizierung verwendet werden:

```
choice g in [a1,...an]Prozess[g](1024)
```

4.5.5 Verallgemeinerte sequentielle Komposition

Mit der Möglichkeit eines Prozesses Daten zu deklarieren und zu manipulieren, sollte auch die Möglichkeit bestehen, in der sequentiellen Komposition Daten von einem Prozeß an einen anderen Prozeß zu übergeben. Normalerweise sind Daten, die ein Prozeß besitzt, nach Beendigung des Prozesses verloren. Im allgemeinen wünscht man sich jedoch, daß zumindest ein Teil der Daten weiter verwendet werden kann.

In OSI-Protokollen kommt es zum Beispiel vor, daß während der Verbindungsphase eine Dienstqualität mit der Partnerstation ausgehandelt wurde. Diese Dienstqualität bezieht sich natürlich nicht nur auf die Verbindungsphase, sondern auch auf alle nachfolgenden Phasen:

```
                    Dienstqualität
Verbindungsphase         >>          Datenphase
```

In diesem Fall würde es sich anbieten, mit Beendigung der Verbindungsphase bestimmte, die Dienstqualität betreffende, Daten an die Datenphase weiterzureichen.

Bevor vertieft in diese Thematik eingestiegen werden kann, muß zunächst etwas über die *erfolgreiche Terminierung* von Prozessen gesagt werden, denn eine Übergabe von Daten hängt davon ab, ob der Prozeß erfolgreich beendet werden kann oder nicht.

4.5.5.1 Erfolgreiche Terminierung und Funktionalität

Es wird dem **exit**-Prozeß erlaubt, eine endliche Liste von Wert-Ausdrücken zu besitzen. Diese Werte sind die Werte, die an einen nachfolgenden Prozeß weitergereicht werden. Die folgenden zwei Beispiele zeigen zwei Verhaltensausdrücke, in denen der **exit**-Prozeß eine solche Liste von Werten besitzt.

```
 gate1?x:Nat;gate2?y:Nat;gate3?z:Nat;exit((x+y+z)*3)
 tsap!cei?adr:Adresse?Qual:Nat?exp-data:Bool[Qual>min]
;tsap!cei?adr:Adresse!Qual!exp-data
;exit(Qual,exp-data)
```

Das kartesische Produkt der Wertebereiche der Werte, die bei erfolgreicher Terminierung weitergereicht werden, heißt *Funktionalität der Terminierung*. Die obigen Beispiele haben die Funktionalität *dom(Nat)* bzw. *dom(Nat)* $\times$ *dom(Bool)*.

In einer sequentiellen Komposition müssen Anzahl und Sorten der Werte, die bei erfolgreicher Terminierung übergeben werden sollen, bekannt sein. Das bedeutet, daß alle erfolgreichen Terminierungen des ersten Prozesses die gleiche Funktionalität besitzen müssen; diese Funktionalität wird dann auch *Funktionalität des Prozesses* genannt. Um zu gewährleisten, daß die Funktionalität eines Prozesses immer wohl-definiert ist, müssen einige Einschränkungen für die Bildung von LOTOS-Verhaltensausdrücken definiert werden. Diese Einschränkungen finden sich in den folgenden Abschnitten.

4.5.5.2 Die Funktionalität von Verhaltensausdrücken

Zunächst müssen wird uns Gedanken darüber machen, wie die Funktionalität eines Prozesses definiert sein soll der entweder nicht erfolgreich terminiert oder keine Liste von Werten besitzt.

Für den Fall, daß ein Prozeß nicht erfolgreich terminiert, wird die Funktionalität *noexit* definiert. Das heißt, der triviale Prozeß **stop** besitzt die Funktionalität *noexit*.

Für den Fall, daß ein Prozeß keine Liste von Werten besitzt, wird die Funktionalität *exit* definiert. Das heißt, der triviale Prozeß **exit** besitzt die Funktionalität *exit*.

Wenn ein Prozeß aus einer Auswahl besteht oder keine sequentielle Struktur besitzt, ist die Bestimmung der Funktionalität etwas schwieriger. Die Funktionalitäten dieser schwierigeren Fälle sind in Tab.4.2 aufgeführt.

Tab.4.2: Funktionalitäten von Verhaltensausdrücken

Verhalten	Voraussetzung	Funktionalität
B_1[]B_2	*func*(B_1)=*func*(B_2)	*func*(B_1)
	func(B_1)=*noexit*	*func*(B_2)
	func(B_2)=*noexit*	*func*(B_1)
choice[..]B	-----	*func*(B)
B_1[>B_2	*func*(B_1)=*func*(B_2)	*func*(B_1)
	func(B_1)=*noexit*	*func*(B_2)
	func(B_2)=*noexit*	*func*(B_1)
B_1*op*B_2 wobei *op* einer der Parallel.-Operatoren ist	*func*(B_1)=*func*(B_2)	*func*(B_1)
	func(B_1)=*noexit*	*noexit*
	func(B_2)=*noexit*	*noexit*

Unter der Rubrik "Voraussetzung" in Tab.4.2 ist zu verstehen, daß eine der angegebenen Bedingungen erfüllt sei muß, damit die Funktionalität des Ausdrucks wohldefiniert ist. Ein Verhalten B_1 kann also nur mit einem Verhalten B_2 zu B_1[]B_2 kombiniert werden, wenn entweder *func*(B_1)=*func*(B_2) oder *func*(B_1)=*noexit* oder *func*(B_2)=*noexit*. Andernfalls ist die Funktionalität nicht wohldefiniert. In der gleichen Zeile ist rechts neben der Bedingung die Funktionalität angegeben.

Etwas sei noch zu der parallelen Komposition gesagt. Wenn B_1 und B_2 erfolgreich terminieren, dann ist die Funktionalität von B_1*op*B_2 nur dann wohldefiniert, wenn *func*(B_1)=*func*(B_2). Darüberhinaus terminiert die parallele Komposition nur dann erfolgreich, wenn beide Prozesse mit der gleichen Liste von Werte terminieren. Das ist eine sehr starke Voraussetzung, in vielen Fällen der Praxis zu stark. Für den Fall, daß der genaue Wert, mit dem ein Prozeß terminiert, keine Rolle spielt, gibt es das **any**-Konstrukt.

```
exit(any Nat)
```

kann mit jedem anderen Verhalten parallel komponiert werden, das die Funktionalität *dom*(Nat) besitzt.

Beispiele:

`a?x:Nat;b!x;exit|||c!'anystring';d!anydata;exit` hat Funkt. exit
`a?x:Nat;b!x;exit|||c!'anystring';d!anydata;stop` hat Funkt. noexit
`exit(3)|||exit(5)` hat Funkt. dom(Nat), aber term. nicht erfolgr.
`exit(3,any Bool)|||exit(any Nat,true)` hat Funkt. dom(int) x dom(Bool) und terminiert erfolgr. mit der Liste <3,true>

Um dem Benutzer einer Spezifikation die Übersicht zu erleichtern, wird in LOTOS die Funktionalität eines Prozesses zu Beginn der Prozeßdefinition, gleich nach den formalen Parametern, aufgeführt.

```
process Verbindungsphase[SAP1,SAP2](min,max:Nat):exit(Nat,Bool) :=
    SAP1?Qual:Nat?exp_data:Bool;...
        ...
    exit(Qual,exp_data)
endproc
```

Für den Fall, daß die Funktionalität lediglich *exit* oder *noexit* ist, schreiben wir :

```
exit := ... bzw. :noexit := ....
```

4.5.5.3 Sequentielle Komposition mit Wertübergabe

Nach der Einführung des Begriffs der Funktionalität kann nun die allgemeine sequentielle Komposition eingeführt werden.

Angenommen B_1 und B_2 sind zwei Prozesse und es ist

$$func(B_1) = dom(t_1) \times \ldots \times dom(t_n)$$

dann schreibt sich die sequentielle Komposition in der Form

```
B1 >> accept x1:t1,...,xn:tn in B2
```

Hierbei sind $x_1,\ldots,x_n$ Variablennamen die in B_2 benutzt werden, um die Werte aufzunehmen, die von B_1 an B_2 weitergereicht werden. Zum Beispiel könnte die Übergabe der Information über die Dienstqualität und die *exp-data*-Option von der Verbindungsphase zur Datenphase dann wie folgt aussehen

```
Verbindungsphase[SAP1,SAP2](...)
 >>accept Dienstqualitaet:Nat,exp_data:Bool
in Datenphase[SAP1,SAP2](Dienstqualitaet,exp_data,...)
```

4.6 Beispiele

4.6.1 Eine Protokollspezifikation in LOTOS

In diesem Abschnitt wird das Beispiel aus Abschnitt 4.3, das dort in Basis-LOTOS bereits begonnen wurde, mit dem erweiterten LOTOS zu einer vollständigen Protokollspezifikation ausgebaut. Bei der Architektur des Beispiels, die in Abb. 4.6.1 gezeigt ist, wird das OSI-Architektur-Konzept der Schichtung berücksichtigt. Bei dem Protokoll handelt es sich um das Inres-Protokoll aus Abschnitt 2.

Während in Abschnitt 4.3 die Protokollinstanzen *Initiator* und *Empfaenger* noch direkt miteinander kommunizierten, kommunizieren sie hier über einen Dienst, der vom Prozeß *Medium* erbracht wird.

Dabei müssen natürlich die Protokolldateneinheiten in Dienstelemente des *Medium*-Dienstes umgewandelt werden. Dafür sind die beiden Prozesse *Codierer* zuständig.

Insgesamt bilden die Protokollinstanzen, zusammen mit den *Codierern*, jeweils eine *Station*. Die Stationen können im Sinne des OSI-Referenzmodells [32] als Subsysteme (*subsystems*) interpretiert werden.

Der Dienst, den *Medium* zur Verfügung stellt, ist ein sehr einfacher Dienst. Ein Benutzer dieses Dienstes kann mit Hilfe des Dienstelementes *MDATreq* Informationen versenden und mit Hilfe des Dienstelementes *MDATind* Informationen empfangen. Beide Dienstelemente besitzen einen Parameter, in dem die Daten übergeben werden. Der Datentransport den *Medium* zur Verfügung stellt ist unzuverlässig. Es können Daten verloren gehen. Datenverlust wird den Benutzern nicht angezeigt.

Der Spezifikationsstil des Protokolls ist hier eher als zustandsorientiert zu bezeichnen, im Gegensatz zu dem Stil der Dienstspezifikation im nächsten Abschnitt, für die der *constraint*-orientierte Ansatz gewählt wurde.

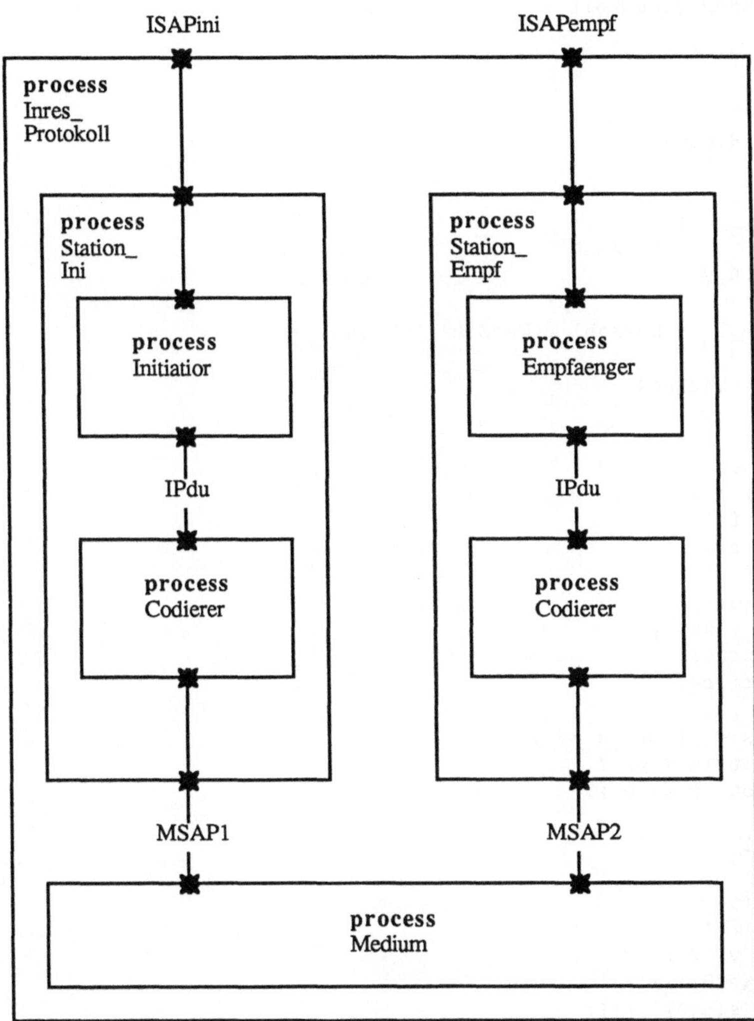

Abb. 4.6.1: Architektur des Beispiels

```
specification Inres_Protokoll[ISAPini,ISAPempf]:noexit

library Boolean
endlib

type DezZahl is Boolean
sorts DezZahl
opns
  0                   :                     -> DezZahl
  s                   : DezZahl             -> DezZahl
  1,2,3,4,5,6,7,8,9   :                     -> DezZahl
  _==_, _<_,
  _<=_, _>=_, _>_     : DezZahl , DezZahl   -> Bool

eqns forall x,y: DezZahl
  ofsort Bool

    x == x = true;
    s(x) == s(y) = x == y;
    s(x) == 0 = false;
    0 == s(y) = false;

    x < x = false;
    s(x) < s(y) = x < y;
    0 < s(y) = true;
    s(x) < 0 = false;

    x <= y  = (x < y) or (x == y);
    x >= y  = not (x < y) ;
    x > y   = not (x <= y );

  ofsort DezZahl
    1 = s(0);
    2 = s(s(0));
    3 = s(s(s(0)));
    4 = s(s(s(s(0))));
    5 = s(s(s(s(s(0)))));
    6 = s(s(s(s(s(s(0))))));
    7 = s(s(s(s(s(s(s(0)))))));
    8 = s(s(s(s(s(s(s(s(0))))))));
    9 = s(s(s(s(s(s(s(s(s(0)))))))));
endtype (* DezZahl *)

type ISDUTyp is
sorts ISDU
opns  data1,data2,data3,data4,data5 : -> ISDU
endtype (* ISDUTyp *)

type Folgenummer is Boolean
sorts Folgenummer
opns
  0          :                          -> Folgenummer
  1          :                          -> Folgenummer
  succ       : Folgenummer              -> Folgenummer
  _eq_, _ne_ : Folgenummer,Folgenummer -> Bool
```

```
eqns forall a,b : Folgenummer
  ofsort Folgenummer
    succ(0) = 1;
    succ(1) = 0;

  ofsort Bool
    0 eq 0 = true;
    1 eq 1 = true;
    0 eq 1 = false;
    1 eq 0 = false;
    0 ne 1 = true;
    1 ne 0 = true;
    0 ne 0 = false;
    1 ne 1 = false;

    (*a eq b = b eq a;
    a ne b = b ne a;
    a eq a = true;
    a ne a = false;*)

endtype (* Folgenummer *)

type InresSpTyp is Boolean, ISDUTyp, DezZahl
sorts SP
opns
  ICONreq,ICONconf,IDISind,
  ICONind,ICONresp,IDISreq                          :        -> SP
  IDATreq,IDATind                                   : ISDU -> SP
  istICONreq,istICONconf,istIDISind,istIDATreq,
  istIDATind,istICONind,istICONresp,istIDISreq      : SP   -> Bool
  data                                              : SP   -> ISDU
  map                                               : SP   -> DezZahl

eqns forall d : ISDU, sp : SP
  ofsort DezZahl
    map(ICONreq)      = 0;
    map(ICONconf)     = 1;
    map(IDISind)      = 2;
    map(IDATreq(d))   = 3;
    map(IDATind(d))   = 4;
    map(ICONind)      = 5;
    map(ICONresp)     = 6;
    map(IDISreq)      = 7;

  ofsort ISDU
    data(IDATreq(d)) = d;
    data(IDATind(d)) = d;
```

```
  ofsort Bool
    istICONreq(sp)  = map(sp) == 0;
    istICONconf(sp) = map(sp) == 1;
    istIDISind(sp)  = map(sp) == 2;
    istIDATreq(sp)  = map(sp) == 3;
    istIDATind(sp)  = map(sp) == 4;
    istICONind(sp)  = map(sp) == 5;
    istICONresp(sp) = map(sp) == 6;
    istIDISreq(sp)  = map(sp) == 7;
endtype (* InresSpTyp *)

type IPDUTyp is Boolean, ISDUTyp, DezZahl, Folgenummer
sorts IPDU
opns
  CR,CC,DR            :                      -> IPDU
  DT                  : Folgenummer,ISDU -> IPDU
  AK                  : Folgenummer          -> IPDU
  istCR,istCC,istDT,
  istAK,istDR         : IPDU                 -> Bool
  data                : IPDU                 -> ISDU
  num                 : IPDU                 -> Folgenummer
  map                 : IPDU                 -> DezZahl

eqns forall f: Folgenummer, d : ISDU, ipdu : IPDU
  ofsort DezZahl
    map(CR) = 0;
    map(CC) = 1;
    map(DT(f,d)) = 2;
    map(AK(f)) = 3;
    map(DR) = 4;

  ofsort ISDU
    data(DT(f,d)) = d;

  ofsort Folgenummer
    num(DT(f,d)) = f;
    num(AK(f)) = f;

  ofsort Bool
    istCR(ipdu) = map(ipdu) == 0;
    istCC(ipdu) = map(ipdu) == 1;
    istDT(ipdu) = map(ipdu) == 2;
    istAK(ipdu) = map(ipdu) == 3;
    istDR(ipdu) = map(ipdu) == 4;
endtype (* IPDUTyp *)
```

```
type MediumSpTyp is Boolean, IPDUTyp, DezZahl
sorts MSP
opns
  MDATreq,MDATind         : IPDU -> MSP
  istMDATreq,istMDATind   : MSP  -> Bool
  data                    : MSP  -> IPDU
  map                     : MSP  -> DezZahl

eqns forall d : IPDU, sp : MSP
  ofsort DezZahl
    map(MDATreq(d)) = 8;
    map(MDATind(d)) = 9;

  ofsort IPDU
    data(MDATreq(d)) = d;
    data(MDATind(d)) = d;

  ofsort Bool
    istMDATreq(sp) = map(sp) == 8;
    istMDATind(sp) = map(sp) == 9;
endtype (* MediumSpTyp *)

behaviour
  hide MSAP1,MSAP2 in
            Station_Ini[ISAPini,MSAP1]
  |[MSAP1]| Medium[MSAP1,MSAP2]
  |[MSAP2]| Station_Empf[MSAP2,ISAPempf]

  where

  process Medium [MSAP1,MSAP2] :noexit:=
        Kanal[MSAP1,MSAP2]
    ||| Kanal[MSAP2,MSAP1]

    where
      process Kanal[a,b] :noexit:=
        a?d:MSP [istMDATreq(d)];
       (b?d:MSP [istMDATind(d)];Kanal[a,b]
      []Kanal[a,b])
      endproc (* Kanal *)
  endproc (* Medium *)

    process Station_Ini[ISAPini,MSAP1] :noexit:=
    hide IPdu_ini in
                  Initiator[ISAPini,IPdu_ini]
     |[IPdu_ini]| Codierer[IPdu_ini,MSAP1]

    where

    process Initiator[ISAP,IPdu] :noexit:=
     (Verbindungsphase[ISAP,IPdu]
    >>Datenphase[ISAP,IPdu] (succ(0)))
    [>Unterbrechung[ISAP,IPdu]
```

```
where

process Verbindungsphase[ISAP,IPdu] :exit:=
  Aufbauwunsch[ISAP,IPdu]
>>accept z:DezZahl in Warten[ISAP,IPdu](z)

  where

  process Aufbauwunsch[ISAP,IPdu] :exit(DezZahl):=
   (ISAP?sp:SP;([istICONreq(sp)]->IPdu!CR;exit(s(0))
               [][not(istICONreq(sp))]->Aufbauwunsch[ISAP,IPdu])
   (* Benutzerfehler werden ignoriert *)
  []IPdu?ipdu:IPDU[not(istDR(ipdu))];Aufbauwunsch[ISAP,IPdu])
   (* DR wird nur vom Prozess Unterbrechung angenommen *)
   (* Systemfehler werden ignoriert *)
  endproc (* Aufbauwunsch *)

  process Warten[ISAP,IPdu](z:DezZahl) :exit:=
   (IPdu?ipdu:IPDU[not(istDR(ipdu))];([istCC(ipdu)]
                                         ->ISAP!ICONconf;exit
                                      [][not(istCC(ipdu))]
                                         ->Warten[ISAP,IPdu](z))
   (* DR wird nur vom Prozess Unterbrechung angenommen *)
   (* Systemfehler werden ignoriert *)
  []i;([z < 4]->IPdu!CR;Warten[ISAP,IPdu](s(z))
     [][z == 4]->ISAP!IDISind;Verbindungsphase[ISAP,IPdu])
       (* Timeout *)
  []ISAP?sp:SP[not(istIDISind(sp))];Warten[ISAP,IPdu](z))
   (* Benutzerfehler werden ignoriert *)
  endproc (* Warten *)
endproc (* Verbindungsphase *)

process Datenphase[ISAP,IPdu](nummer:Folgenummer) :noexit:=
  Sendebereit[ISAP,IPdu](nummer)
  (* 1 ist erste Folgenummer *)
>>accept z:DezZahl,nummer:Folgenummer,alteDaten:ISDU
       in Sendend[ISAP,IPdu](z,nummer,alteDaten)
  (* z ist Anzahl des Sendens. Am Anfang z=1 *)
  where
  process Sendebereit[ISAP,IPdu](nummer:Folgenummer):
              exit(DezZahl,Folgenummer,ISDU):=
   (ISAP?sp:SP;
            ([istIDATreq(sp)]
               ->IPdu!DT(nummer,Data(sp));exit(s(0),nummer,Data(sp))
           [][not(istIDATreq(sp))]->Sendebereit[ISAP,IPdu](nummer))
  []IPdu?ipdu:IPDU[not(istDR(ipdu))];Sendebereit[ISAP,IPdu](nummer))
  endproc (* Sendebereit *)
```

```
    process Sendend[ISAP,IPdu]
              (z:DezZahl,nummer:Folgenummer,alteDaten:ISDU):noexit:=
     (IPdu?ipdu:IPDU[not(istDR(ipdu))];
          ([istAK(ipdu) and (num(ipdu) eq nummer)]
                              ->Datenphase [ISAP,IPdu](succ(nummer))
         [][istAK(ipdu) and (num(ipdu) ne nummer)  and  (z < 4)]
                  ->IPdu!DT(nummer,alteDaten);
                         Sendend[ISAP,IPdu](s(z),nummer,alteDaten)
     (* Der Initiator darf hoechstens viermal bei einer fehlerhaften *)
     (* Datenuebertragung die Daten nochmal senden. *)
         [][istAK(ipdu) and (num(ipdu) ne nummer)  and  (z == 4)]
                  ->IPdu!DR;ISAP!IDISind;Initiator[ISAP,IPdu]
         [][not(istAK(ipdu))]->Sendend[ISAP,IPdu](z,nummer,alteDaten))
    []i;([z < 4]->IPdu!DT(nummer,alteDaten);
                  Sendend[ISAP,IPdu](s(z),nummer,alteDaten)
       [][z == 4]->ISAP!IDISind;Initiator[ISAP,IPdu])
    []ISAP?sp:SP[not(istIDATreq(sp))];
                  Sendend[ISAP,IPdu](z,nummer,alteDaten))
    endproc (* Sendend *)
  endproc (* Datenphase *)

  process Unterbrechung[ISAP,IPdu]:noexit:=
    IPdu!DR;ISAP!IDISind;Initiator[ISAP,IPdu]
  endproc (* Unterbrechung *)
 endproc (* Initiator *)

 process Codierer[IPdu,MSAP] :noexit:=
  (IPdu?ipdu:IPDU;MSAP!MDATreq(ipdu);Codierer[IPdu,MSAP]
 []MSAP?sp:MSP;IPdu!data(sp);Codierer[IPdu,MSAP])
 endproc (* Codierer *)
endproc (* Station_Ini *)

 process Station_Empf[MSAP2,ISAPempf] :noexit:=
 hide IPdu_empf in
                 Empfaenger[ISAPempf,IPdu_empf]
    |[IPdu_empf]|Codierer[IPdu_empf,MSAP2]
```

```
where

process Empfaenger[ISAP,IPdu]:noexit:=
 (Verbindungsphase[ISAP,IPdu]
>>Datenphase[ISAP,IPdu](succ(1)))
[>Unterbrechung[ISAP,IPdu]

  where

  process Verbindungsphase[ISAP,IPdu]:exit:=
    Aufbauwunsch[ISAP,IPdu]
  >>Warten[ISAP,IPdu]

    where

    process Aufbauwunsch[ISAP,IPdu]:exit:=
     (IPdu?ipdu:IPDU;([istCR(ipdu)]->ISAP!ICONind;exit
                    [][not(istCR(ipdu))]->Aufbauwunsch[ISAP,IPdu])
         (* Systemfehler werden ignoriert *)
    []ISAP!ICONresp;Aufbauwunsch[ISAP,IPdu])
         (* Benutzerfehler werden ignoriert *)
    endproc (* Aufbauwunsch *)

    process Warten[ISAP,IPdu] :exit:=
     (IPdu?ipdu:IPDU;Warten[ISAP,IPdu]
         (* Systemfehler werden ignoriert *)
    []ISAP!ICONresp;IPdu!CC;exit)
    endproc (* Warten *)
  endproc (* Verbindungsphase *)

  process Datenphase[ISAP,IPdu](nummer:Folgenummer):noexit:=
         (* nummer ist die letzte bestaetigte Folgenummer *)
   (IPdu?ipdu:IPDU;([istDT(ipdu) and (num(ipdu) eq succ(nummer))]
                        ->ISAP!IDATind(data(ipdu));IPdu!AK(num(ipdu));
                             Datenphase[ISAP,IPdu](succ(nummer))
                   [][istDT(ipdu) and (num(ipdu) eq nummer)]
                        ->IPdu!AK(num(ipdu));
                             Datenphase[ISAP,IPdu](nummer)
                   [][istCR(ipdu)]->ISAP!ICONind;Warten[ISAP,IPdu]
                   [][not(istDT(ipdu) or istCR(ipdu))]
                        ->Datenphase[ISAP,IPdu](nummer))
  []ISAP!ICONresp;Datenphase[ISAP,IPdu](nummer))
       (* Benutzerfehler werden ignoriert *)
    where

    process Warten[ISAP,IPdu]:noexit:=
     (IPdu?ipdu:IPDU;Warten[ISAP,IPdu]
         (* Systemfehler werden ignoriert *)
    []ISAP!ICONresp;IPdu!CC;Datenphase[ISAP,IPdu](succ(1)))
    endproc (* Warten *)
  endproc (* Datenphase *)

  process Unterbrechung[ISAP,IPdu] :noexit:=
    ISAP!IDISreq;IPdu!DR;Empfaenger[ISAP,IPdu]
  endproc (* Unterbrechung *)
endproc (* Empfaenger *)
```

```
  process Codierer[IPdu,MSAP] :noexit:=
     (IPdu?ipdu:IPDU;MSAP!MDATreq(ipdu);Codierer[IPdu,MSAP]
    []MSAP?sp:MSP;IPdu!data(sp);Codierer[IPdu,MSAP])
  endproc (* Codierer *)
endproc (* Station_Empf *)
endspec
```

4.6.2 Eine Dienstspezifikation in LOTOS

In diesem Abschnitt wird der Dienst formal mit LOTOS beschrieben, der durch das Protokoll aus Abschnitt 4.6.1 zusammen mit dem zugrundeliegenden Dienst erbracht wird. Es ist der Inres-Dienst aus Abschnitt 2.

Der Spezifikationsstil aus Abschnitt 4.6.1 ist eher als zustandsorientiert zu bezeichnen. Das liegt in der Natur der Protokolle. In diesem Abschnitt wird ein Beispiel für den *constraint*-orientierten Spezifikationsstil gegeben, der sich bei Dienstbeschreibungen besonders anbietet.

Constraints sind Teilverhalten eines Systems, die durch den Parallelitätsoperator miteinander koordiniert werden. In diesem Beispiel gibt es drei *constraints*, die jeweils

- das Verhalten am Dienstzugangspunkt ISAPini (hier *ICEPini*)
- das Verhalten am Dienstzugangspunkt ISAPempf (hier *ICEPempf*)
- das Ende-zu-Ende-Verhalten bezogen auf Ereignisse an den Dienstzugangspunkten (hier *EndezuEnde*)

beschreiben.

Die Sequenzen von Ereignissen *ICEPini*, *ICEPempf* und *EndezuEnde* werden jeweils unabhängig voneinander beschrieben und dann zur Beschreibung der Sequenzen des gesamten Dienstes durch den Parallelitätsoperator miteinander koordiniert.

So fordert zum Beispiel *ICEPini*, daß die Dienstelemente *IDATreq* nur nach einer erfolgreichen Sequenz *ICONreq;ICONconf* bearbeitet werden können. Das gleiche gilt für *ICEPempf*, wobei *IDATind* nur nach einer erfolgreichen Sequenz *ICONind;ICONresp* bearbeitet werden kann. Das heißt, an beiden Dienstzugangspunkten können nur dann Daten gesendet bzw. empfangen werden, wenn jeweils eine Verbindungsaufbauphase durchlaufen wurde.

```
specification Inres_Dienst[ISAPini,ISAPempf]:noexit

library Boolean
endlib

type ISDUTyp is
sorts ISDU
opns  data1,data2,data3,data4,data5: -> ISDU
endtype (* ISDUTyp *)

type InresSpTyp is ISDUTyp,Boolean
sorts SP
opns
  ICONreq,ICONconf,IDISind,
  ICONind,ICONresp,IDISreq :        -> SP
  IDATreq,IDATind          : ISDU   -> SP
  Alt                      : SP     -> SP
  istIDATreq,istIDATind    : SP     -> Bool
  _==_                     : SP,SP -> Bool

eqns forall d: ISDU,  sp: SP
  ofsort SP
    Alt(ICONreq)     = ICONind;
    Alt(ICONresp)    = ICONconf;
    Alt(IDATreq(d)) = IDATind(d);
    Alt(IDISreq)     = IDISind;

  ofsort Bool
    IDATreq(d) == IDATreq(d) = true;
    IDATind(d) == IDATind(d) = true;
    IDATreq(d) == IDATind(d) = false;
    IDATind(d) == IDATreq(d) = false;
    istIDATreq(sp) = sp == IDATreq;
    istIDATind(sp) = sp == IDATind;
endtype (* InresSpTyp *)

behaviour
  hide c,d in
       ICEPini[ISAPini,c]
  |[c]|EndezuEnde[c,d]
  |[d]|ICEPempf[d,ISAPempf]

  where

  process ICEPini[a,c] :noexit:=
   (Verbindungsphase[a,c]
  >>Datenphase[a,c])
  [>Unterbrechung[a,c]

    where

    process Verbindungsphase[a,c] :exit:=
      a!ICONreq;c!ICONreq;c!ICONconf;a!ICONconf;exit
    endproc
```

```
    process Datenphase[a,c] :noexit:=
      a?sp:SP[istIDATreq(sp)];c!sp ;Datenphase[a,c]
    endproc

    process Unterbrechung[a,c] :noexit:=
      a!IDISind;c!IDISind ;ICEPini[a,c]
    endproc
  endproc

  process ICEPempf[d,b] :noexit:=
   (Verbindungsphase[d,b]
  >>Datenphase[d,b])
  [>Unterbrechung[d,b]

    where

    process Verbindungsphase[d,b] :exit:=
      d!ICONind;b!ICONind;b!ICONresp;d!ICONresp;exit
    endproc

    process Datenphase[d,b] :noexit:=
      d?sp:SP [istIDATind(sp)];b!sp;Datenphase[d,b]
    endproc

    process Unterbrechung[d,b] :noexit:=
      b!IDISreq;d!IDISreq;ICEPempf[d,b]
    endproc
  endproc

  process EndezuEnde[a,b] :noexit:=
   (a?sp:SP;(b!Alt(sp);EndezuEnde[a,b]
  []i;a!IDISind;EndezuEnde[a,b])
  []b!ICONresp;(a!ICONconf;EndezuEnde[a,b]
              []i;a!IDISind;EndezuEnde[a,b])
  []b!IDISreq;(i;a!IDISind;EndezuEnde[a,b]
             []i;EndezuEnde[a,b]))
   (* fuer den Fall, dass IDISreq nicht uebertragen werden
   konnte,gibt es eine halb offene Verbindung. Die
   Initiatorseite erfaehrt das erst, nachdem sie ver-
   sucht ein Datum zu uebertragen. Da sich auf der
   Empfaengerseite der ICEP wieder in der Verbindungsphase
   befindet, kann EndezuEnde nicht mit Alt(sp)=IDATind
   synchronisieren und es wird nach endlich langer Zeit
   das interne Ereignis i gewaehlt.*)
  endproc
endspec
```

5 SDL

5.1 Einleitung

SDL [11] ist ebenso wie Estelle und LOTOS eine Sprache zur Spezifikation und Beschreibung von Systemen. Die Grundidee von SDL ist, ein System in Form von kommunizierenden Prozessen zu beschreiben, was auf die besondere Eignung von SDL im Bereich der parallel arbeitenden (z.B. verteilten) Systemen hindeutet.

Die Beschreibung von verteilten Systemen, insbesondere Telekommunikationssystemen, war auch der Auslöser zur Entwicklung der Sprache im CCITT (Commitee Consultativ International Telegraphique et Telephonique, internationale Standardisierungsorganisation im Bereich der Telekommunikation).

Die Sprache SDL wird hier nur überblicksmäßig behandelt. Es wird keineswegs der gesamte Sprachumfang dargestellt. Für eine ausführlichere Darstellung wird auf die Empfehlung Z.100, insbesondere die *User Guidelines* in [11], verwiesen. Der hier dargestellte Sprachumfang reicht jedoch aus, um die Sprache in den Grundzügen anwenden zu können und Spezifikationen, insbesondere im Bereich der Protokolle, erstellen und lesen zu können.

5.1.1 Historie von SDL

Bereits Ende der 60-er Jahre erkannte man, daß in vielen Bereichen die natürliche Sprache zur Beschreibung von komplexem Verhalten nicht ausreicht. Insbesondere die Software für die immer komplexer werdenden Funktionen in Telekommunikationssystemen bereitete Probleme, da sie nicht hinreichend präzise spezifiziert werden konnte. Gerade in diesem Bereich ist jedoch eine hinreichende Präzision der Beschreibungen notwendig, weil Systeme von verschiedenen Herstellern in verschiedenen Ländern zusammenpassen müssen.

Um dieses Problem in den Griff zu bekommen, begann 1968 das CCITT mit dem Studieren der Software-Frage in Kommunikationssystemen. Das wichtigste Ergebnis der ersten Studienperiode, 1969-1971, war die Erkenntnis der Notwendigkeit einer Standard-Spezifikationssprache. Der Grund dafür ist der folgende: wenn es möglich sein soll, mit einer künstlichen Sprache einen komplexen Zusammenhang präzise zu beschreiben, sodaß weltweit jeder Leser dieser Beschreibung das gleiche darunter versteht, dann muß auch die Sprache selbst eindeutig interpretierbar sein. Das geht nur, wenn sowohl Syntax als auch Semantik der Sprache international standardisiert sind.

Nun, bis dahin sollte es allerdings noch fast 20 Jahre dauern. Zunächst war es notwendig, existierende Techniken der Spezifikation zu untersuchen, um der zu entwickelnden Sprache eine allgemein anerkannte Basis zu geben.

Im Vordergrund bei der Entwicklung von SDL stand stets die Benutzerfreundlichkeit. Sämtliche Innovationen, die in die Sprache einflossen, kamen aus der Gruppe derjenigen, die tagtäglich mit der Spezifikation von komplexen Systemen beschäftigt waren. Im wesentlichen waren das Mitarbeiter aus Fernmeldeverwaltungen und Firmen, die Geräte in diesem Bereich herstellen.

Hochschulen und andere wissenschaftliche Einrichtungen spielten bei der Entwicklung der Sprache zunächst eine untergeordnete Rolle. Erst Ende der 70-er Jahre, mit der Entstehung von wissenschaftlichen Einrichtungen, die sich hauptsächlich mit Telekommunikation befassen, fanden wissenschaftliche Erkenntnisse über künstliche Sprachen verstärkt Einfluß in SDL. Daher gab es für SDL bis Mitte der 80-er Jahre kein mathematisch-eindeutiges Interpretationsmodell, was in dreifacher Hinsicht problematisch war.

Erstens ließ sich die Sprache leicht verändern und schnell speziellen Benutzerbedürfnissen anpassen. Es gab nur ein intuitives Interpretationsmodell, was sich leicht an neue Sprachkonstrukte anpassen ließ. Die Vorteile davon liegen auf der Hand. Der Effekt war allerdings, daß es fast 20 Jahre dauerte, bis SDL einen stabilen Stand erreichte. Zum Kummer wiederum vieler Anwender, denn mit jeder größeren Änderung wurden bis dahin angefertigte Spezifikationen invalidiert. Das hat zu einem gewissen Wildwuchs in der Anwendung von SDL geführt, weil viele Firmen und Organisationen neue Sprachversionen nicht akzeptierten. Sie paßten lieber eine alte Version speziell ihren Bedürfnissen an, als die neue vom CCITT vorgeschlagene Sprachversion zu übernehmen.

Zweitens ist die Entwicklung von sprachunterstützenden Werkzeugen sehr schwierig, wenn die Sprache nicht eindeutig definiert ist. Insbesondere Werkzeuge zur automatischen Analyse von Spezifikationen können auf dieser Basis nicht entwickelt werden. Es ist aber außerordentlich schwierig, ein komplexes System "korrekt" (was immer auch für Gesichtspunkte hierunter verstanden werden) zu spezifizieren. Das gilt sowohl beim Gebrauch einer künstlichen als auch einer natürlichen Sprache. Daher sind gerade Werkzeuge zur automatischen Analyse besonders wichtig.

Drittens war der eigentliche Zweck der Entwicklung einer künstlichen Sprache zur exakten Beschreibung komplexer Zusammenhänge nicht erreicht. Wenn die Semantik einer Beschreibungssprache nicht durch eine Abbildung der Syntax auf ein mathematisches Modell definiert ist, sondern nur durch eine Abbildung auf die Vorstellung eines Spezifizierers, dann sind leicht Fehlinterpretationen einer Spezifikation möglich.

Diese drei Probleme führten verstärkt zu der Auseinandersetzung mit einer formalen Syntax und Semantik. 1988 präsentierte die Arbeitsgruppe 3 der Studienkommission 10 des CCITT, die für die Entwicklung und Weiterentwicklung von SDL verantwortlich ist, zum ersten Mal eine Sprachversion mit formaler Syntax und Semantik. Es wurde darauf geachtet, für diese Präzisierung der Sprache möglichst wenige Änderungen vorzunehmen, um nicht wieder Akzeptanzprobleme heraufzubeschwören. Das CCITT besitzt damit eine, nach wissenschaftlichen Gesichtspunkten definierte, Spezifikationssprache.

Die Anwendungen von SDL sind breit gestreut, innerhalb sowie außerhalb der Normung. Prominente Anwendungsbeispiele innerhalb der Normung sind die ISDN-Protokolle [14] und das Signalisierungssystem Nr. 7 [13]. Außerhalb der Normung kann man sagen, daß weltweit fast jeder größere Hersteller von Telekommunikationssystemen SDL in der einen oder anderen Art und Weise verwendet. Einige Systeme haben sogar die Sprachentwicklung selbst maßgeblich beeinflußt wie z.B. das AXE-Vermittlungssystem von Ericson und das System X von British Telecom.

5.1.2 Basiskonzepte

Das Grundelement in SDL ist der Prozeß. Ein Prozeß ist ein erweiterter endlicher Automat und kann mit anderen parallel existierenden Prozessen über Verbindungswege mit Hilfe von Signalen kommunizieren (für Automaten siehe z.B. [6]). Ein erweiterter endlicher Automat unterscheidet sich dadurch von einem endlichen Automaten, daß er neben seinen Zuständen lokal Daten halten und manipulieren kann. Die Daten existieren in Form von Werten von Variablen. Das Konzept des erweiterten endlichen Automaten wurde bereits im Zusammenhang mit Estelle in Abschnitt 3 vorgestellt.

Das SDL zugrunde liegende Modell ergibt sich aus der Charakterisierung eines Prozesses:

- ein Prozeß befindet sich entweder gerade in einem Zustandsübergang oder wartet auf eine Eingabe;
- es gibt eine Eingabewarteschlange für jeden Prozeß. Wenn der Prozeß eine Eingabe erhält, während er sich in einem Zustandsübergang befindet, kann die Eingabe in der Eingabewarteschlange gespeichert werden. Die Eingabewarteschlange und der Prozeß arbeiten unabhängig und parallel;
- wenn zwei Eingabe einen Prozeß gleichzeitig erreichen, werden sie in zufälliger Reihenfolge in der Eingabewarteschlange gepuffert.

Die Dynamik einer SDL-Spezifikation wird ausschließlich durch Prozesse beschrieben, die völlig *gleichberechtigt* nebeneinander existieren. Es gibt *keine* hierarchisch über- oder untergeordneten Prozesse. Dabei kann jedoch ein Prozeß einen anderen Prozeß erzeugen. Der erzeugte Prozeß existiert fortan allerdings völlig gleichberechtigt mit dem erzeugenden Prozeß. Ein Prozeß kann nur aus dem System wieder verschwinden, wenn er sich selbst beendet.

5.1.3 Die zwei syntaktischen Formen SDL/GR und SDL/PR

Die Sprache SDL besitzt zwei syntaktische Formen, die beide auf dem gleichen semantischen Modell basieren. Die eine wird SDL/GR (SDL Graphical Representation) genannt und die andere SDL/PR (SDL Phrase Representation).

Jedes Sprachelement besitzt eine Repräsentation in SDL/GR und eine in SDL/PR. Abb. 5.1.1 zeigt das Beispiel einer einfachen Alternative, wie sie innerhalb einer Spezifikation eines Zustandsübergangs benutzt werden kann. Abb. 5.1.2 zeigt ein Sprachelement, den Prozeß, das zur Strukturierung einer Spezifikation verwendet werden kann.

Eine Spezifikation, die in SDL/GR geschrieben wurde, läßt sich exakt und semantisch völlig äquivalent auf eine SDL/PR-Repräsentation abbilden. SDL ist eine der wenigen Sprachen, die eine vollständig definierte graphische Syntax besitzen.

Allerdings besitzen nicht alle Sprachelemente eine in SDL/GR und SDL/PR unterschiedliche Repräsentation. Eine Untermenge von SDL/GR ist syntaktisch äquivalent mit einer Un-

SDL/GR

SDL/PR

```
DECISION Frage
   (Anwort) : ........
   ELSE     : ........
ENDDECISION ;
```

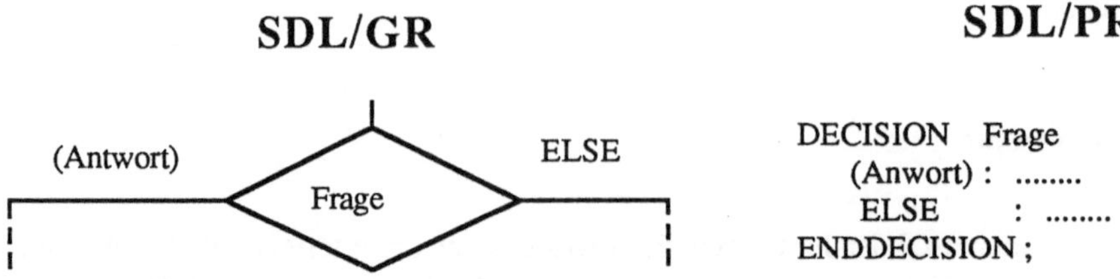

Abb. 5.1.1: Einfache Alternative in SDL/GR und SDL/PR

SDL/GR

SDL/PR

```
PROCESS Empfaenger (1,1) ;
   REFERENCED ;
```

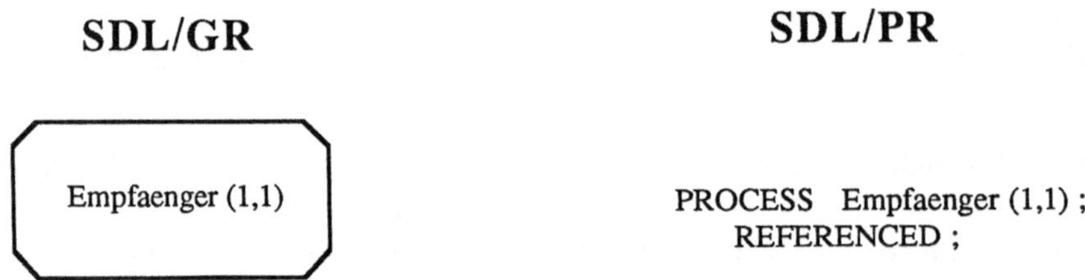

Abb. 5.1.2: Prozeß in SDL/GR und SDL/PR

termenge von SDL/PR. Zum Beispiel ist die Deklaration von Variablen in beiden Repräsentationen identisch wie die in Abb. 5.1.3 dargestellte Deklaration der Variablen *v1* vom Typ *VariablenTyp1*.

```
DCL
  V1 VariablenTyp1;
```

Abb. 5.1.3: Variablendeklaration in SDL/GR und SDL/PR

Historisch gesehen, gab es zunächst nur die graphische Form von SDL, weil angenommen wurde, daß eine Graphik zum Zweck der Spezifikation am benutzerfreundlichsten sei - ein Bild sagt mehr als tausend Worte. Mit der zunehmenden Verbreitung von SDL wuchs aber der Wunsch, Dokumente maschinell zu verarbeiten. Mangels Verfügbarkeit von hochwertigen Graphik-Endgeräten mußten die SDL-Dokumente größtenteils manuell bearbeitet werden, was sehr mühsam ist, insbesondere bei Änderungen eines Dokuments. Aus dieser Not heraus wurde SDL/PR entwickelt.

Heute gibt es die technischen Möglichkeiten auch SDL/GR maschinell zu verarbeiten und SDL/PR scheint überflüssig zu werden. Selbst wenn das so ist, hatte die Existenz von SDL/PR eine positive Nebenwirkung. Ohne eine herkömmliche programmiersprachenähnliche Form der Sprache wäre die Entwicklung einer formalen Syntax und Semantik kaum möglich gewesen.

Die Beispiele, die in den folgenden Abschnitten verwendet werden beschränken sich auf SDL/GR. Die SDL/PR-Form kann jeweils leicht mit Hilfe von [11] hergeleitet werden.

5.2 Basiskonstrukte für die Spezifikation von Prozessen

5.2.1 Zustände und Zustandsübergänge

Ein Prozeß in SDL ist ein erweiterter endlicher Automat, d.h. zur Beschreibung seines Verhaltens dienen Zustände und Zustandsübergänge. In der Automatentheorie werden Zustände und Zustandsübergänge oft mit Hilfe von gerichteten Graphen dargestellt. Die Knotenmenge stellt dabei die Zustandsmenge dar und die gerichteten Kanten die Zustandsübergänge. Im Beispiel aus Abb. 5.2.1 hat der Automat die Zustandsmenge

{Unterbrochen, Warten, Verbunden}.

Mit einer Eingabe kann der Automat einen gegenwärtigen Zustand verlassen, einen neuen Zustand erreichen und dabei eine Ausgabe erzeugen. Eine solcher Zustandsübergang ist in dem Graphen durch eine gerichtete Kante, ausgehend vom alten Zustand zum neuen Zustand und einem Paar

Eingabe/Ausgabe,

dargestellt.

Abb. 5.2.1 zeigt als Beispiel das Zustandsübergangsverhalten einer Protokollinstanz, wobei hier nur die Verbindungsaufbauphase dargestellt ist. Das Beispiel ist folgendermaßen zu interpretieren. Der Automat kann aus dem Zustand *Unterbrochen* mit der Eingabe *ICONreq* (von einem Protokollbenutzer) in den Zustand *Warten* gelangen. Bei diesem Zustandsübergang gibt er ein *CR* (an eine andere Protokollinstanz) aus. Im Zustand *Warten* sind zwei Eingaben möglich, *CC* und *DR*. Nach Empfang des Signals *CC* (von einer entfernten Instanz) gibt die Protokollinstanz die Verbindungsbestätigung *ICONconf* (an den Benutzer) aus und geht in den Zustand *Verbunden* über. Nach Erhalt von *DR* im Zustand *Warten* wird (dem Benutzer) eine Verbindungsunterbrechung *IDISind* angezeigt, und die Protokollinstanz geht in den Zustand *Unterbrochen* zurück. Das gleiche gilt für den Zustand *Verbunden.*

In SDL gibt es zur graphischen Beschreibung der Zustände das *Zustandssymbol*, das in Abb. 5.2.2 dargestellt ist. Für Eingaben gibt es das *Eingabesymbol* und für Ausgaben das *Ausgabesymbol.*

Mit Hilfe von Automaten wird ein Verhalten beschrieben. Ein Verhalten muß irgendwann beginnen. In der graphischen Beschreibung des Automaten in Abb. 5.2.1 ist bestenfalls implizit durch die Intuition des Betrachters klar, daß *Unterbrochen* der erste Zustand sein soll. Im allgemeinen ist jedoch nicht zu erwarten, daß die Intuition dafür ausreicht. In SDL gibt es zur Definition des ersten Zustands das *Startsymbol*, das ebenfalls in Abb. 5.2.2 dargestellt ist.

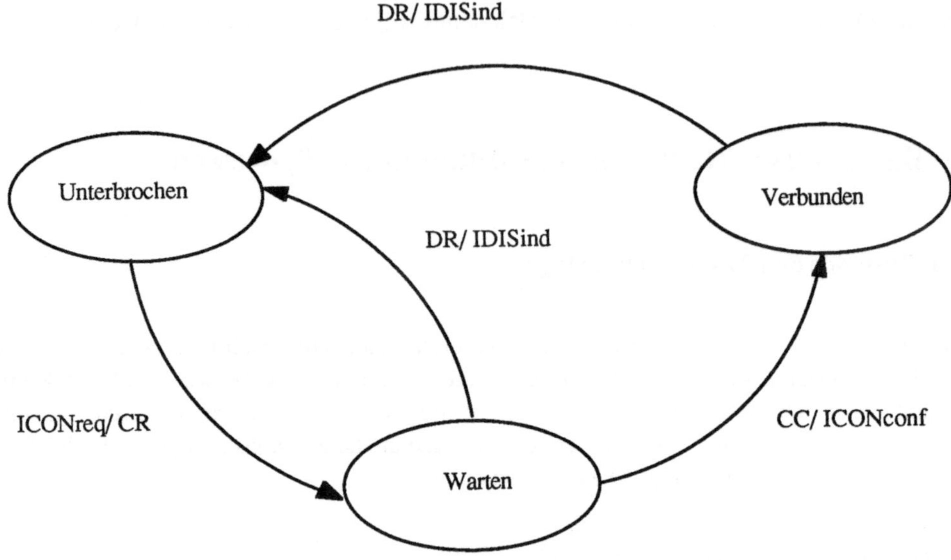

Abb. 5.2.1: Zustandsübergänge eines Automaten

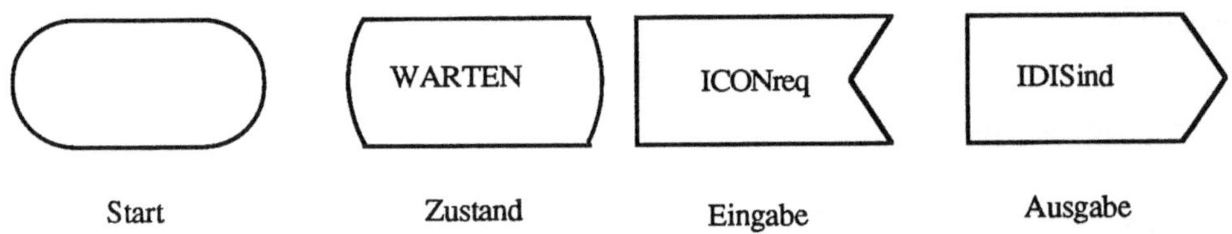

Abb. 5.2.2: Basiskonstrukte zur Beschreibung eines Zustandübergangsverhaltens in SDL

Ein Startsymbol ist immer leer, es bezeichnet selbst keinen Zustand. Es dient ausschließlich dazu, den Beginn der Verhaltensinterpretation zu verdeutlichen.

Abb. 5.2.3 zeigt, wie das Verhalten aus Abb. 5.2.1 in SDL in Form eines Prozesses beschrieben würde.

Die Darstellung in Abb. 5.2.3 ist syntaktisch korrektes SDL. Der Rahmen um ein *Prozeßdiagramm* ist optional, wenn sich auf der gleichen Seite in einem Dokument keine weitere Information befindet. Befindet sich auf einer Seite zusätzlicher Text, dann wird mit dem Rahmen eindeutig definiert, was zu dem Prozeß gehört und was nicht. Zur Dokumentation wird in einem späteren Abschnitt mehr beschrieben.

In SDL gibt es verschiedene Möglichkeiten, Wiederholungen von identischen Spezifikationsteilen zu vermeiden. Beispielsweise findet im Prozeß *Initiator* bei Eingabe von *DR* in den Zuständen *Warten* und *Verbunden* das gleiche statt. Zur Vermeidung dieser Wiederholung gibt es die Möglichkeit des *Mehrfachzustands.* Abb. 5.2.3a zeigt eine alternative aber äquivalente

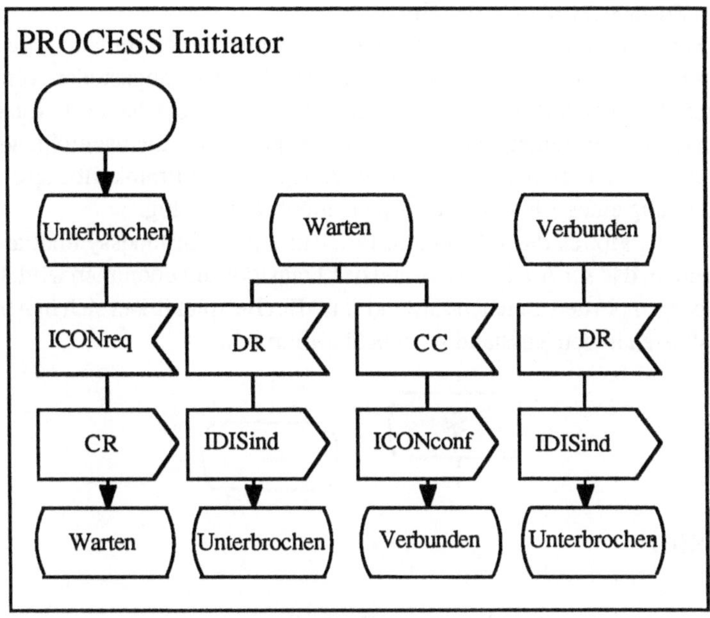

Abb. 5.2.3: Definition der Protokollinstanz aus Abb. 5.2.1 mit einem SDL-Prozeß

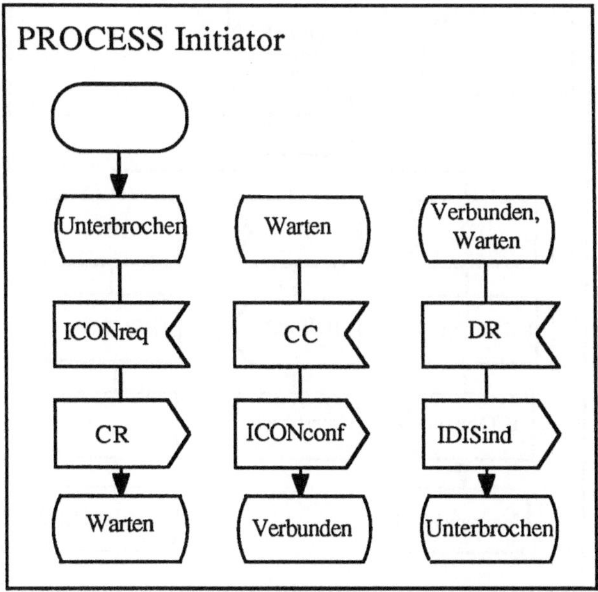

Abb. 5.2.3a: Alternative aber zu Abb. 5.2.3 äquivalente Spezifikation von *Initiator*

Spezifikation für *Initiator*. Die Zustände *Warten* und *Verbunden* sind zusammengefaßt und in einem einzigen Zustandssymbol aufgeführt.

Übrigens kann auch ein Eingabesymbol mehrere Signalnamen enthalten, wenn aus einem Zustand heraus mit verschiedenen Signalen identische Aktionen angestoßen werden.

Eine weitere Möglichkeit, Textwiederholungen zu vermeiden, ist die *-Notation. Ein * in einem Zustandssymbol bedeutet, daß aus jedem Zustand heraus die nachfolgenden Aktionen möglich sind. Ein Beispiel findet sich im Prozeß *Empfänger* im Protokollbeispiel in Abschnitt 5.8.1. Die Bedeutung eines * in einem Eingabesymbol folgt analog.

Darüber hinaus gibt es die --Notation. Ein - in einem Zustandssymbol am Ende einer Transition bedeutet, daß ser Ausgangszustand der Transition angenommen wird. Es findet also ein Zustandsübergang in den gleichen Zustand statt. Ein Beispiel findet sich in Abb. 5.2.10, wo vom Zustand *Warten* in den Zusstand *Warten* überführt wird.

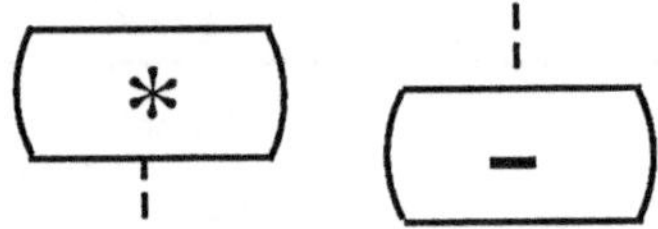

5.2.2 Zeit in SDL

In einer Spezifikation müssen oft bestimmte Zeitbedingungen spezifiziert werden. Dafür gibt es in SDL den *Timer*-Mechanismus. Ein *Timer* ist ähnlich wie ein Signal. Der Timer-Mecha-

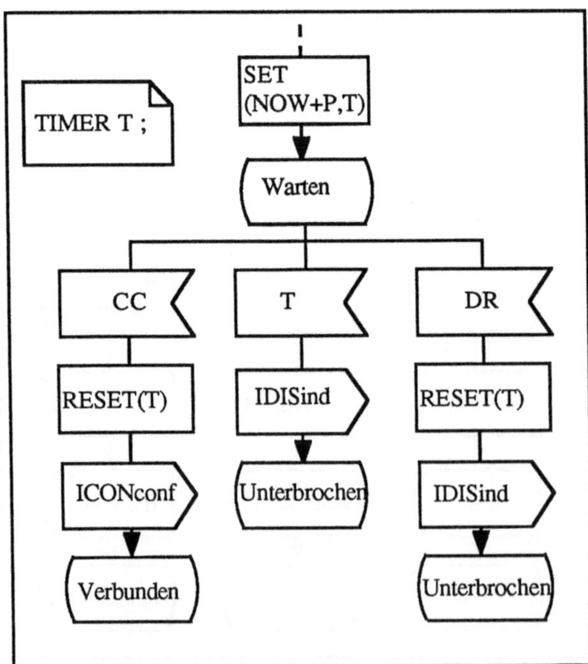

Abb. 5.2.4: Beispiel für den Timer-Mechanismus

nismus stimuliert einen Prozeß in Abhängigkeit einer vorher festgelegten Zeit, indem er ein *Timer*-Signal in die Eingabewarteschlange des Prozesses legt.

Der Timer-Mechanismus soll nun an einem Beispiel erklärt werden. In unserer Protokollspezifikation soll im Zustand *Warten* nur eine begrenzte Zeit auf die Verbindungsbestätigung *CC* gewartet werden, danach soll der Verbindungsaufbau automatisch abgebrochen werden. Abb. 5.2.4 zeigt die hierzu notwendigen Erweiterungen des *Initiator*-Prozesses aus Abb. 5.2.3.

Zunächst muß ein Timer definiert werden. Für die Definition von Timern gibt es in einem Prozeßdiagramm das *Textsymbol*. Im Textsymbol kann auch noch andere Information stehen, dazu später mehr. Es können in einem Prozeß beliebig viele Timer definiert werden.

Während eines Zustandsübergangs kann der Timer mit der *SET*-Anweisung *gesetzt* werden. SET hat zwei Argumente. Das eine ist der absolute Zeitpunkt, zu dem der Timer ablaufen soll, das andere gibt den Namen des Timers an. Zur Definition eines Zeitpunkts in der Zukunft kann der Ausdruck *NOW* vom Typ *Time* (das ist ähnlich wie *Real*, siehe auch Abschnitt 5.4) benutzt werden. NOW liefert stets den gegenwärtigen Zeitpunkt, so kann eine relative Zeit leicht in eine absolute Zeit umgewandelt werden. Im obigen Beispiel wird der Timer *T* auf den Wert *NOW*+2 gesetzt, d.h. der Timer soll nach 2 Zeiteinheiten ablaufen. Wenn die Zeit fortgeschritten ist und den spezifizierten Zeitpunkt erreicht, wird ein Timer-Signal mit Namen *T* in die Eingabewarteschlange des Prozesses geschrieben. Die Semantik der Eingabewarteschlange wird in Abschnitt 3.5 noch genauer beschrieben.

Ein gesetzter Timer kann mit der *RESET*-Anweisung wieder zurückgesetzt werden. Damit verhält sich der Prozeß wieder so, als wäre der Timer niemals gesetzt worden. Ein eventuell in der Eingabewarteschlange befindliches Timer-Signal wird gelöscht. Im obigen Beispiel wird der Timer zurückgesetzt, wenn entweder die Verbindungsbestätigung *CC* oder die Unterbrechungsanweisung *DR* eintrifft.

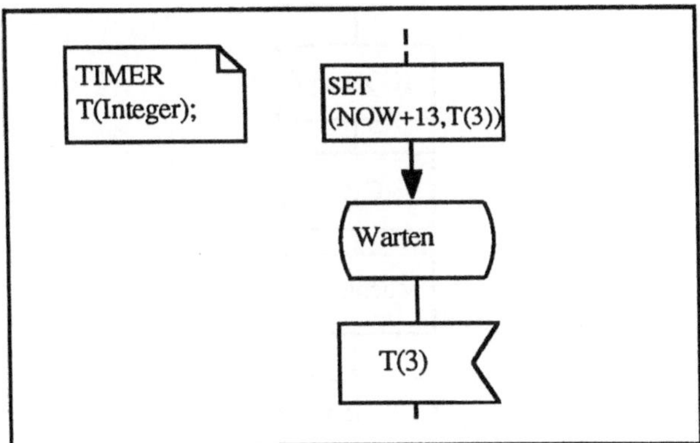

Abb. 5.2.5: Parametrisierter Timer

Wenn ein bereits gesetzter Timer nochmal gesetzt wird, dann ist das so, als wäre er zurückgesetzt und darauf sofort wieder mit einem neuen Wert gesetzt worden.

Das Zurücksetzen eines nicht gesetzten Timers hat keinen Effekt.

Es besteht die Möglichkeit, einen Timer zu parametrisieren. Damit kann mit einer Timer-Definition eine (z.B. unendliche) Menge von Timern definiert werden. Ein Timer kann einen oder mehrere Parameter beliebigen Typs besitzen. Abb. 5.2.5 zeigt hierzu ein Beispiel.

5.2.3 Deklaration und Gebrauch von Daten

Als erweiterter endlicher Automat kann ein Prozeß lokal Daten halten und verwalten. Daten

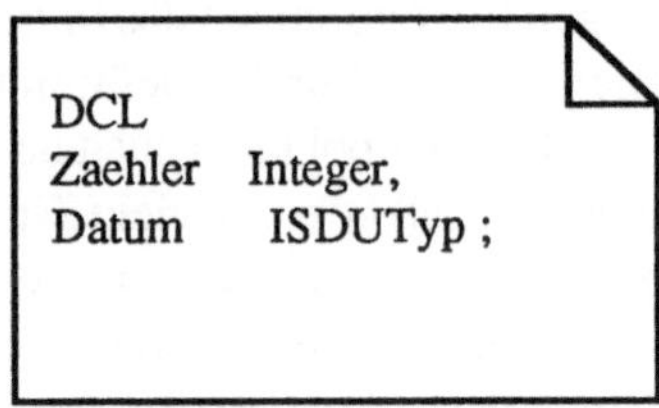

Abb. 5.2.6: Deklaration der Variablen *Zaehler* und *Datum* in einem Textsymbol

existieren in einem Prozeß in Form von Werten von Variablen. Die Deklaration von Daten ist in SDL/GR und SDL/PR identisch und wird mit dem Schlüsselwort *DCL* eingeleitet.

In einem Prozeßdiagramm wird die Variablendeklaration ebenso wie die Timer-Definition in ein Textsymbol geschrieben. Die Form eine Textsymbols kann dem Beispiel in Abb. 5.2.6 entnommen werden. Das Textsymbol kann an beliebiger Stelle im Diagramm plaziert sein, Abb. 5.2.10 zeigt zum Beispiel eine Möglichkeit.

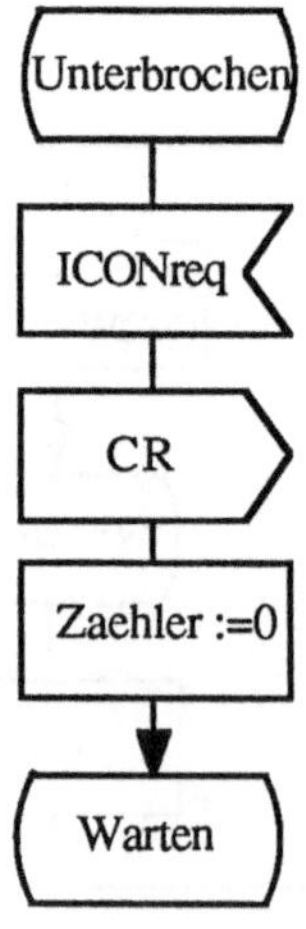

Abb. 5.2.7: Manipulation der Variablen *Zaehler* in einem TASK-Symbol während eines Zustandsübergangs

Das Textsymbol wird auch in anderen Zusammenhängen benutzt, dazu spater mehr.

Während eines Zustandsübergangs kann der Prozeß seine lokalen Daten benutzen und manipulieren. Zur Manipulation von Daten dient das *TASK-Symbol*. In einem TASK-Symbol findet immer eine Zuweisung statt, wie zum Beispiel in Abb. 5.2.7 der Variablen *Zaehler* der

Wert 0 zugewiesen wird. Natürlich muß bei der Zuweisung auf Typenkompatibilität geachtet werden. Die einzig mögliche Aktion innerhalb eines TASK-Symbols ist die Zuweisung.

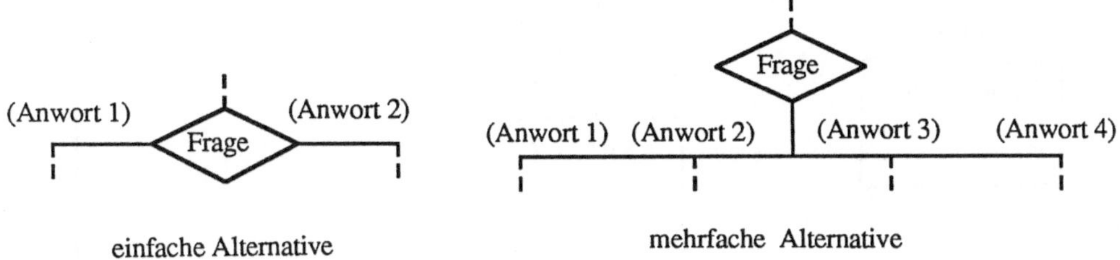

Abb. 5.2.8: Einfache und mehrfache Alternative

5.2.4 Die Alternative

Mit Hilfe der Werte von Variablen können die Zustandsübergänge gesteuert werden. Oft ist es sinnvoll in Abhängigkeit einer Variablen unterschiedliche Zustandsübergänge zu spezifizieren. Hierfür gibt es in SDL die *Alternative.* Eine Alternative kann *einfach* oder *mehrfach* sein, wie in Abb. 5.2.8 dargestellt.

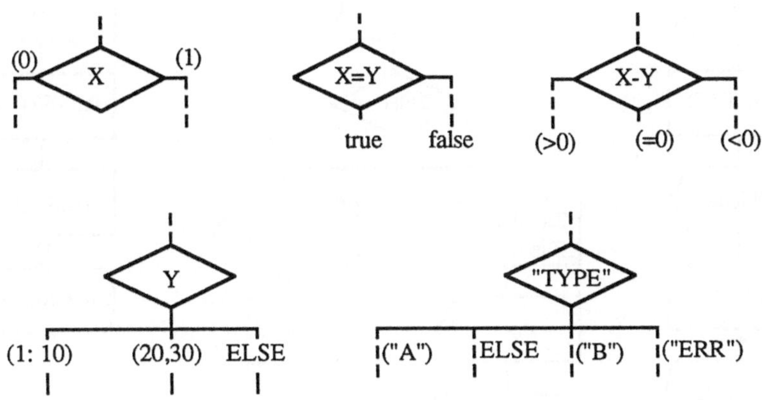

Abb. 5.2.9: Beispiele zum Gebrauch der Alternative

Die Frage, die in einer Alternative gestellt wird, ist in der Regel eine Operation auf einer oder mehreren Variablen. Die Antworten sind mögliche Ergebnisse der Operation.

Es muß zum Zeitpunkt der Interpretation der Frage genau eine richtige Antwort geben, sonst ist die Spezifikation von diesem Zeitpunkt an nicht mehr interpretierbar. Um sicherzugehen, daß es mindestens eine richtige Antwort gibt, gibt es in SDL das *ELSE*, das ausgewählt wird, wenn keine der übrigen Antworten richtig ist. Abb. 5.2.9 gibt einige weitere Beispiele von Fragen und Antworten.

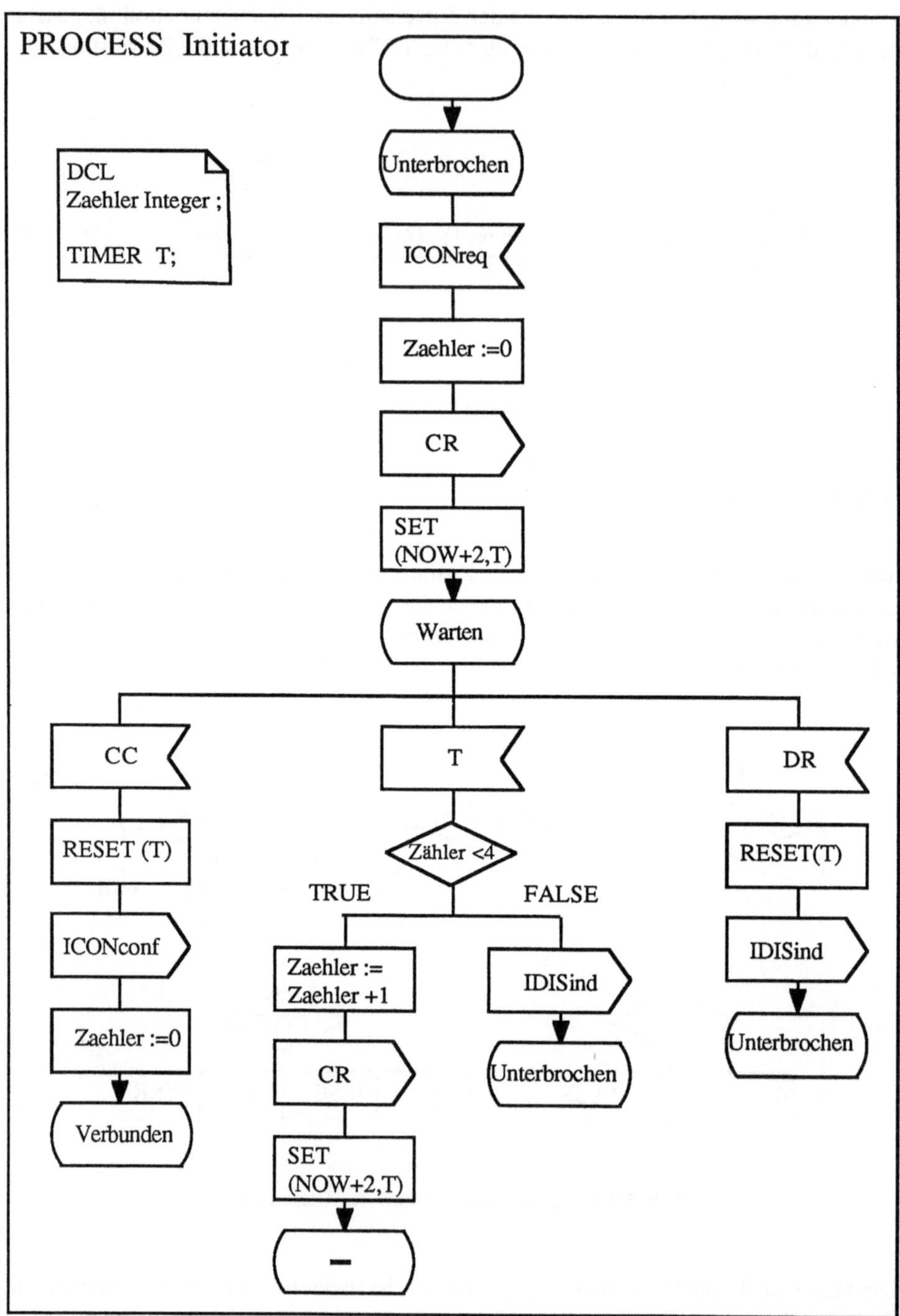

Abb. 5.2.10: Erweiterte Protokollinstanz

Mit Hilfe einer Variablen und der Alternative soll nun unsere Protokollinstanz erweitert werden. Wenn keine Bestätigung *CC* oder ein Abbruch *DR* innerhalb von 2 Zeiteinheiten eintrifft, soll der Verbindungsaufbauversuch mit dem Versenden von *CR* wiederholt werden. Wenn nach der 4. Wiederholung noch immer keine Bestätigung oder Abbruch eingetroffen ist, soll der Verbindungsaufbau mit einer Abbruchanzeige *IDISind* (an den Benutzer) endgültig abgebrochen werden. Abb. 5.2.10 zeigt die so erweiterte Protokollinstanz.

5.2.5 Signale mit Daten

In Abschnitt 5.2.2 wurden Ein- und Ausgabe im Zusammenhang mit dem Zustandsübergangs-

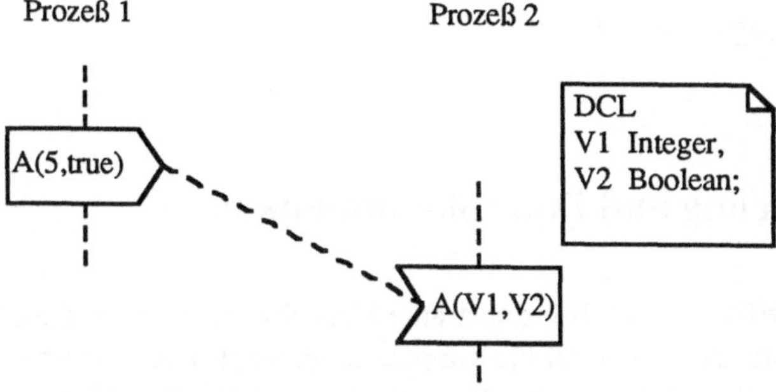

Abb. 5.2.11: Signal mit Daten

verhalten eines Prozesses vorgestellt. Die mit einer Ausgabe und der zugehörigen Eingabe verbundene "Nachricht" wird in SDL *Signal* genannt. Signale dienten in Abschnitt 5.2.2 im wesentlichen zum Anstoß von Zustandsübergängen. In SDL können Ein- und Ausgabe aber auch

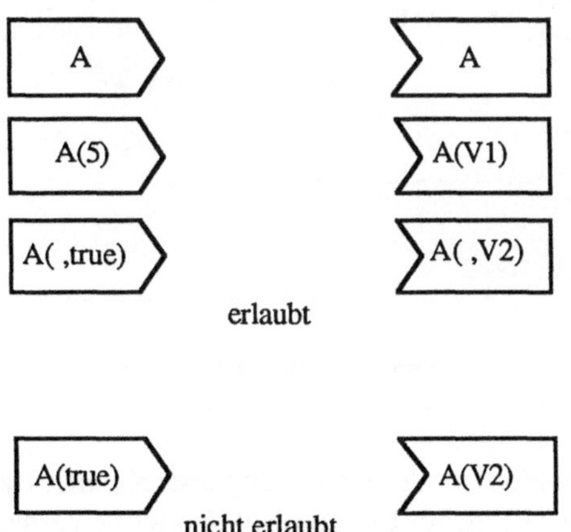

Abb. 5.2.12: Beispiele zum Weglassen von Daten und Variablen

zur Übermittlung von Daten von einem Prozeß zu einem anderen verwendet werden. In diesem Fall besitzt die Ausgabe einen oder mehrere zugeordnete Werte. Bei der entsprechenden Eingabe werden Variablen spezifiziert, die die Werte eines eingehenden Signals speichern. Natürlich müssen die Typen der gesendeten Werte mit den Typen der Variablen beim Empfänger übereinstimmen.

Mit dem Signal *A* in Abb. 5.2.11 werden vom *Prozeß 1* die Daten *5* und *True* gesendet. Der *Prozeß 2* besitzt die Variablen *v1* und *v2* vom Typ *Integer* bzw. *Boolean*. Mit dem Empfang des Signals *A* wird der Variablen *v1* der Wert *5* zugeordnet und der Variablen *v2* der Wert *True*. Bei der Spezifikation von Ein- und Ausgabe muß die Reihenfolge der Daten bzw. der Variablen unbedingt beachtet werden. Wäre *v1* vom Typ *Boolean* und *v2* vom Typ *Integer*, dann wäre die Spezifikation nicht interpretierbar.

Ein Weglassen einer oder mehrerer Variablen im Eingabesymbol ist erlaubt. Die gesendeten Daten gehen dann verloren. Ebenso können Daten bei der Ausgabe weggelassen werden. Beim Weglassen muß jedoch ebenso wie beim Spezifizieren die Reihenfolge beachtet werden. Abb. 5.2.12 zeigt einige Beispiele.

5.3 Strukturierung und Prozeßkommunikation

Mit einer SDL-Spezifikation wird eine abstrakte Maschine spezifiziert, die Eingaben von ihrer Umgebung erhält und Ausgaben an die Umgebung erzeugt. Diese abstrakte Maschine wird *System* genannt. Das System beinhaltet alles, was in einer SDL-Spezifikation definiert werden soll, aber nichts, was nicht definiert werden soll.

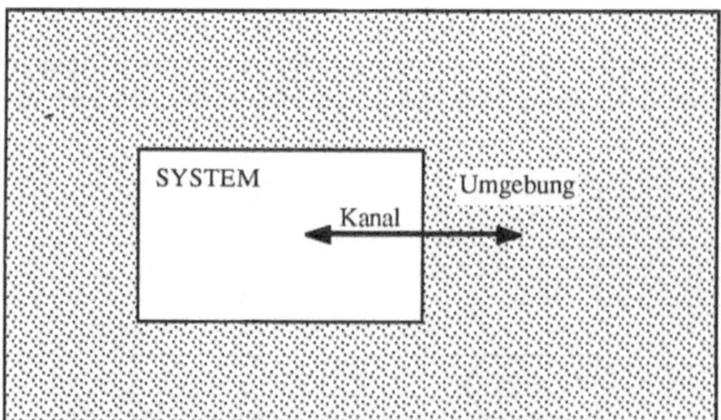

Abb. 5.3.1: Das SDL-System

Das System kommuniziert mit der Umgebung über *Kanäle*. Dabei besitzen aus Sicht des Systems die Objekte in der Umgebung ein prozeß-ähnliches Verhalten, sodaß auf die übliche Weise mit ihnen kommuniziert werden kann. Die Kanäle, über die das System mit der Umgebung kommuniziert, bilden die logische Schnittstelle zur Umgebung. Im Prinzip ist nur ein

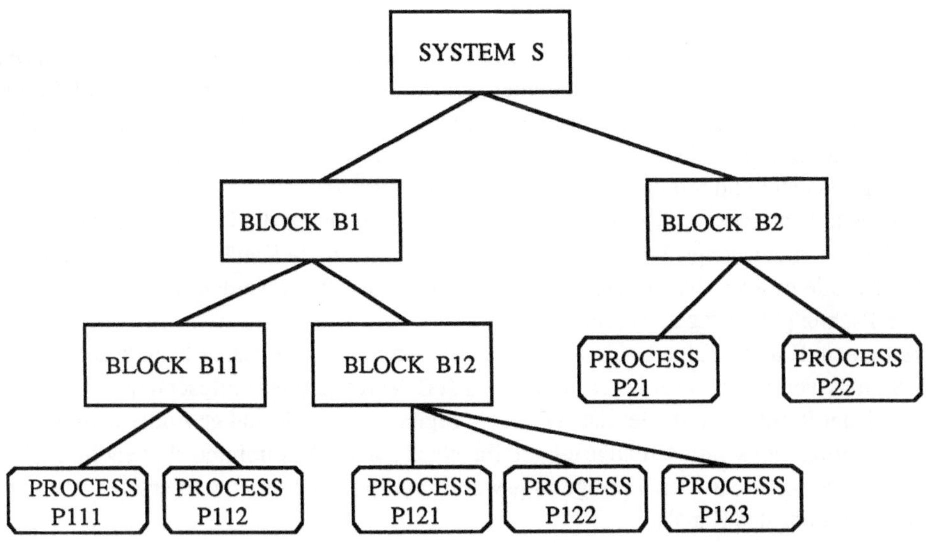

Abb. 5.3.2: Baumstruktur einer Spezifikation

Kanal notwendig, in der Regel wählt der Spezifizierer aber mehrere Kanäle, wenn er mehrere voneinander unterscheidbare logische Schnittstellen sieht.

Das System selbst besteht aus einem oder mehreren *Blöcken*, die über Kanäle miteinander und mit der Umgebung kommunizieren. Die Blöcke bilden die logischen Systemteile. Ein Block kann selbst wieder aus Blöcken bestehen. So ergibt sich eine baumartige Systemstruktur. Letztlich enthalten die Blöcke nur Prozesse. Abb. 5.3.2 zeigt als Beispiel die Baumstruktur einer SDL-Spezifikation. Eine Darstellung wie in Abb. 5.3.2 ist *nicht* Teil der Spezifikation, sondern dient hier nur der Visualisierung der Gesamtstruktur eines Systems.

Die Darstellung in Abb. 5.3.2 zeigt nur die hierarchische Anordnung der einzelnen Spezifikationsteile und nicht die Kommunikationsstruktur und ihr Verhalten. Dafür gibt es die

- *Prozeßdiagramme* (wurden in Abschnitt 5.2 eingeführt, z.B. Abb. 5.2.3),
- *Prozeßinteraktionsdiagramme* (zeigen die Kommunikationsstruktur der Prozesse innerhalb eines Blocks, z.B. Abb. 5.3.5),
- *Blockinteraktionsdiagramme* (zeigen die Kommunikationsstruktur der Blöcke innerhalb des Systems oder eines Blocks, z.B. Abb. 5.3.3).

In [11] gibt es leicht abweichende Bezeichnungen. Prozeßinteraktionsdiagramm wird dort *Blockdiagramm* genannt und Blockinteraktionsdiagramm wird *Blockunterstrukturdiagramm* und auf der obersten Ebene *Systemdiagramm* genannt.

5.3.1 Blockinteraktionsdiagramme

Die genaue Kommunikationsstruktur der Blöcke untereinander wird in einem *Blockinteraktionsdiagramm* festgelegt. Zusätzlich befinden sich dort Datentypdefinitionen, Signaldefinitionen, etc.. Abb. 5.3.3 zeigt ein Beispiel. Das System *Protokoll* besteht aus den drei Blöcken *Station_Ini*, *Station_Empf* und *Medium*, die über die Kanäle *ISAPini*, *ISAPempf*, *MSAP1*, *MSAP2* miteinander und mit der Umgebung kommunizieren.

Kanäle können unidirektional oder bidirektional sein. Durch die Pfeile wird die entsprechende Richtung angezeigt. Im Beispiel aus Abb. 5.3.3 sind alle Kanäle bidirektional. In der Nähe der Pfeile müssen die Signalnamen der Signale aufgelistet werden, die in der entsprechenden Richtung übertragen werden können.

Mit einem Kanal ist eine bestimmte Semantik verbunden. Ein Kanal kann den Transport eines Signals verzögern. Das heißt, daß eine FIFO-Verzögerungswarteschlange mit einem Kanal in jeder Richtung assoziiert ist. Wenn ein Signal an einen Kanal gesendet wird, wird es in diese Verzögerungswarteschlange eingereiht. Nach einer unbestimmten aber endlichen Zeit wird das erste Signal aus der Verzögerungswarteschlange genommen und erscheint am entsprechenden Ende des Kanals.

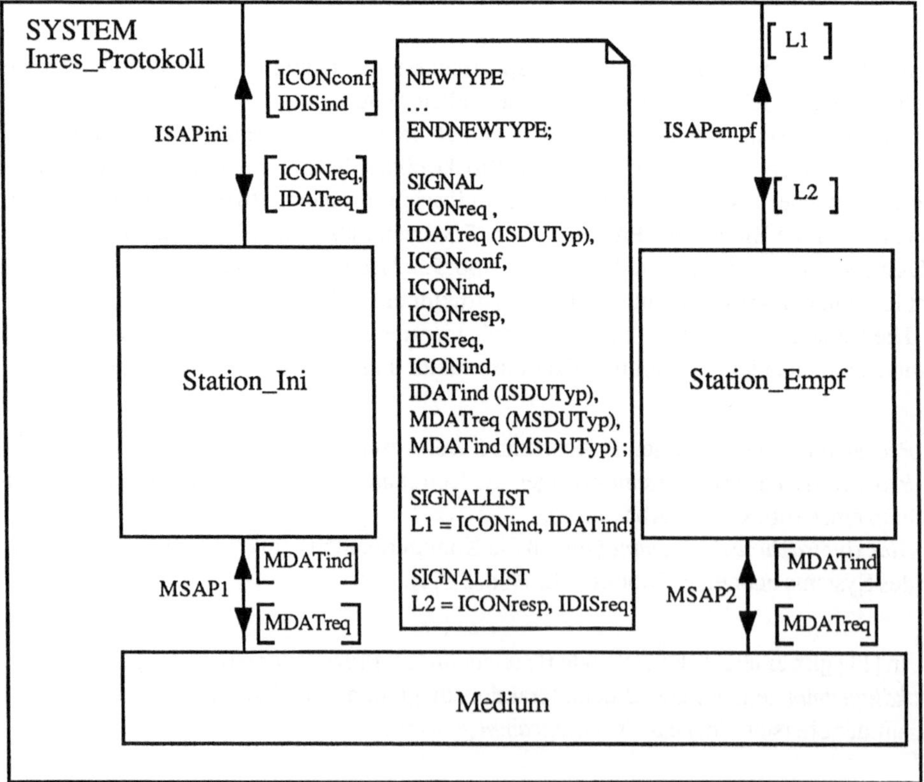

Abb. 5.3.3: Beispiel eines Blockinteraktionsdiagramms

Für den Fall, daß die Liste der Signale sehr lang ist, kann auch anstelle der konkreten Signalnamen ein Name einer *Signalliste* gestellt werden. Im Beispiel aus Abb. 5.3.3 befinden sich die Signallistennamen *L1* und *L2* an dem Kanal *ISAPempf*. Die Definition der Signalliste befindet sich in einem Textsymbol an anderer Stelle des Diagramms.

Alle verwendeten Signale in einem Blockinteraktionsdiagramm müssen definiert sein. Die Signaldefinition befindet sich in einem Textsymbol und besteht aus dem Signalnamen sowie gegebenenfalls den Typnamen der Werte, die mit dem Signal übertragen werden können. Die Signale müssen nicht in dem Blockinteraktionsdiagramm definiert sein, in dem sie benutzt werden. Sie können auch auf einer höheren Hierarchiestufe definiert sein. Auch die Datentypen, die benutzt werden, können auch auf einer höheren Hierarchiestufe definiert sein. Die genaue Form der Datentypdefinitionen findet sich in Abschnitt 5.4.

Wird ein Block weiter in Blöcke verfeinert, wie z.B. der Block *B1* in Abb. 5.3.2, dann ergibt sich daraus ein Blockinteraktionsdiagramm, das u.a. die Kommunikationsstruktur der Blöcke *B11* und *B12* zeigt. Bei einer solchen Verfeinerung ist natürlich auf Schnittstellenkonsistenz zu achten, d.h. die Kanäle, die Block *B1* mit seiner Umgebung verbinden, müssen "kompatibel" sein mit den Kanälen, die *B11* und *B12* mit ihrer gemeinsamen Umgebung verbinden. Dabei gibt es bestimmte Regeln zu beachten. Für Details hierzu wird auf [11] verwiesen.

Bei der Verfeinerung eines Blocks können Kanäle, die den Block mit seiner Umgebung verbinden, verfeinert werden. Ein Beispiel zeigt Abb. 5.3.4. Der bidirektionale Kanal *C4* ist in der Blockverfeinerung von *B2* aufgefächert in die zwei unidirektionalen Kanäle *C41* und *C42*. Auch bei dieser Art der Verfeinerung gibt es hinsichtlich der Konsistenz einige Regeln zu beachten. Für Details hierzu wird ebenfalls auf [11] verwiesen. Zur Vereinfachung ist in Abb. 5.3.4 auf die Signallisten, Signaldefinitionen, etc. verzichtet worden.

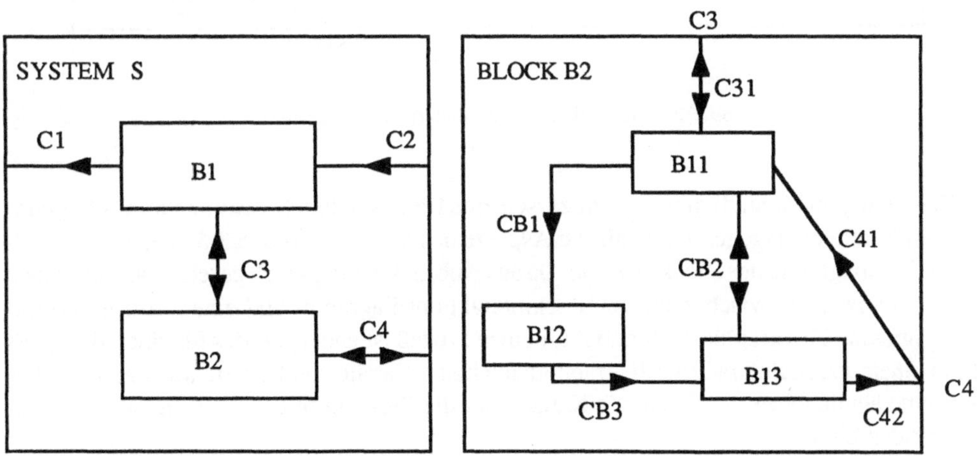

Abb. 5.3.4: Beispiel zur Auffächerung eines Kanals

5.3.2 Prozeßinteraktionsdiagramme

Die Kommunikationsstruktur von Prozessen untereinander wird in einem *Prozeßinteraktionsdiagramm* definiert. Zusätzlich befinden sich dort Datentypdefinitionen, Signaldefinitionen, etc.. Man beachte den Unterschied zu einem *Prozeßdiagramm*, wie es in Abschnitt 5.2 zur Spezifikation des Prozeßverhaltens eingeführt wurde. Der wesentliche Unterschied zu den Blockinteraktionsdiagrammen ist, daß in Prozeßinteraktionsdiagrammen auch dynamische Aspekte

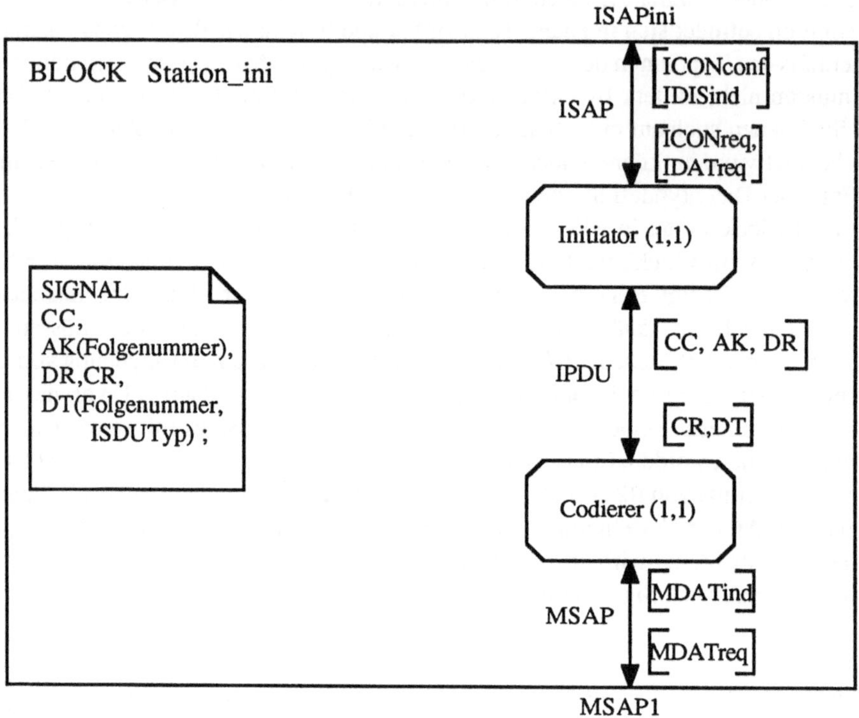

Abb. 5.3.5: Beispiel eines Prozeßinteraktionsdiagramms

wie Erzeugung und Beendigung von Prozessen eine Rolle spielen. Blockinteraktionsdiagrammen repräsentieren dagegen nur statische Aspekte des Systems. Abb. 5.3.5 zeigt das Prozeßinteraktionsdiagramm des Blocks *Station_Ini* aus Abb. 5.3.3. Graphisch gesehen, gibt es keinen großen Unterschied zwischen einem Blockinteraktionsdiagramm und einem Prozeßinteraktionsdiagramm. Das graphische Symbol für einen Prozeß ist anders als das für einen Block. Es gibt in einem Prozeßinteraktionsdiagramm auch keine Kanäle sondern *Signalwege*, die allerdings eine ähnlich Form besitzen wie Kanäle, nur die Pfeile befinden sich am Ende der entsprechenden Linie.

Die Semantik eines Signalweges ist etwas anders als die des Kanals. Es findet keine Verzögerung beim Transport statt, sondern ein Signal, das dem Signalweg zugeführt wird, erscheint sofort am anderen Ende.

Da ein Prozeßinteraktionsdiagramm u.a. den Signalfluß zwischen den Prozessen und der Umgebung des Blocks darstellt, gibt es auch hier gewisse Regeln bezüglich der Schnittstellenkonsistenz zu beachten, insbesondere wenn mehrere Signalwege zu einem Kanal führen. Für Details wird auf [11] verwiesen.

5.3.3 Prozeßinstanzen

Ein Prozeßsymbol, wie es in Abb. 5.3.5 erkennbar ist, ist eigentlich ein *Referenzsymbol.* Es referenziert eine Prozeßdefinition an einer anderen Stelle der Spezifikation. Im Beispiel aus Abb. 5.3.5 referenziert das Symbol mit Namen *Initiator* die Prozeßdefinition mit gleichem Namen aus Abb. 5.2.10. Ein Prozeß kann in beliebig vielen *Instanzen* vorkommen. Die *Prozeßinstanzen* können dabei während der Systeminterpretation dynamisch erzeugt und beendet werden. Das Zahlenpaar *(n,m)* hinter dem Prozeßnamen gibt die Anzahl *n* der Instanzen eines Prozesses zu Beginn der Systeminterpretation bzw. die maximale Anzahl *m* der Instanzen eines Prozesses an. Der Prozeß *Initiator* kommt genau einmal vor ebenso wie der Prozeß *Codierer.*

Das Zahlenpaar *(n,m)* kann optional auch im Prozeßdiagramm definiert werden. So hätte man also in Abb. 5.2.10 schon das Paar (1,1) angegeben werden können. Optional kann das Zahlenpaar auch ganz weggelassen werden, dann existiert zu Beginn der Interpretation genau eine Instanz, und die maximale Anzahl der Instanzen ist unbeschränkt. Die dynamische Prozeßkreierung wird im Abschnitt 5.3.7 weiter behandelt.

Eine Prozeßinstanz kann also auf zwei verschiedene Weisen erzeugt werden entweder zu Beginn der Systeminterpretation oder dynamisch während der Systeminterpretation. In beiden Fällen spricht man von der *Initiierung* einer Prozeßinstanz.

Es muß also in SDL sorgfältig zwischen einer *Prozeßdefinition* und einer *Prozeßinstanz* unterschieden werden. Da in den meisten Fällen klar ist, worum es sich handelt, wird oft das Wort *Prozeß* für beide Fälle benutzt. Nur in Zweifelsfällen wird das Wort *Prozeßdefinition* oder *Prozeßinstanz* benutzt.

5.3.4 Prozeßkommunikation und Adressierung

In einer Spezifikation hat jedes Signal genau einen Ursprung und ein Ziel. Für jedes Signal, das von einem Prozeß versendet wird, muß es ein eindeutiges Ziel geben. Dieses Ziel kann auf unterschiedliche Weise spezifiziert werden:

- durch direkte Angabe einer Zieladresse

A
TO Ziel

- durch indirekte Adressierung, indem das Ziel eindeutig aus der Systemstruktur hervorgeht,
- durch Angabe eines Kanals oder Signalwegs, über den gesendet werden soll.

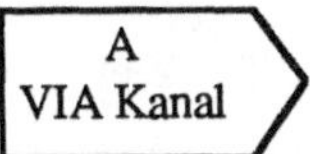

Egal wie eine Adresse spezifiziert wird, zum Zeitpunkt der Interpretation einer Ausgabe muß der Zielprozeß existieren. Wenn er nicht existiert, dann kommt es in der Spezifikation zu einem sogenannten *dynamischen* Fehler. Nach einem solchen Fehler ist die Spezifikation nicht mehr eindeutig interpretierbar.

5.3.4.1 Adresse eines Prozesses

In einer Spezifikation hat jeder Prozeß eine eindeutige *Adresse*. Diese Adresse wird jedoch nicht vom Spezifizierer festgelegt, sondern ergibt sich implizit während der Initiierung des Prozesses. Sie wird quasi von der gedachten abstrakten Maschine festgelegt, die die Spezifikation interpretiert. Diese abstrakte Maschine sorgt dafür, daß jede Prozeßinstanz, die zu Beginn oder während der Interpretation initiiert wird, eine eindeutige Adresse erhält.

Die Adresse ist *nicht* identisch mit dem Prozeßnamen. Wäre das der Fall, dann hätten alle Instanzen eines Prozesses die gleiche Adresse.

Adressen sind stets vom Typ *PId* (Process Identifier, siehe Abschnitt 5.4). Eine Prozeßinstanz hat Zugriff auf verschiedene Adressen über die folgenden Ausdrücke dieses Typs (siehe auch [11]):

- *SELF*: dieser Ausdruck liefert die eigene Adresse;
- *SENDER*: dieser Ausdruck liefert die Adresse desjenigen Prozesses, von dem zuletzt eine Eingabe erhalten wurde; damit kann also eine Prozeßinstanz die Adressen von anderen Prozeßinstanzen herausfinden;
- *OFFSPRING*: dieser Ausdruck liefert die Adresse derjenigen Prozeßinstanz, die zuletzt von der Prozeßinstanz dynamisch erzeugt wurde (siehe Abschnitt 5.3.7)
- *PARENT*: dieser Ausdruck liefert die Adresse derjenigen Prozeßinstanz, durch die die Prozeßinstanz dynamisch erzeugt wurde (siehe Abschnitt 5.3.7); für den Fall, daß die Instanz nicht dynamisch sondern per Definition zu Beginn der Systeminterpretation kreiert wurde, liefert der Ausdruck den Wert *Null*.

Zusätzlich kann man natürlich noch eine beliebige Anzahl Variablen vom Typ *PId* für einen Prozeß spezifizieren, z.B. um sich Adressen von anderen Prozessen zu merken.

5.3.4.2 Direkte Adressierung

Wenn die Adresse des Zielprozesses bekannt ist, kann diese direkt im Ausgabesymbol mit dem Schlüsselwort *TO* angegeben werden. Dem TO in einem Ausgabesymbol folgt stets der Name eines Ausdrucks, der die Zieladresse liefert. Abb. 5.3.6 zeigt einige Beispiele.

Abb. 5.3.6: Beispiele für die direkte Adressierung

5.3.4.3 Indirekte Adressierung

Eine Adressierung des Zielprozesses ist nicht notwendig, wenn das Ziel eindeutig aus der Systemstruktur hervorgeht. Abb. 5.3.7 zeigt hierzu ein Beispiel. Der Block *Beispiel* besteht aus zwei Prozessen *P1* und *P2*. *P1* kann über die zwei Signalwege *Sw1* und *Sw2* Signale versenden. Das Signal *B* kann nur über den Signalweg *Sw1* versendet werden. Daher braucht in dem Prozeßdiagramm für Prozeß *P1* nicht näher spezifiziert werden, welches der Zielprozeß ist.

Dies ist die einfachste Art der Adressierung. Eine eindeutige Zuordnung von Signalen zu Signalwegen oder Kanälen ergibt sich meist auf natürliche Weise. Die meisten Spezifizierer achten darauf, daß ein Signal nur über einen einzigen Signalweg oder Kanal transportiert werden kann. Auch die Beispiele in Abschnitt 5.8 sind in dieser Form.

Nicht erreichbar ist allerdings eine solch eindeutige Zuordnung bei der Existenz von mehreren Instanzen eines Prozesses. Hier ist jede Instanz an die gleichen Kanäle angeschlossen, und eine direkte Adressierung ist nicht erreichbar.

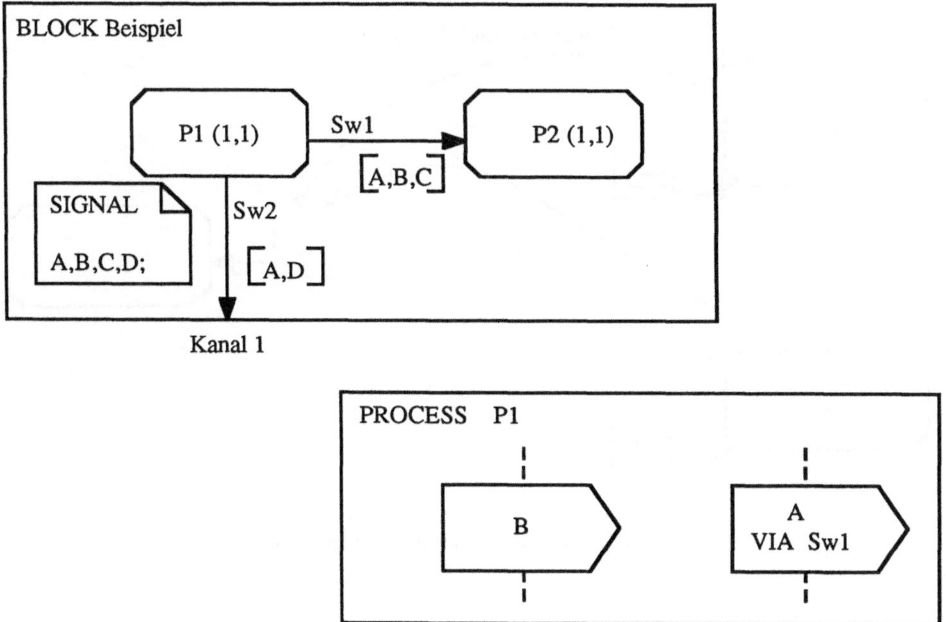

Abb. 5.3.7: Beispiel zur indirekten Adressierung und zum Gebrauch von VIA

5.3.4.4 Adressierung durch Angabe eines Kanals oder Signalwegs

Manchmal ist weder die Adresse des Zielprozesses zum Zeitpunkt der Interpretation bekannt noch ergibt sich aus der Kommunikationsstruktur eindeutig das Ziel. Dafür ist aber der Name eines Kanals oder eines Signalweges, über den das Signal laufen soll, bekannt. Dann kann der Kanal- bzw. Signalwegname zur Spezifikation des Ziels verwendet werden. Hierfür gibt es in SDL das VIA-Konstrukt.

Abb. 5.3.7 zeigt ein Beispiel zum Gebrauch von VIA. Das Signal *A* ist über die Signalwege *Sw1* und *Sw2* transportierbar. Aus der Systemstruktur ist das Ziel des Signals nicht eindeutig erkennbar. Mit VIA kann diese Eindeutigkeit gewährleistet werden, wenn das Signal an Prozeß *P1* gesendet werden soll. Eine Adressierung mit VIA *Sw2* kann zu Problemen führen, z.B. weil der Kanal *Kan1* zu einem, in mehreren Instanzen existierenden, Prozeß führen kann.

5.3.5 Semantik der Prozeßkommunikation

In den vorangegangenen Abschnitten wurde nur ein sehr vager, auf Intuition beruhender Einblick darauf gegeben, was bei einer Prozeßkommunikation tatsächlich geschieht. Hier soll der Mechanismus, der dahinter steht, etwas genauer betrachtet werden.

Jede Prozeßinstanz besitzt implizit eine Eingabewarteschlange, die nach der FIFO-Regel abgearbeitet wird. Ein Signal, das den Prozeß über Signalwege und Kanäle erreicht, wird in diese Warteschlange eingereiht.

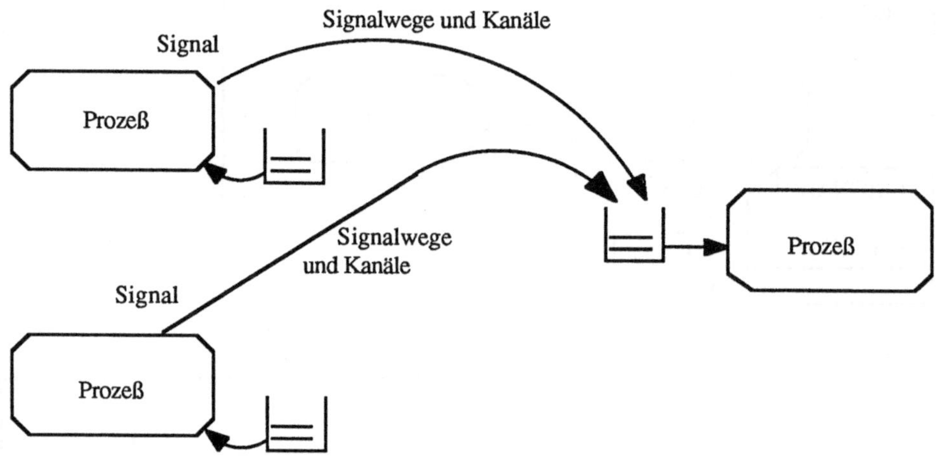

Abb. 5.3.8: Eingabewarteschlangen der Prozeßinstanzen

In einem gegebenen Zustand wird das erste Signal aus der Warteschlange entfernt und geprüft, ob es in dem entsprechenden Zustand einen Zustandsübergang bewirken kann. Wenn ja, wird dieser Zustandsübergang durchgeführt. Andernfalls wird das Signal zerstört. Abb. 5.3.9 zeigt dazu ein Beispiel.

Der Prozeß aus Abb. 5.3.9 befindet sich zunächst im Zustand *S1*. Die Signale *a* und *d* können aus diesem Zustand heraus einen Zustandsübergang bewirken. Das Signal *a* befindet sich als erstes in der Warteschlange, wird herausgenommen, und der Prozeß geht in den Zustand *S2* über. Nun befindet sich das Signal *d* an vorderster Position in der Warteschlange und wird als nächstes verarbeitet. Im Zustand *S2* jedoch wird das Signal *d* nicht erwartet, es wird zerstört und ist unwiederbringlich verloren. Das nächste Signal ist das Signal *a*, das einen Zustandsübergang aktiviert.

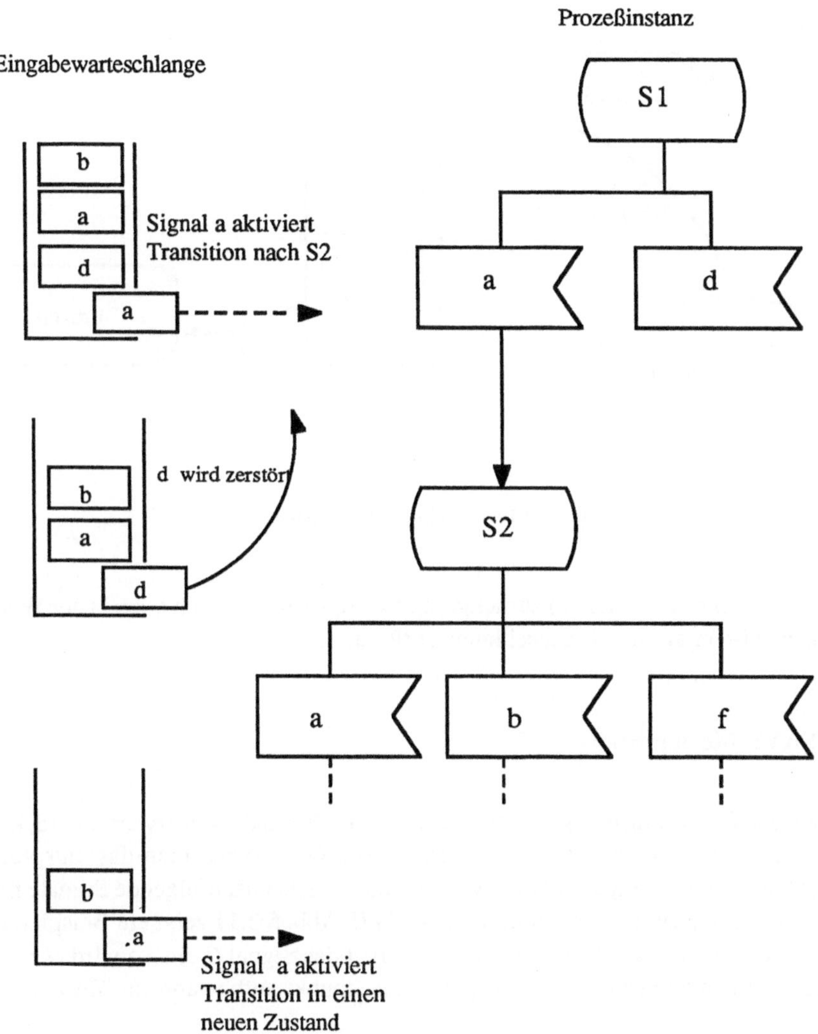

Abb. 5.3.9: Abarbeitungsmechanismus der Eingabewarteschlangen

Oft ist es nicht gewünscht, daß ein nicht erwartetes Signal einfach zerstört wird. Dafür gibt es in SDL den SAVE-Mechanismus, der in dem folgenden Abschnitt behandelt wird.

Eine Besonderheit stellt der Timer-Mechanismus im Zusammenhang mit den Eingabewarteschlangen von Prozessen dar. Abb. 5.3.10 zeigt dazu ein Beispiel.

Angenommen bei einem Zustandsübergang wurde ein Timer *T* mit der Zeit *x* gesetzt (SET(x,T)). Zum Zeitpunkt *x* wird dann ein Signal mit Namen *T* hinten in die Warteschlange des betreffenden Prozesses eingereiht. Das Timer-Signal erreicht erst dann den Prozeß, wenn sämtliche, zum Zeitpunkt *x* in der Warteschlange befindlichen Signale, abgearbeitet sind. Dabei kann übrigens *x* identisch mit dem Wert von *NOW* sein. Dann wird das Timer-Signal sofort beim Setzen in die Warteschlange eingereiht. Das gleiche gilt, wenn *x* kleiner ist als *NOW*.

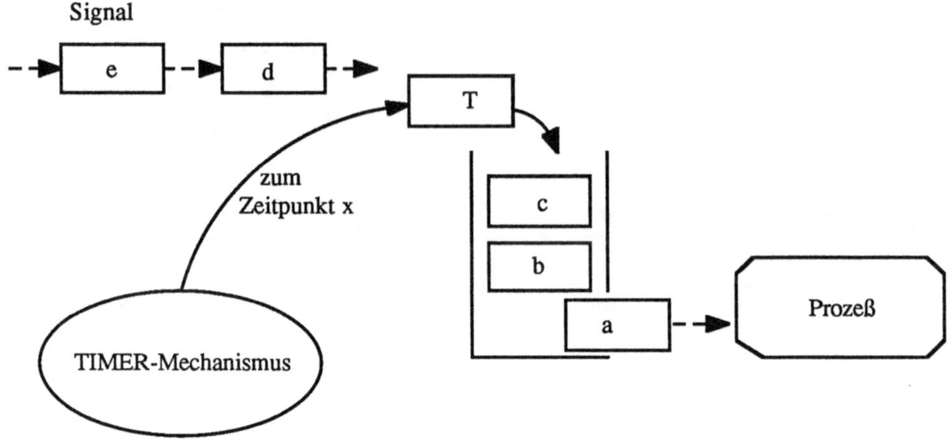

Abb. 5.3.10: Der Timer-Mechanismus

Wenn der Timer mit RESET(T) zurückgesetzt wird, solange er sich noch in der Warteschlange befindet, wird er aus der Warteschlange entfernt.

5.3.6 Der SAVE-Mechanismus

Die automatische Zerstörung eines Signals, das in einem Zustand nicht erwartet wird, kann bei manchen Anwendungen ungewünscht und lästig sein. Oft möchte man das entsprechende Signal für einen späteren Zeitpunkt aufbewahren und zunächst nachfolgende Signale bearbeiten. Hierfür gibt es in SDL das Sprachkonstrukt *SAVE*. Abb. 5.3.11 zeigt ein Beispiel. In dem Zustand *S* werden die Signale *A* oder *B* erwartet. Trifft das Signal *C* ein, so wird es nicht zerstört, sondern für den Konsum zu einem späteren Zeitpunkt aufbewahrt. Im Zusammenhang

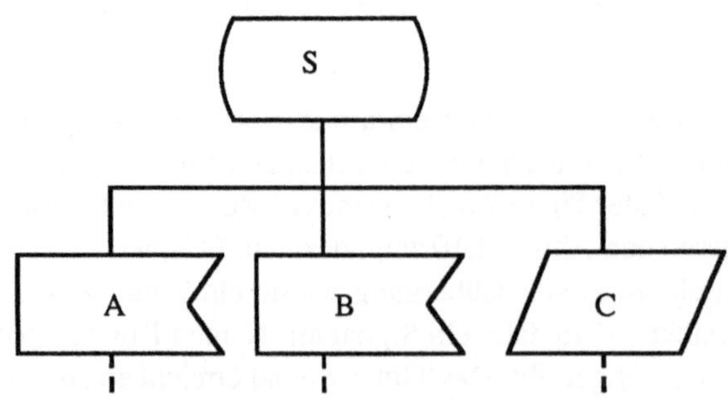

Abb. 5.3.11: Beispiel für den Gebrauch des SAVE

mit SAVE gibt es einiges zu beachten. Zu Einzelheiten auch bezüglich der genauen Semantik von SAVE wird auf die *User Guidelines* der Z.100 [11] verwiesen.

Auch im Zusammenhang mit SAVE gibt es die *-Notation zur Vereinfachung. Ein SAVE-Symbol mit einem * bedeutet, daß alle Signale gespeichert werden, die nicht explizit in einem Eingabesymbol des gleichen Zustands aufgeführt sind.

5.3.7 Dynamische Prozeßkreierung und -beendigung

Es wurde bereits mehrfach erwähnt, daß Prozeßinstanzen von anderen Prozeßinstanzen während der Systeminterpretation dynamisch erzeugt werden können. In dem entsprechenden Prozeßinteraktionsdiagramm wird das durch einen gestrichelten Pfeil angedeutet. In Abb. 5.3.12 können Instanzen des Prozesses *P2* vom Prozeß *P1* erzeugt werden.

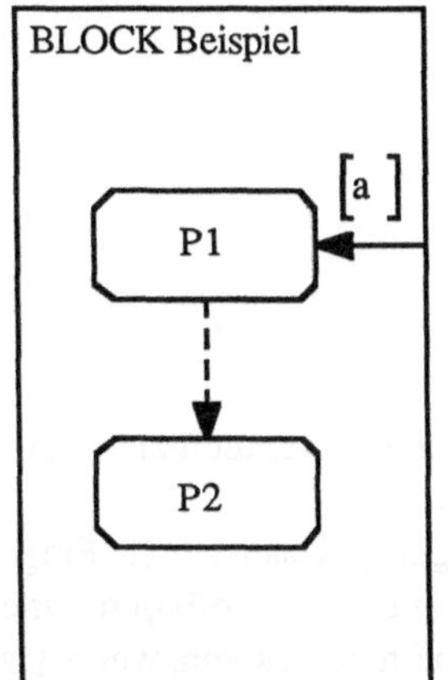

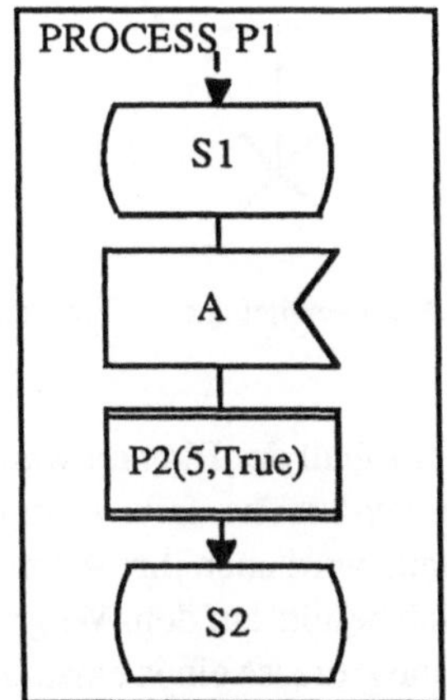

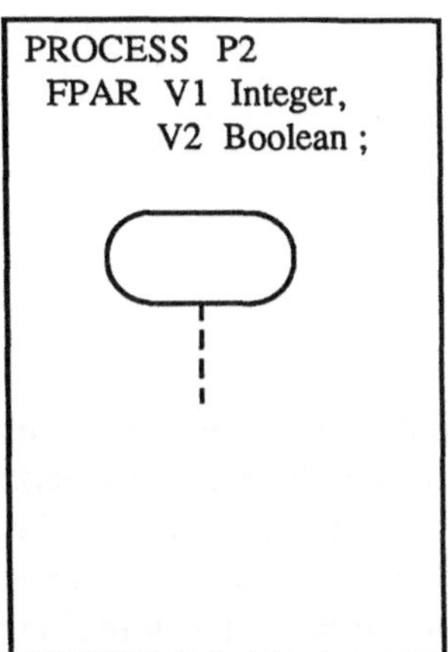

Abb. 5.3.12: Dynamische Erzeugung eines Prozesses

Die Prozeßerzeugung selbst findet immer während eines Zustandsübergangs statt, im Beispiel aus Abb. 5.3.12 während des Zustandsübergangs von *S1* nach *S2*. Mit der Kreierung können dem Prozeß *P2* aktuelle Parameter übergeben werden. Allerdings müssen diese als formale Parameter im Prozeß *P2* definiert sein. Für die Prozeßkreierung gibt es in SDL das Kreierungssymbol, dessen Form in Abb. 5.3.12 erkennbar ist. Ein Prozeß *P2*, der von einem Prozeß *P1* kreiert werden soll, muß im gleichen Block liegen wie *P1*.

Laut Prozeßdefinition gibt es manchmal von einem Prozeß nur eine feste Anzahl Instanzen. Wird nach Erreichen dieser Anzahl von einem Prozeß innerhalb des gleichen Blocks ein Kreierung versucht, so geschieht nichts. Der Ausdruck OFFSPRING liefert in diesem Fall den Wert *Null*. Ein kreierender Prozeß kann also nicht davon ausgehen, daß nach Ausführung der Kreierungsanweisung der entsprechende Prozeß tatsächlich kreiert worden ist. Er kann das aber mit dem Ausdruck OFFSPRING überprüfen.

Eine einmal existierende Prozeßinstanz kann sich nur selbst beenden. Eine Beendigung findet dann statt, wenn ein Prozeß die *Stop*-Anweisung interpretiert.

Die Stop-Anweisung (das Kreuz in Abb. 5.3.12) kann an beliebiger Stelle im Prozeßdiagramm, nur nicht nach einem Zustand, stehen. Nach ihrer Interpretation sind alle Daten, die ein

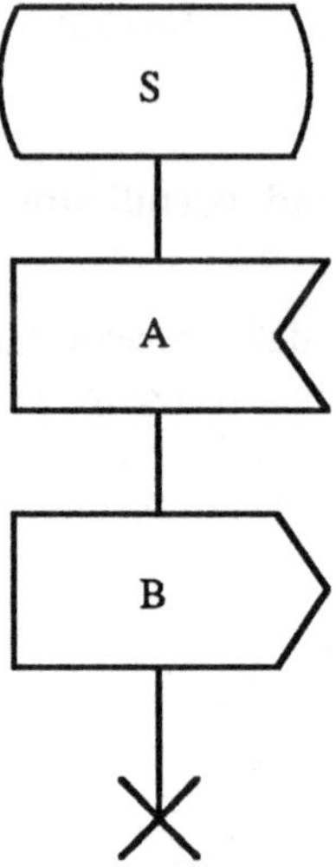

Abb. 5.3.13: Beendigung eines Prozesses

Prozeß besitzt, gelöscht ebenso wie der Inhalt der Eingabewarteschlange. Eventuell zum Zeitpunkt der Beendigung gesetzte Timer werden ebenfalls wirkungslos.

Mit Beendigung einer Prozeßinstanz wird auch ihre Adresse ungültig. Das wirft die Frage auf, was mit Signalen geschieht, die sich bereits auf dem Weg zu diesem Prozeß befinden. Eine Adresse eines Signals muß nur dann eine Adresse eines existierenden Prozesses sein, wenn das Signal erzeugt wird, also zum Zeitpunkt der Interpretation der Ausgabe-Anweisung (siehe auch 3.4). Wird die Adresse nach der Erzeugung des Signals, aber vor Erreichen des Zielprozesses, ungültig, dann verschwindet das Signal aus dem System.

5.3.8 Die Blockunterstruktur

Wie bereits erwähnt wurde, können Blöcke weiter in Blöcke unterteilt werden. Ist das der Fall, dann gibt es zunächst in dem entsprechenden Blockinteraktionsdiagramm keinen Anhaltspunkt für die Funktion eines solchen Blocks. Die Funktion ergibt sich erst aus den Funktionen der Unterblöcke, die sich wiederum aus den Funktionen der nächst niedrigeren Ebene ergeben. Die Spezifikation des Verhaltens findet erst auf der Prozeßebene an den Blättern des Hierarchiebaums statt, der im Extremfall sehr tief sein kann.

In manchen Anwendungen ist es jedoch sinnvoll, auf einer Blockebene eine Art Überblick über die Blockfunktion zu spezifizieren. Das kann die Lesbarkeit der Spezifikation erhöhen. Hierfür gibt es in SDL das Sprachkonstrukt der *Blockunterstruktur.*

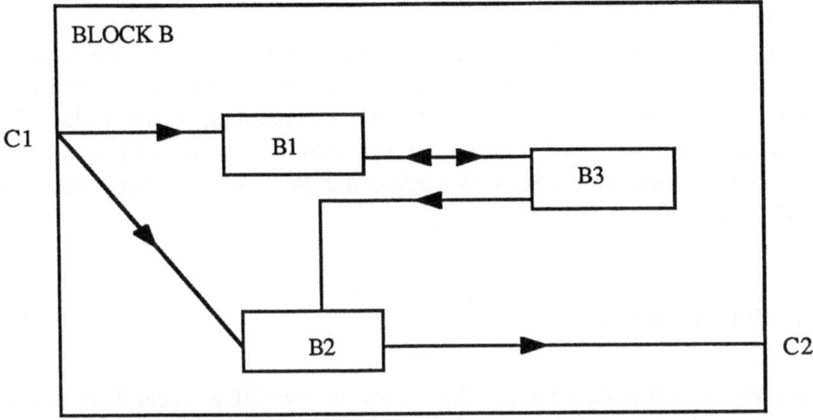

Abb. 5.3.14: Block mit Unterblöcken

In Abb. 5.3.14 besteht der Block *B* aus verschiedenen Unterblöcken, die über verschiedene Kanäle untereinander und mit den Kanälen *C1* und *C2*, die von außen kommen, verbunden sind.

Anhand von Abb. 5.3.14 ist zunächst nicht erkennbar, welche Funktion der Block *B* hat. Erst durch genaueres Studium der Blöcke *B1*, *B2* und *B3* wird das Verhalten deutlich. Der Einfachheit halber sind in Abb. 5.3.14 und den folgenden keine Kanal- und Signalnamen, etc. aufgeführt.

Abb. 5.3.15 stellt eine alternative Beschreibung des Blocks *B* dar. Hier ist das Verhalten durch einen Prozeß *P1* beschrieben, der eine Art Überblick über das Verhalten von *B* geben

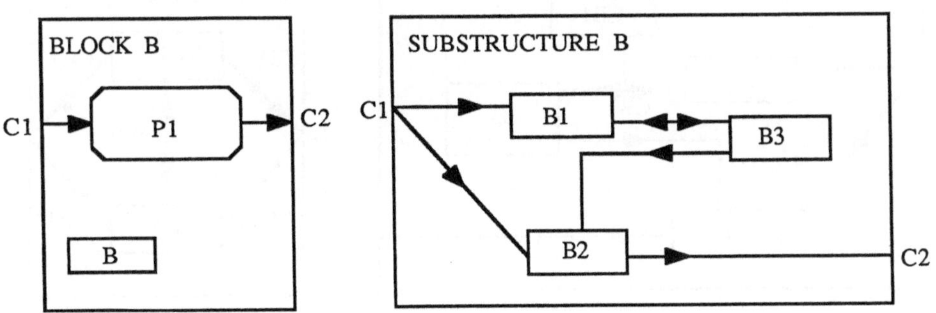

Abb. 5.3.15: Semantisch äquivalente Darstellung zu der in Abb. 5.3.14 mit Prozeßinteraktionsdiagramm und Unterstrukturdiagramm

kann. Das genaue Verhalten von *B* muß nach wie vor durch die Unterblöcke *B1*, *B2* und *B3* beschrieben werden. Das zugehörige Blockinteraktionsdiagramm befindet sich separat in einem *Unterstrukturdiagramm*. Der Block *B* ist also auf zwei verschiedene Weisen beschrieben, einmal durch ein Prozeßinteraktionsdiagramm (nur bestehend aus *P1*) und einmal durch ein Blockinteraktionsdiagramm.

Daß der Block *B* in Abb. 5.3.15 eine Unterstruktur besitzt, wird durch das Rechteck mit Namen *B* innerhalb des Prozeßinteraktionsdiagramms spezifiziert. Das Prozeßinteraktionsdiagramm selbst hat keine Semantik, wenn der Block eine Unterstruktur besitzt. Es kann also wie ein Kommentar verstanden werden. Jedoch müssen die Schnittstellen mit denen des Unterstrukturdiagramms übereinstimmen. Die Signalwege *Sw1* und *Sw2* müssen "kompatibel" sein mit den Kanälen *C1* und *C2*.

5.3.9 Die Kanalunterstruktur

Ein Kanal dient in einem Blockinteraktionsdiagramm zur Spezifikation der Kommunikationsstruktur. Seine Semantik ist recht einfach, ein Signal, das der einen Seite des Kanals zugeführt wird, verläßt ihn auf der anderen Seite nach einer unbestimmten, aber endlichen Zeit. Dabei bewahrt der Kanal die Reihenfolge der Signale, die ihm zugeführt werden.

In SDL ist es möglich, dem Kanal explizit zusätzliche Funktionen zu geben, indem er in Blöcke und Kanäle aufgeteilt wird. Abb. 5.3.16 zeigt dazu ein Beispiel. Der Kanal *CB1* besitzt eine Unterstruktur, bestehend aus den Blöcken *BC1* und *BC2*. Bei der Kanalunterstrukturierung ist auf Schnittstellenkonsistenz zu achten, d.h. die Signallisten des Kanals *CB1* müssen kompatibel sein mit denen der Unterstruktur-Kanäle *CB11*, *CB12*, *CB13* und *CB14*. Für Details hierzu wird auf [11] verwiesen.

Wenn für einen Kanal eine Unterstruktur definiert wird, dann ergibt sich seine Semantik aus dem Blockinteraktionsdiagramm der Unterstruktur. Zum Zeitpunkt seiner Interpretation verhält sich das System also so, als wäre der Kanal durch seine Unterstruktur substituiert.

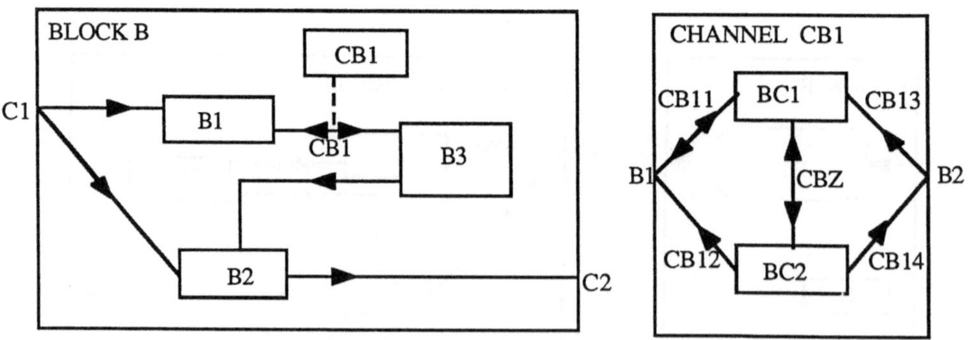

Abb. 5.3.16: Beispiel für eine Kanal-Unterstruktur

5.4 Das Datentypkonzept in SDL

5.4.1 Einleitung

Das Datentypkonzept in SDL basiert auf den abstrakten Datentypen (ADT) und entspricht konzeptionell in wesentlichen Punkten dem von LOTOS, also ACT ONE [23]. Die Notation unterscheidet sich allerdings von LOTOS erheblich. Das liegt daran, daß es in SDL historisch gesehen, zunächst ein Pascal-ähnliches Datentypkonzept gab, das dann später gegen das ADT-Konzept ausgetauscht wurde. Um keine zu großen Unterschiede zwischen der alten Sprachversion und der neuen entstehen zu lassen, wurden viele Schlüsselwörter und einige zuvor existierende Konzepte übernommen. Obwohl es äußerlich betrachtet durchaus Unterschiede in den Datentypkonzepten von LOTOS und SDL gibt, konnte von CCITT und ISO ein gemeinsames Dokument erarbeitet werden, das eine gemeinsame Basis für beide darstellt.

Die Grundlagen zu dem Konzept der abstrakten Datentypen wurden bereits im Zusammenhang mit LOTOS in Abschnitt 4 vorgestellt. Im folgenden Abschnitt 5.4.2 wird nun genauer auf die SDL-typischen Aspekte eingegangen.

5.4.2 Definition abstrakter Datentypen mit SDL

In SDL werden Systeme hierarchisch spezifiziert, und die Struktur einer Spezifikation resultiert letztlich in einem Baum, wie ihn zum Beispiel Abb. 5.3.2 zeigt. Auf jeder Hiearchiestufe in diesem Baum können sich Definitionen von Sorten, Operatoren und Gleichungen befinden.

In SDL wird jeweils eine Sorte zusammen mit Operatoren und Gleichungen, mit Hilfe einer sogenannten *partiellen Datentypdefinition*, spezifiziert.

An jeder Stelle in einer SDL-Spezifikation gibt es jedoch nur genau *einen* abstrakten Datentyp, dessen Definition sich aus den Sorten, Operatoren und Gleichungen zusammensetzt, die bis zu dieser Stelle, von der Wurzel des Baumes aus betrachtet, eingeführt wurden.

Angenommen wir befinden uns im Block *B11* in Abb. 5.3.2. Der ADT an dieser Stelle ist der, der sich durch die Gesamtheit der partiellen Datentypdefinitionen in *B11*, *B1*, und *S* ergibt. Wenn nun zum Beispiel in

```
S    die Sorten: Sor1,Sor2,
     die Operatoren: Op1,Op2,Op3 und
     die Gleichungen: Gl1,Gl2
```

definiert sind und in

```
B1   die Sorte: SorA,SorB,SorC,
     keine Operatoren und
     die Gleichung: GlA
```

definiert sind und in

```
B11  keine Sorten,
     die Operatoren: OpA,OpB und
     die Gleichung: GlB
```

definiert sind, dann ist dadurch implizit der ADT mit

```
den Sorten: Sor1,Sor2,SorA,SorB,SorC,
den Operatoren: Op1,Op2,Op3,OpA,OpB und
den Gleichungen: Gl1,Gl2,GlA,GlB
```

in *B11* definiert, und es können in Block *B11* dementsprechend zum Beispiel Signale mit Daten dieses Typs spezifiziert werden. Der ADT hat in SDL im Gegensatz zu LOTOS keinen Namen, weil er ja nur implizit durch die partiellen Definitionen spezifiziert ist.

Bei der hierarchischen Spezifikation des ADT gibt es gewisse Konsistenzregeln zu beachten, damit der ADT insgesamt wohldefiniert ist. Insbesondere ist es nicht erlaubt,

- mit einer Gleichung Terme äquivalent zu machen, die auf einer höheren Hierarchiestufe nicht äquivalent sind, und
- neue Werte zu einer Sorte hinzuzufügen, die auf einer höheren Hierarchiestufe definiert ist.

Ohne die erste Einschränkung könnte es passieren, daß auf einer Ebene zwei Elemente einer Sorte verschieden sind, wohingegen auf einer niedrigeren Ebene die beiden Elemente identisch sind. Die zweite Einschränkung ist notwendig, damit die Operatoren, die auf einer höheren Ebene definiert wurden, auf allen niedrigeren Ebenen gültig und wohldefiniert bleiben.

Partielle Datentypdefinitionen, die sich nicht in hierarchisch übergeordneten Objekten befinden, sind für das betrachtete Objekt ohne Belang. Im Zusammenhang mit dem ADT von *B11* ist völlig uninteressant, welche partiellen Datentypdefinitionen es in *B12* gibt. Diese beeinflussen nur den ADT aus *B12*.

5.4.2.1 Spezifikation von Signatur und Gleichungen mit partiellen Datentypdefinitionen

Mit partiellen Datentypdefinitionen wird in SDL immer genau eine Sorte spezifiziert. Die Definition wird eingeleitet mit dem Schlüsselwort *NEWTYPE*, worauf der Sortenname folgt. Beendet wird sie mit dem Schlüsselwort *ENDNEWTYPE*, wonach der Sortenname optional wiederholt werden kann:

```
NEWTYPE sortenname
...
ENDNEWTYPE;
```

Für die Definition von Konstanten, also Operatoren ohne Parameter, gibt es in SDL das Schlüsselwort *LITERALS*. Weil es in SDL auch das Schlüsselwort *CONSTANT* gibt, das aber in einem anderen Zusammenhang steht, wird im folgenden das Wort *Literal* benutzt. Die Definition von nicht-konstanten Operatoren folgt dem Schlüsselwort *OPERATORS*. Diese Unterscheidung gibt es in ACT ONE, und damit LOTOS, nicht. Die Definition von Gleichungen wird mit dem Schlüsselwort *AXIOMS* eingeleitet. Die partielle Datentypdefinition der *bool*-Sorte und die der *nat*-Sorte aus Abschnitt 5.4.2 sieht damit wie folgt aus:

```
NEWTYPE bool
     LITERALS true, false
     OPERATORS not: bool -> bool
     AXIOMS
          not(true) == false;
not(false) == true
ENDNEWTYPE bool;
```

```
NEWTYPE nat
     LITERALS 0,1
     OPERATORS plus: nat,nat -> nat;
               istNull: nat -> bool
     AXIOMS
FOR ALL x,y IN nat
           (plus(x,y) == plus(y,x);
            plus(x,0) == x;
            plus(x,plus(y,1))==plus(plus(x,y),1);
            istNull(0) == true;
            istNull(plus(x,1)) == false)
ENDNEWTYPE nat;
```

Die beiden obigen partiellen Datentypdefinitionen zusammen definieren implizit den ADT *Beispiel* aus Abschnitt 5.4.2.

Das Äquivalenzzeichen "==" wird in SDL benutzt, um die Äquivalenz von dem booleschen Gleichheitsoperator "=" zu unterscheiden, der zusammen mit dem Ungleichheitsoperator "/=" implizit stets definiert ist und die üblichen Eigenschaften hat.

Das Schlüsselwort AXIOMS in SDL hat historische Gründe. *Axiome* sind eigentlich nur spezielle Gleichungen. In der Praxis kommen Gleichungen der Art

```
Term == true
```

besonders oft vor. Wenn der "== true"-Teil weggelassen wird, nennt man das Resultat ein *Axiom*. Früher wurden in SDL alle Eigenschaften einer Sorte in Form von Axiomen spezifiziert, also booleschen Ausdrücken. Damals war das Schlüsselwort *AXIOMS* gerechtfertigt. Heute ist das nicht mehr der Fall, aus historischen Gründen wurde Schlüsselwort jedoch nicht geändert.

5.4.2.2 Umbenennung von Sorten

Manchmal ist es sinnvoll, eine Sorte für zwei verschiedene Zwecke zu verwenden. Aus Mnemotechnischen Gründen sollten eine Sorte jedoch einen, auf den Zweck zugeschnittenen Namen besitzen. Mit dem *SYNTYPE*-Konstrukt ist es möglich, eine existierende Sorte umzubenennen und dann unter anderem Namen zu benutzen.

```
SYNTYPE ganze_Zahlen = Integer;
```

Mit dem *SYNTYPE*-Konstrukt kann auch der Wertebereich einer Sorte eingeschränkt werden, falls dies gewünscht ist, um z.B. gewisse Wertebereichsüberprüfungen zu ermöglichen. Dazu gibt es in SDL das Schlüsselwort *CONSTANTS*.

```
SYNTYPE Fenster = Integer CONSTANTS 0:4;
```

5.4.2.3 Konstanten

Zur Definition von Konstanten eines gewissen Typs gibt es in SDL das Schlüsselwort SYNONYM.

```
SYNONYM max_Laenge Integer = 4096;
```

Diese Art der Konstanten ist nicht zu verwechseln mit den *Konstanten* im Zusammenhang mit Operatoren. Zur Trennung der Bedeutungen wurde für letzere der Begriff *Literale* weiter oben eingeführt.

5.4.2.4 Bedingte Gleichungen

Eine bedingte Gleichung ist eine Gleichung, die nur dann erfüllt ist, wenn bestimmte Bedingungen erfüllt sind. Die allgemeine Form einer bedingten Gleichung ist:

```
Bedingung ==> Gleichung
```

Das klassische Beispiel für bedingte Gleichungen ist die Definition der Division für reelle Zahlen. Die bedingte Gleichung

```
FOR ALL x,z IN Real
      (z/=0 == true ==> (x/z)*z == x)
```

besagt, daß, wenn die Bedingung "*z ungleich 0*" erfüllt ist, die Division durch *z*, gefolgt von der Multiplikation von *z*, keine Wirkung hat. Diese bedingte Gleichung sagt nichts über den Fall "*z gleich 0*" aus. Für diesen Fall müßte, falls gewünscht, eine weitere Gleichung angegeben werden:

```
FOR ALL x,z IN Real
     (z=0 == true ==> (x/z)*z == ...)
```

Aus Gründen der Lesbarkeit können die obigen beiden Gleichungen in eine Gleichung zusammengefaßt werden. Jeweils zwei Gleichungen mit komplementären Bedingungen können mit dem sogenannten *Bedingungs-Term* zusammengefaßt werden, der auf der rechten Seite der folgenden Gleichung steht:

```
FOR ALL x,z IN Real
     ((x/z)*z == IF z/=0 THEN x ELSE ... FI)
```

5.4.2.5 Fehler

Ein Operator ist oft nur auf einer eingeschränkten Menge von Werten einer Sorte sinnvoll. Für die übrigen Werte der Sorte soll der Operator entweder nicht definiert oder nicht erlaubt sein. In SDL gibt es die Möglichkeit, eine nicht erlaubte Anwendung eines Operators formal zu spezifizieren. Zu diesem Zweck gibt es implizit den Term *Error!* in jeder Sorte.

Beispielsweise soll üblicherweise die Division durch 0 im Zusammenhang mit den reellen Zahlen nicht erlaubt sein. Mit dem *Error!*-Term wird das folgendermaßen spezifiziert:

```
FOR ALL x IN Real
     ((x/0) == Error!)
```

Error! sollte stets benutzt werden, um auszudrücken

```
     "Anwendung des Operators auf diese Werte ist nicht erlaubt,
und wenn es trotzdem gemacht wird, ist das zukünftige Verhalten der
Spezifikation undefiniert."
```

5.4.2.6 Vererbung

Mit Hilfe der Vererbung kann vermieden werden, Dinge noch einmal zu spezifizieren, die an anderer Stelle schon spezifiziert sind. Durch Vererbung können

- alle Werte,
- einige oder alle Operatoren
- alle Gleichungen

einer *Vater-Sorte* von einer *Sohn-Sorte* übernommen werden. Mit dem Schlüsselwort *ADDING* können dann weitere Literale, Operatoren und Gleichungen zu der Sohn-Sorte hinzugefügt werden. Die vererbten Operatoren können umbenannt werden, um Mißverständnisse zu vermeiden.

Angenommen es existiert eine Sorte *Sor1*, die folgendermaßen definiert ist:

```
NEWTYPE Sor1
     LITERALS Li1,Li2
     OPERATORS Op1: ...
     OPERATORS Op2: ...
     OPERATORS Op3: ...
     AXIOMS ...
ENDNEWTYPE;
```

Dann kann zum Beispiel eine neue Sorte *Sor2* definiert werden, die *Op1* und *Op2* übernimmt, allerdings *Op2* in *OpA* umbenennt und einen neuen Operator *OpB* und ein Literal *LiA* hinzufügt:

```
NEWTYPE Sor2
     INHERITS Sor1
     OPERATORS (Op1,OpA=Op2)
     ADDING
          LITERALS LiA
          OPERATORS OpB: ...
          AXIOMS ...
ENDNEWTYPE Sor2;
```

Der Fall, daß alle Operatoren übernommen werden sollen, kann mit

```
...
INHERITS...
OPERATORS ALL
...
```

spezifiziert werden. Im Zusammenhang mit der Vererbung gibt es noch weitere Aspekte und einige Regeln zu beachten. Für Details wird auf [11] verwiesen.

5.4.2.7 Generatordefinition

In vielen Anwendungen gibt es Sorten, die sich nur in wenigen Punkten voneinander unterscheiden, aber im wesentlichen gleich konstruiert sind. In solchen Fällen können Datentypdefinitionen parametrisiert werden. Parametrisierte Datentypdefinitionen eignen sich für Typen, die "Variationen eines Themas" darstellen, wie z.B. Mengen, Felder, Warteschlangen. Eine Menge ist in der Regel eine Menge von Elementen eines bestimmten Typs. Ohne die Möglichkeit der Parametrisierung müßte es für jeden *Mengen-Typ* eine eigene Definition geben.

Im folgenden ist eine partielle Datentypdefinition für eine Menge, bestehend aus ganzen Zahlen definiert. Dabei ist *Integer* die in SDL vordefinierte Sorte der ganzen Zahlen. Es gibt ein Literal *leere_Int_Menge* und zwei Operatoren *add* und *ist_in*. *add* fügt ein Element zu der Menge hinzu, und mit *ist_in* kann überprüft werden, ob ein bestimmtes Element in der Menge enthalten ist.

```
NEWTYPE Int_Menge
     LITERALS leere_Int_Menge
     OPERATORS add: Int_Menge,Integer -> Int_Menge
            ist_in: Int_Menge,Integer -> Boolean
     AXIOMS
          ist_in(leere_Int_Menge,x) == false;
          ist_in(add(m,x)y) == (x=y) or (ist_in(m,y));
          x=y ==> add(add(m,x),y) == add(m,x);
          x/=y ==> add(add(m,x),y) == add(add(m,y),x);
ENDNEWTYPE;
```

Mengen gibt es auch mit ganz anderen Sorten von Elementen, dabei ist jedoch die Grundkonstruktion jedesmal gleich, wie das folgende Beispiel der Menge, bestehend aus reellen Zahlen, zeigt.

```
NEWTYPE Real_Menge
     LITERALS leere_Real_Menge
     OPERATORS add: Real_Menge,Real -> Real_Menge
            ist_in: Real_Menge,Real -> Boolean
     AXIOMS
          ist_in(leere_Real_Menge,x) == false;
          ist_in(add(m,x)y) == (x=y) or (ist_in(m,y));
          x=y ==> add(add(m,x),y) == add(m,x);
          x/=y ==> add(add(m,x),y) == add(add(m,y),x);
ENDNEWTYPE;
```

Es fällt auf, daß die beiden obigen Definitionen fast identisch sind, sie unterscheiden sich lediglich in den importierten Sorten *Real* bzw. *Integer*. Um eine solche Textwiederholung zu vermeiden, kann in SDL mit Hilfe einer *Generatordefinition* eine Klasse von Sorten definiert werden, die parametrisiert ist.

```
GENERATOR Menge(TYPE Element, LITERAL leere_Menge)
     LITERALS leere_Menge
     OPERATORS add: Menge,Element -> Menge
            ist_in: Menge,Element -> Boolean
     AXIOMS
     ist_in(leere_Menge,x) == false;
     ist_in(add(m,x)y) == (x=y) or (ist_in(m,y));
     x=y ==> add(add(m,x),y) == add(m,x);
     x/=y ==> add(add(m,x),y) == add(add(m,y),x);
ENDGENERATOR;
```

Die Menge ist nun mit dem formalen Parameter *Element* ausgerüstet, der, wie folgt, mit *Integer* bzw. *Real* aktualisiert werden kann:

```
NEWTYPE Int_Menge Menge(Integer,leere_Int_Menge)
ENDNEWTYPE;
```

```
NEWTYPE Real_Menge Menge(Real,leere_Real_Menge)
ENDNEWTYPE;
```

Bei der Definition eines parametrisierten Datentyps können nicht nur die Sorten und Literale als formale Parameter festgelegt werden, sondern auch Operatoren und Konstanten.

```
GENERATOR Menge(TYPE Element, LITERAL leere_Menge,
               OPERATOR Groesse, CONSTANT Max_Groesse)
     LITERALS leere_Menge
     OPERATORS Groesse: Menge -> Integer;
               ...
```

5.4.2.8 Verbund- und Feld-Typen

Die in Programmiersprachen üblichen *Verbund-* und *Feld-Typen* lassen sich mit Hilfe der bisher vorgestellten Konstrukte verwirklichen. Jedoch ist die Spezifikation mittels abstrakter Datentypen nicht jedermanns Sache. Daher gibt es in SDL auch die Möglichkeit, einige häufig vorkommende Datentypen auf konventionelle Weise zu definieren. So gibt es z.B. für den Verbund-Typ das Schlüsselwort *STRUCT*.

```
NEWTYPE AdressenTyp
     STRUCT
          Name,
          Vorname,
          Strasse: Charstring;
          Nummer: Integer;
          Stadt: Charstring;
ENDNEWTYPE;
```

Angenommen es existiere in einem Prozeß eine Variable *Adresse* der Sorte *AdressenTyp*, dann kann dieser Variablen auf die folgende Weise ein Wert zugewiesen werden:

```
Adresse := (.Hogrefe,Dieter,Rothenbaumchaussee,67,Hamburg.);
```

Auf bestimmte Komponenten einer Verbund-Variablen kann mit "!" zugegriffen werden:

```
Ort := Adresse!Stadt;
```

Ein weiterer häufig vorkommender Datentyp ist der Feld-Typ. Für diesen Datentyp gibt es keine speziellen SDL-Sprachkonstrukte, jedoch gibt es einen vordefinierten Generator mit Namen *Array*, mit dem ein Feld-Typ leicht definiert werden kann. Im folgenden Beispiel wird eine Sorte *KarteiTyp* mit 10 Feldelementen der Sorte *AdressenTyp* definiert:

```
SYNTYPE Zaehler = Integer CONSTANTS 1:10;

NEWTYPE KarteiTyp Array(Zaehler,AdressenTyp)
ENDNEWTYPE;
```

Angenommen es existiere in einem Prozeß eine Variable *Kartei* der Sorte *KarteiTyp*, dann kann auf die einzelnen Feldelemente in der aus Programmiersprachen bekannten Weise zugegriffen werden:

```
Kartei(8) := Adresse;
```

5.4.2.9 Vordefinierte Sorten

Dem Leser, der mit abstrakten Datentypen nicht vertraut ist, mag nach Durchlesen der vorangegangenen Abschnitte der Umgang mit ADTen doch recht umständlich und kompliziert erscheinen. Die Spezifikation mit ADTen ist eine Frage der Gewöhnung, und entscheidende Vorteile ergeben sich aus der zugrundeliegenden Philosophie. Etwas gedämpft wird die Komplexität des Umgangs mit ADTen durch die Existenz von vordefinierten Sorten.

SDL bietet dem Benutzer eine Reihe von vordefinierten Sorten an, von denen angenommen wird, daß sie von generellem Nutzen sind. Diese Definitionen können in Spezifikationen über ihre Sorten-Bezeichner referenziert werden. Die vordefinierten Sorten sind im einzelnen:

- Boolean
- Character
- Charstring
- Integer
- Natural
- Real
- PId
- Duration
- Time

Darüberhinaus gibt es einige vordefinierte Generatoren, die von allgemeinem Nutzen sind:

- String
- Array
- Powerset

5.5 Dokumentation

5.5.1 Dokumentation der Systemstruktur

In Abschnitt 5.3 wurde erwähnt, daß eine SDL-Spezifikation eine baumartige Struktur besitzt. Das System besteht aus Blöcken, die Blöcke können wieder aus Blöcken bestehen, und letztlich, am Ende der Hierarchie, bestehen die Blöcke aus Prozessen. Insbesondere im Zusammenhang mit der graphischen Darstellung spielt die Dokumentation dieser Hierarchie eine wichtige Rolle.

In SDL kann die Hierarchie ineinander verschachtelt oder durch Referenzierung dargestellt werden.

5.5.1.1 Darstellung durch Referenzierung

Abb. 5.3.4 und Abb. 5.3.7 in Abschnitt 5.3 zeigten bereits Beispiele für die Darstellung durch Referenzierung. Ein Block oder ein Prozeß wird in einem Block- bzw. Prozeßinteraktionsdiagramm lediglich durch ein Referenzsymbol dargestellt. Das Referenzsymbol für einen Block ist ein Rechteck, das für einen Prozeß ein Achteck, wie es in Abb. 5.3.7 erkennbar ist. Die eigentliche Spezifikation eines referenzierten Objektes befindet sich an anderer Stelle des Dokuments, möglicherweise sogar auf einer anderen Seite. Abb. 5.5.1 zeigt noch ein Beispiel für das

Schema der Referenzierung. Aus Vereinfachungsgründen enthalten die Darstellungen in Abb. 5.5.1 kein vollständiges SDL, und Signaldefinitionen und -listen sind herausgelassen worden.

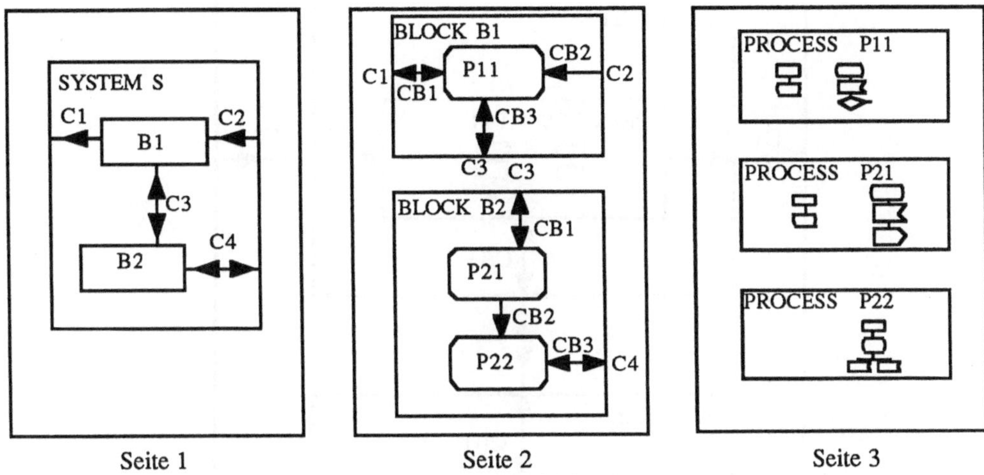

Abb. 5.5.1: Drei Seiten eines Dokuments

Die Referenzierung ist immer dann sinnvoll, wenn es sich bei dem referenzierten Objekt um eine umfangreiche Darstellung handelt, die zusammen mit den übrigen Objekten des selben Block- oder Prozeßinteraktionsdiagramms nicht auf einer einzigen Seite darstellbar ist.

5.5.1.2 Verschachtelte Darstellung

Die Systemstruktur kann ineinander verschachtelt dargestellt werden wie Abb. 5.5.2. Das System ist identisch mit dem aus Abb. 5.5.1. Man beachte, daß ein Prozeß nun nicht mehr durch ein Achteck dargestellt ist, sondern wie ein Block durch ein Rechteck. Das Achteck dient lediglich zur Referenzierung.

5.5.1.3 Gemischte Darstellung

Ein Nachteil der referenzierten Darstellung ist, daß das Prinzip der Lokalität verletzt wird. Zusammengehörige Information ist auf verschiedene Stellen, manchmal sogar verschieden Seiten, eines Dokuments verteilt, was einen schnellen Gesamtüberblick über die Spezifikation erschwert. Aus Komplexitätsgründen ist es jedoch meist nicht möglich, ein System vollständig verschachtelt darzustellen.

Als Kompromiß wird daher oft eine gemischte Darstellung gewählt, indem nur einige Ebenen der Spezifikation verschachtelt dargestellt und die untergeordneten Objekte referenziert werden. Die Protokollspezifikation aus Abschnitt 5.8.1 verfolgt diesen Kompromiß. In

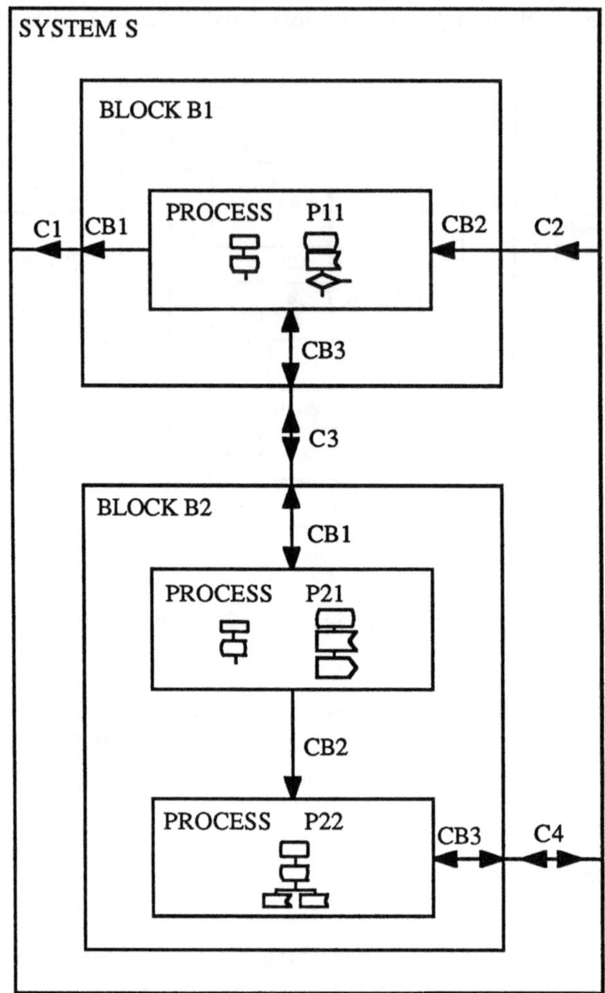

Abb. 5.5.2: Zu Abb. 5.5.1 äquivalentes System verschachtelt dargestellt

einem Diagramm ist das System mit seinen Blöcken und die Prozeßinteraktionsdiagramme der einzelnen Blöcke dargestellt. Die Prozesse selbst sind in den Blöcken *Station_Ini* und *Station_Empf* referenziert. Eine Besonderheit gibt es im Block *Medium*. Die Prozeßdiagramme der Prozesse *MSAP_Manager_Ini* und *MSAP_Manager_Empf* sind mit Hilfe von Makros referenziert. Das ist eine Möglichkeit, zwei von ihrer Definition her identische Prozesse getrennt darzustellen, ohne das selbe Prozeßdiagramm mehrfach spezifizieren zu müssen. Mehr zu Definition und Gebrauch von Makros folgt in Abschnitt 5.6.1.

5.5.2 Dokumentation umfangreicher Prozeßdiagramme

Die Prozeßdiagramme können in der praktischen Anwendung von SDL sehr umfangreich werden. So umfangreich, daß sie auf einer Dokumentseite keinen Platz finden. In SDL gibt es die Möglichkeit, ein Prozeßdiagramm auf mehrere Seiten im Dokument zu verteilen.

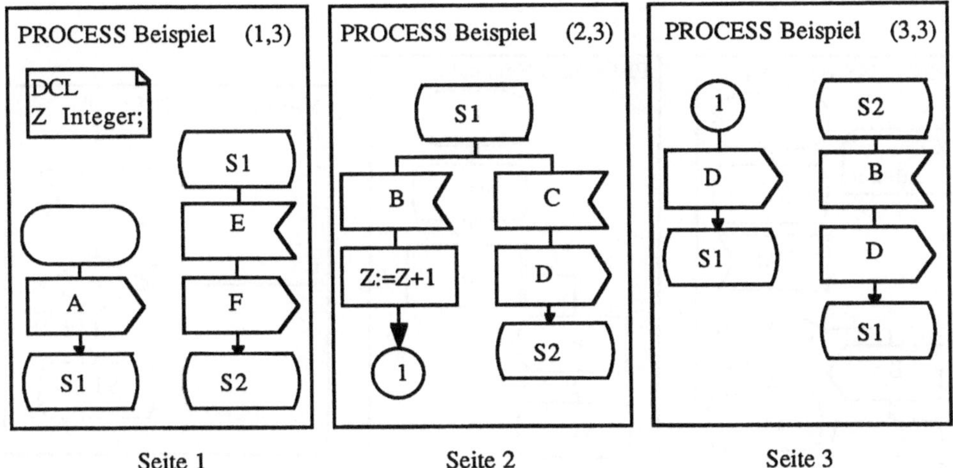

Abb. 5.5.3: Mehrseitige Darstellung eines Prozeßdiagramms

Das Diagramm des Prozesses *Beispiel* aus Abb. 5.5.3 ist auf insgesamt drei Seiten verteilt. Wichtig ist dabei, daß die Seitennumerierung in der rechten oberen Ecke angegeben wird. Die Numerierung besteht aus einem Zahlenpaar, die erste Zahl gibt die aktuelle Seite an und die zweite Zahl die Gesamtanzahl der Seiten, auf die sich das Prozeßdiagramm erstreckt.

Vielfach ist die Anzahl der möglichen Eingabesignale in einem Zustand so groß, daß sie nicht auf einer Seite Platz finden. Bei Zustand *S1* im Prozeß *Beispiel* ist das der Fall. In SDL kann ein Zustand in einem Prozeßdiagramm mehrfach vorkommen, allerdings dürfen dann nicht an verschiedenen Stellen die gleichen Eingabesignale definiert werden. Zum Beispiel wäre es ein Fehler, wenn das Eingabesignal *C* im Zustand *S1* aus Seite *(2,3)* auch im Zustand *S1* auf Seite *(1,3)* spezifiziert wäre.

Wenn ein Zustandsübergang selbst so umfangreich ist, daß er auf einer Seite keinen Platz hat, kann mit Hilfe des *Konnektors* auf eine andere Seite "gesprungen" werden. Der eine Zustandsübergang, der im Prozeß *Beispiel* aus dem Zustand *S1* mit dem Signal *B* angestoßen wird, ist zum Beispiel zu umfangreich für Seite *(2,3)* und wird daher mit dem Konnektor *1* auf Seite *(3,3)* fortgesetzt.

5.5.3 Makros

Mit den Makros bietet SDL die Möglichkeit, Wiederholungen in einer Spezifikation zu vermeiden und die Spezifikation weiter zu strukturieren.

Ein Makroaufruf kann ein beliebiges Stück eines Diagramms ersetzen. Abb. 5.6.1 zeigt den Prozeß *Beispiel1* und den Prozeß *Beispiel2*, der zu *Beispiel1* äquivalent ist, aber einen Makroaufruf enthält. Die entsprechende Makrodefinition *M* befindet sich rechts daneben.

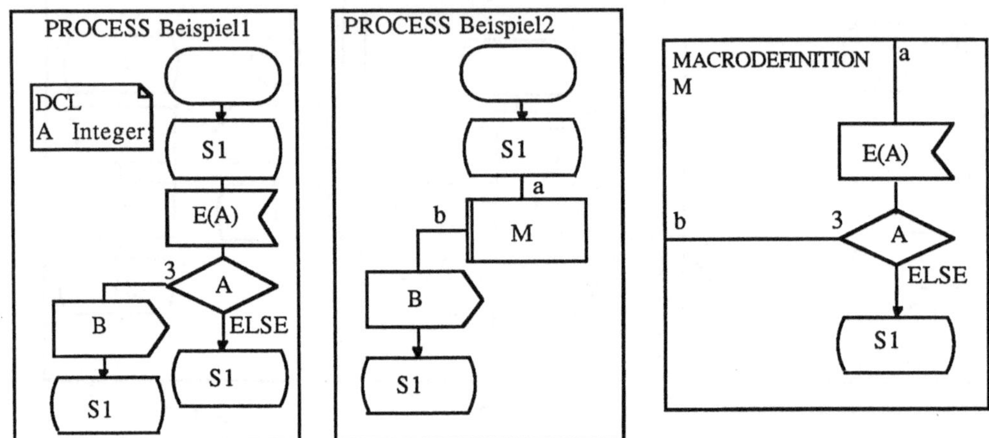

Abb. 5.6.1: Prozeß ohne Makroaufruf und mit Makroaufruf

5.5.4 Mischen von SDL/GR und SDL/PR

In den bisherigen Ausführungen über SDL wurde die textuelle From der Sprache (SDL/PR) nur am Rande erwähnt und weitgehend ignoriert. Im Zusammenhang mit den Dokumentationsaspekten ist es jedoch erwähnenswert, daß es SDL/PR gibt, weil damit bestimmte Dinge leichter darstellbar sind.

In einer Spezifikation können die beiden syntaktischen Formen SDL/GR und SDL/PR gemischt auftreten. Das empfiehlt sich insbesondere im Zusammenhang mit Datentypdefinitionen. Meist ist es nicht möglich, sämtliche Datentypdefinitionen, die zum Beispiel in einem Blockinteraktionsdiagramm benötigt werden, in einem Textsymbol unterzubringen. Im Beispiel aus Abschnitt 5.8 befindet sich im Blockinteraktionsdiagramm ein referenzierter Makro *Datentypdefinitionen*. Die Makrodefinition selbst befindet sich an anderer Stelle (u.zw. auf der folgenden Seite) und ist in SDL/PR spezifiziert.

5.6 Weitere Sprachkonstrukte

Die Sprachkonstrukte, die bisher vorgestellt wurden, bilden nur einen Teil der Gesamtmenge von Konstrukten, die SDL zur Verfügung stellt. Bei der Auswahl wurde darauf geachtet, daß die Sprache im Bereich der Protokollspezifikation sinnvoll einsetzbar ist.

Weiterhin ist bisher auch darauf verzichtet worden, zu sehr auf Spezial- und Ausnahmefälle im Zusammenhang mit den Sprachkonstrukten einzugehen, um eine Verschleierung des Wesentlichen zu vermeiden. Natürlich hätte es zu jedem einzelnen Konstrukt noch eine Menge zu sagen gegeben. Für weitere Details und Bemerkungen wird jedoch auf [11] verwiesen.

Im folgenden soll nun noch ein kurzer Überblick über die wichtigsten Sprachkonstrukte gegeben werden, die bisher ausgelassen wurden.

Da ist zunächst zu erwähnen, daß es in SDL, das bei anderen Sprachen ebenfalls übliche, *Importieren* und *Exportieren* von Werten lokaler Variablen von Prozessen gibt. Die entsprechenden Sprachkonstrukte in SDL sind IMPORT, EXPORT, VIEW und REVIEW. Damit ist es möglich, einen Prozeß lesend auf lokale Variablen eines anderen Prozesses zugreifen zu lassen. Es wird dabei in der Semantik des lesenden Zugriffs unterschieden, ob der Prozeß im gleichen Block (VIEW, REVIEW) oder in einem anderen Block (IMPORT, EXPORT) liegt.

In eine ähnliche Kategorie wie Importieren und Exportieren fallen die *kontinuierlichen Signale.* Hiermit ist es möglich, einen Zustandsübergang durch Werte von Variablen auslösen zu lassen. Ein Prozeß, der sich in einem Zustand befindet, der durch ein kontinuierliches Signal verlassen werden kann, beobachtet kontinuierlich bestimmte Variablen. Wenn die Variablen bestimmte Werte erreichen, wird der Zustandsübergang ausgelöst. Die beobachteten Variablen können dabei lokal oder in anderen Prozessen sein.

Mit Hilfe von sogenannten *enabling conditions* ist es möglich, den Empfang von bestimmten Signalen von einer Bedingung abhängig zu machen. Wenn die Bedingung wahr ist, wird das entsprechende Signal konsumiert und führt zu einem Zustandsübergang. Wenn die Bedingung nicht wahr ist, wird das Signal gesichert (wie bei SAVE), und der Prozeß bleibt in seinem Zustand, bis die Bedingung wahr wird, oder ein anderes spezifiziertes Signal den Zustandsübergang auslöst.

Prozesse existieren in einer Systemspezifikation bekanntlich parallel. In manchen Anwendungsfällen möchte man explizit spezifizieren, daß verschiedene Systemteile *nichtparallel* existieren, aber trotzdem ein prozeß-ähnliches Verhalten zeigen, sich also gegenseitig Signale schicken und sich so zu Zustandsübergängen stimulieren. Diese Zustandsübergänge sollen dann aber nicht parallel, sondern nacheinander ausgeführt werden. Hierfür gibt es in SDL die *Dienste* (*SERVICES*). Dienste können nur innerhalb eines Prozesses existieren. Mit den Diensten kann ein Prozeß also weiter in sequentiell arbeitende prozeß-ähnliches Teile strukturiert werden.

Eine weitere Möglichkeit der Strukturierung eines Prozesses ist die *Prozedur.* Eine Prozedur in SDL hat die gleichen Merkmale wie sie im Zusammenhang mit Programmiersprachen bekannt sind. Ein Prozedur ist immer lokal bezüglich eines Prozesses, es kann also keine Prozedur auf Blockebene definiert werden, um in mehreren Prozessen Anwendung zu finden.

5.7 Nicht-Determinismus und SDL

Auf eine Besonderheit von SDL muß hier noch hingewiesen werden. In den Abschnitten über Estelle und LOTOS ist hinreichend deutlich geworden, daß es in den Sprachen die Möglichkeit gibt, explizit Nicht-Determinismus auszudrücken. Wie die Beispiele zeigten, muß davon insbesondere im Zusammenhang mit Dienstspezifikationen des öfteren Gebrauch gemacht werden.

In SDL gibt es die Möglichkeit, explizit Nicht-Determinismus zu spezifizieren, derzeit noch nicht, obwohl es in der Vergangenheit und in der Gegenwart verschiedene Bemühungen gegeben hat, den Nicht-Determinismus mit in die Sprache aufzunehmen [17], [10]. Welche Sprachelemente dafür notwendig sind, ist u.a. in [28] und [45] gezeigt. Die Studienkommision X des CCITT, die für SDL zuständig ist, hat jedoch beschlossen, die Frage des Nicht-Determinismus in der Studienperiode '89-'92 zu studieren [12].

In den Beispielen der folgenden Abschnitte wird Nicht-Determinismus gebraucht. Da das Bestreben hier ist, korrektes und gültiges SDL zu benutzen, wird auf die zusätzlichen Sprachelemente aus [28] verzichtet. Stattdessen gibt es einen Makro mit Namen *Daemon*. Der Makro bildet einen Teil eines Prozeßdiagramms und besitzt einen Eingang und zwei Ausgänge. Der Makro macht weiter nichts, als die Kontrolle entweder an den einen oder an den anderen Ausgang zu geben. Der genaue Mechanismus, mit dem der *Daemon* spezifiziert werden kann, ist der Phantasie der Leser überlassen.

5.8 Beispiele

5.8.1 Eine Protokollspezifikation in SDL

In diesem Abschnitt wird das Protokoll vollständig beschrieben, das in den vorigen Abschnitten teilweise im Zusammenhang mit der Vorstellung der SDL Sprachelemente entwickelt wurde. Das Protokoll ist das Inres-Protokoll aus Abschnitt 2. Es besteht im wesentlichen aus den zwei Protokollinstanzen *Initiator* und *Empfaenger*, die über den Diensterbringer *Medium* miteinander kommunizieren. Über die Protokollinstanz *Initiator* kann ein Benutzer eine Verbindung initiieren und Daten an den anderen Benutzer senden. Der andere Benutzer kann über die Instanz *Empfaenger* die Verbindung annehmen und die Daten empfangen oder die Verbindung ablehnen. Dabei müssen die Protokolldateneinheiten in Dienstelemente des *Medium*-Dienstes umgewandelt werden. Dafür sind die beiden Prozesse *Codierer_Ini* und *Codierer_Empf* zuständig. Beide Benutzer und der Dienst der nächst niedrigeren Schicht (*Medium_Dienst*) können zu jedem Zeitpunkt die Verbindung abbrechen. Für Details wird auch auf Abschnitt 2 oder das Abracadabra-Protokoll aus [41] verwiesen, das bei dem hier beschriebenen Protokoll Pate stand.

Insgesamt bilden die Protokollinstanzen zusammen mit den *Codierern* jeweils eine *Station*. Die Stationen können im Sinne des OSI-Referenzmodells [32] als Subsysteme (*subsystems*) interpretiert werden.

Der Dienst, den *Medium* zur Verfügung stellt, ist ebenfalls in Abschnitt 2 beschrieben. Ein Benutzer dieses Dienstes kann mit Hilfe des Dienstelementes *MDATreq* Informationen versenden und mit Hilfe des Dienstelementes *MDATind* Informationen empfangen. Beide Dienstelemente besitzen einen Parameter, in dem die Daten übergeben werden. Der Datentransport, den der *Medium*-Dienst zur Verfügung stellt, ist unzuverlässig. Es können Daten verloren gehen. Datenverlust wird den Benutzern nicht angezeigt.

Die Architektur des Beispiels in diesem Abschnitt entspricht in wesentlichen Punkten der des Estelle-Beispiels aus Abschnitt 3.3.9.

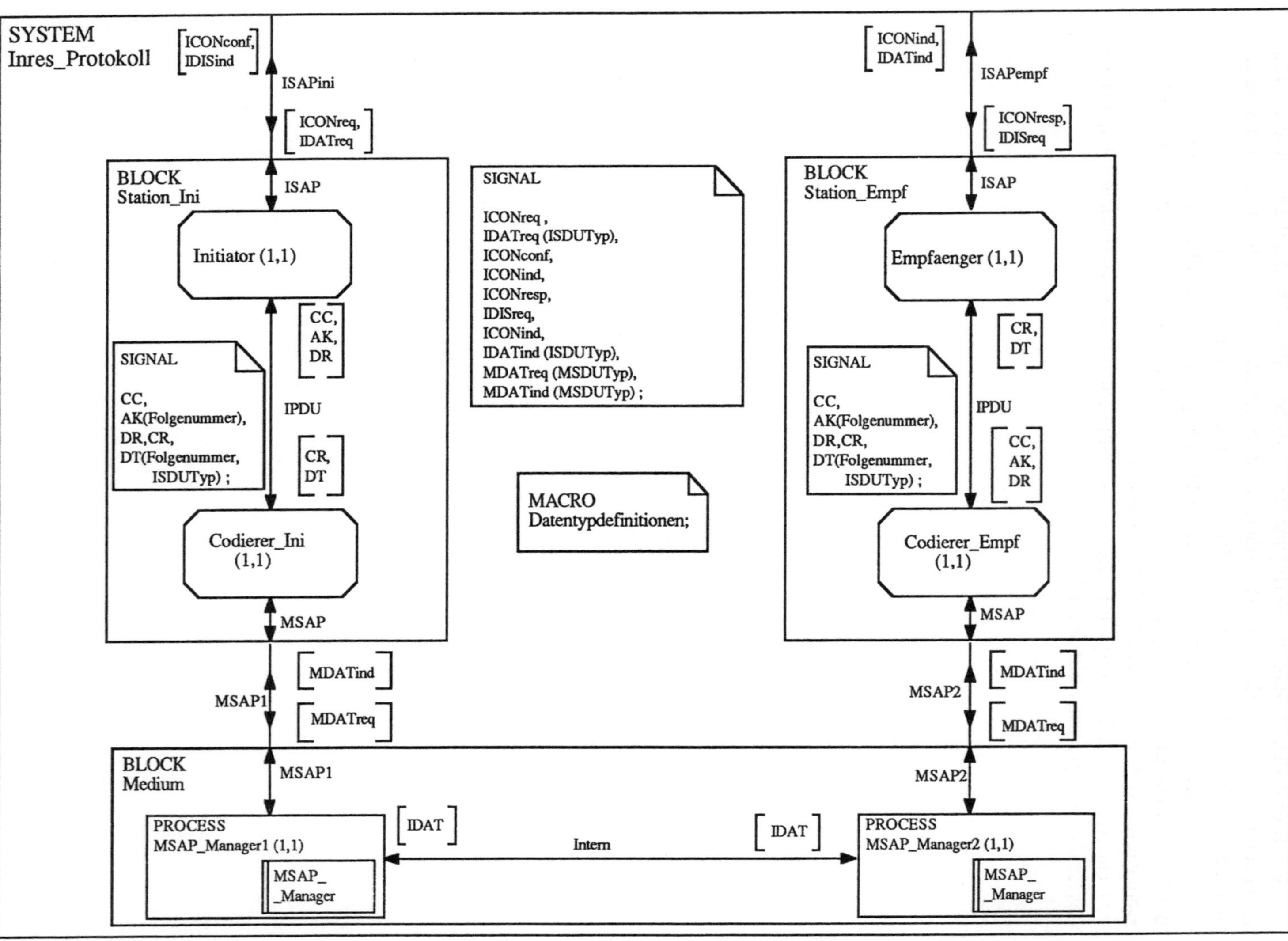
SYSTEM
Inres_Protokoll
ICONconf,
IDISind
ISAPini
ICONreq,
IDATreq
ICONind,
IDATind
ISAPempf
ICONresp,
IDISreq
BLOCK
Station_Ini
ISAP
Initiator (1,1)
CC,
AK,
DR
SIGNAL
CC,
AK(Folgenummer),
DR,CR,
DT(Folgenummer,
ISDUTyp) ;
IPDU
CR,
DT
Codierer_Ini
(1,1)
MSAP
SIGNAL
ICONreq ,
IDATreq (ISDUTyp),
ICONconf,
ICONind,
ICONresp,
IDISreq,
ICONind,
IDATind (ISDUTyp),
MDATreq (MSDUTyp),
MDATind (MSDUTyp) ;
MACRO
Datentypdefinitionen;
BLOCK
Station_Empf
ISAP
Empfaenger (1,1)
CR,
DT
SIGNAL
CC,
AK(Folgenummer),
DR,CR,
DT(Folgenummer,
ISDUTyp) ;
IPDU
CC,
AK,
DR
Codierer_Empf
(1,1)
MSAP
MDATind
MSAP1
MDATreq
MDATind
MSAP2
MDATreq
BLOCK
Medium
MSAP1
MSAP2
PROCESS
MSAP_Manager1 (1,1)
MSAP_
_Manager
IDAT
Intern
IDAT
PROCESS
MSAP_Manager2 (1,1)
MSAP_
_Manager

```
MACRODEFINITION Datentypdefinition
     NEWTYPE Folgenummer
          LITERALS 0,1
          OPERATORS succ: Folgenummer -> Folgenummer
          AXIOMS succ(0) == 1;
                 succ(1) == 0;
     ENDNEWTYPE Folgenummer;


     NEWTYPE ISDUTyp
     /* Hier wird der Typ der Dienstdateneinheiten eingefügt */
     ENDNEWTYPE ISDUTyp;


     NEWTYPE IPDUTyp
          LITERALS CR, CC, DR, DT, AK
     ENDNEWTYPE IPDUTyp;


     NEWTYPE MSDUTyp
          STRUCT id IPDUTyp;
                 Num Folgenummer;
                 Daten ISDUTyp;
     ENDNEWTYPE MSDUTyp;

ENDMACRO Datentypdefinitionen;


MACRODEFINITION Daemon
...
/* dieser Makro dient zur Spezifikation von
Nicht-Determinismus */
ENDMACRO Daemon;
```

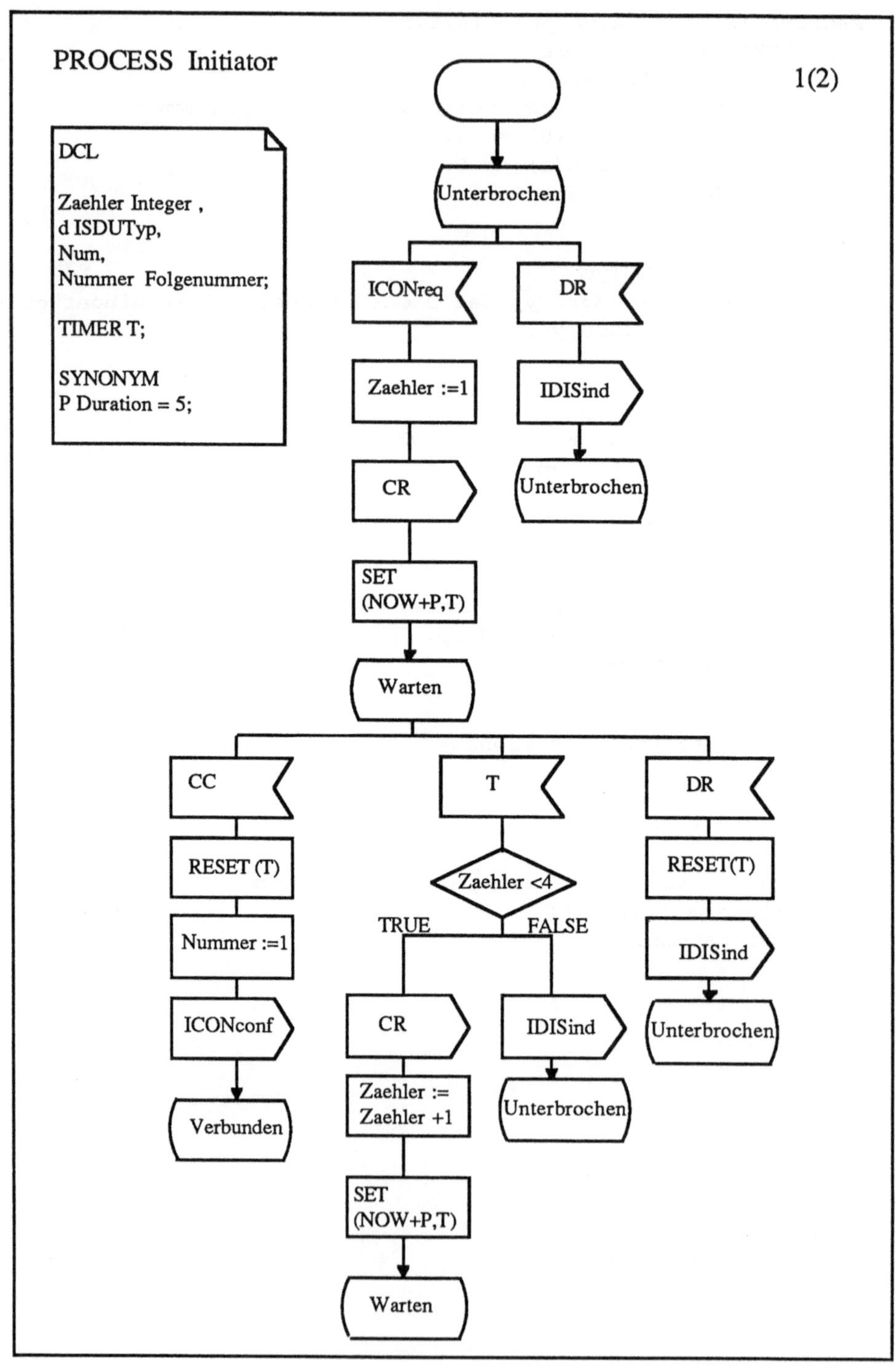

PROCESS Initiator
1(2)
DCL
Zaehler Integer ,
d ISDUTyp,
Num,
Nummer Folgenummer;
TIMER T;
SYNONYM
P Duration = 5;
Unterbrochen
ICONreq
DR
Zaehler :=1
IDISind
CR
Unterbrochen
SET
(NOW+P,T)
Warten
CC
T
DR
RESET (T)
Zaehler <4
RESET(T)
TRUE
FALSE
Nummer :=1
IDISind
ICONconf
CR
IDISind
Unterbrochen
Zaehler :=
Zaehler +1
Unterbrochen
Verbunden
SET
(NOW+P,T)
Warten

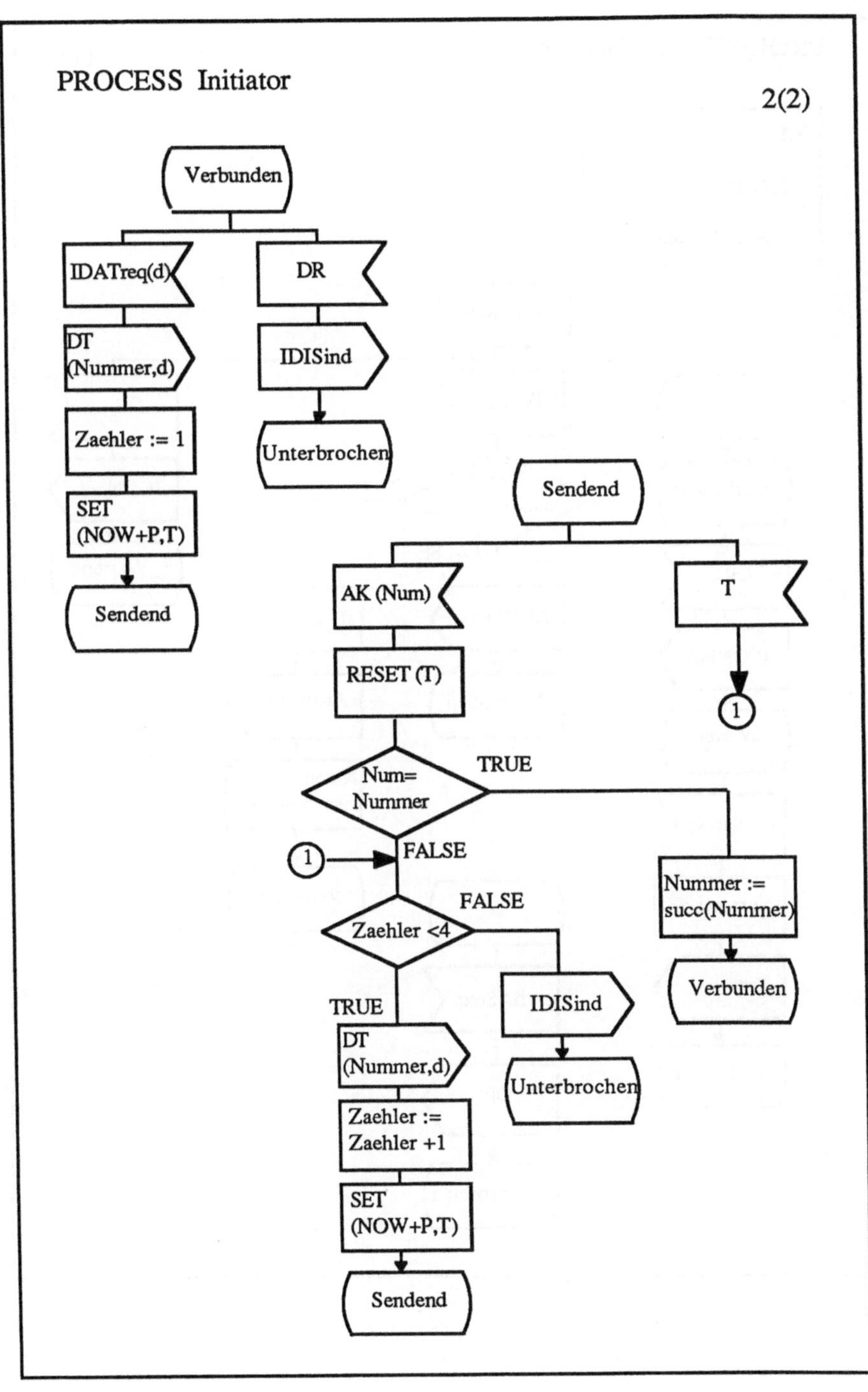
PROCESS Initiator
2(2)
Verbunden
IDATreq(d)
DR
DT
(Nummer,d)
IDISind
Zaehler := 1
Unterbrochen
SET
(NOW+P,T)
Sendend
Sendend
AK (Num)
T
RESET (T)
1
Num=
Nummer
TRUE
FALSE
1
FALSE
Zaehler <4
Nummer :=
succ(Nummer)
Verbunden
TRUE
IDISind
DT
(Nummer,d)
Unterbrochen
Zaehler :=
Zaehler +1
SET
(NOW+P,T)
Sendend

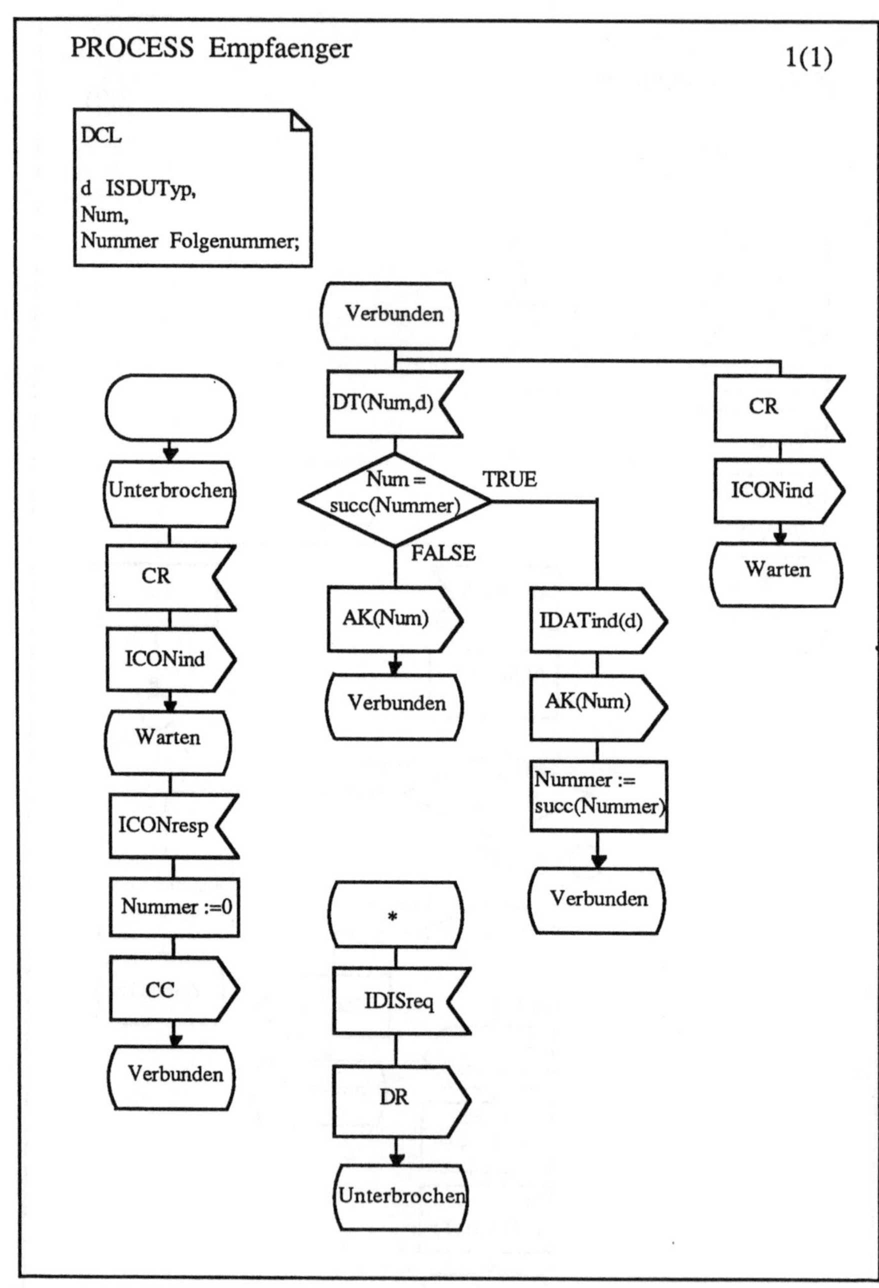
PROCESS Empfaenger
1(1)
DCL
d ISDUTyp,
Num,
Nummer Folgenummer;
Verbunden
DT(Num,d)
Num =
succ(Nummer)
TRUE
FALSE
AK(Num)
Verbunden
IDATind(d)
AK(Num)
Nummer :=
succ(Nummer)
Verbunden
CR
ICONind
Warten
Unterbrochen
CR
ICONind
Warten
ICONresp
Nummer :=0
CC
Verbunden
*
IDISreq
DR
Unterbrochen

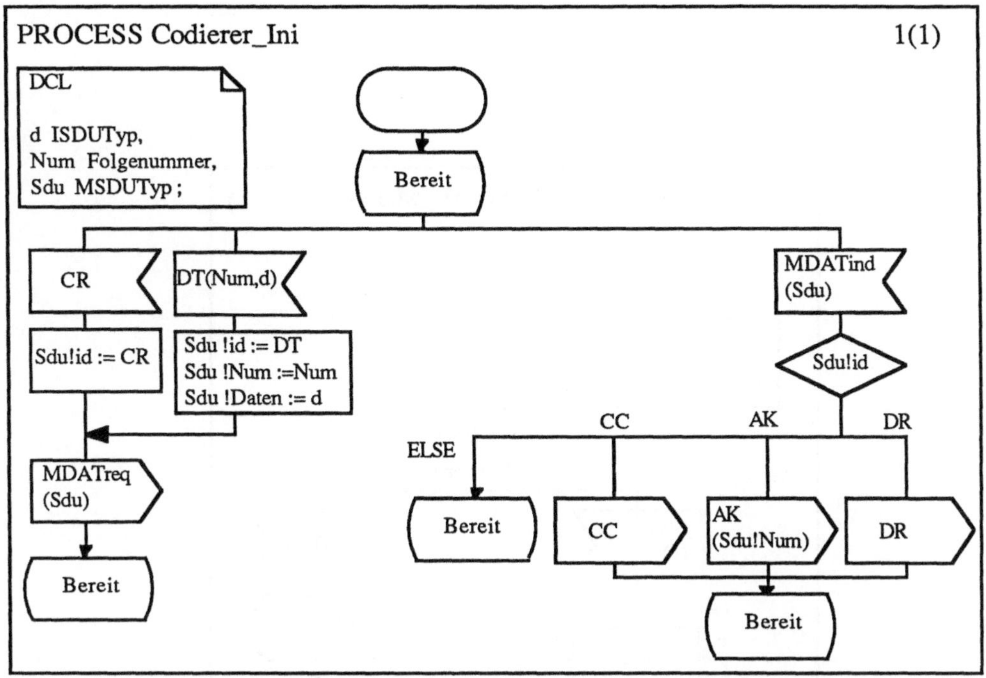
PROCESS Codierer_Ini
1(1)
DCL
d ISDUTyp,
Num Folgenummer,
Sdu MSDUTyp;
Bereit
CR
DT(Num,d)
MDATind
(Sdu)
Sdu!id := CR
Sdu !id := DT
Sdu !Num :=Num
Sdu !Daten := d
Sdu!id
CC
AK
DR
ELSE
MDATreq
(Sdu)
Bereit
CC
AK
(Sdu!Num)
DR
Bereit
Bereit

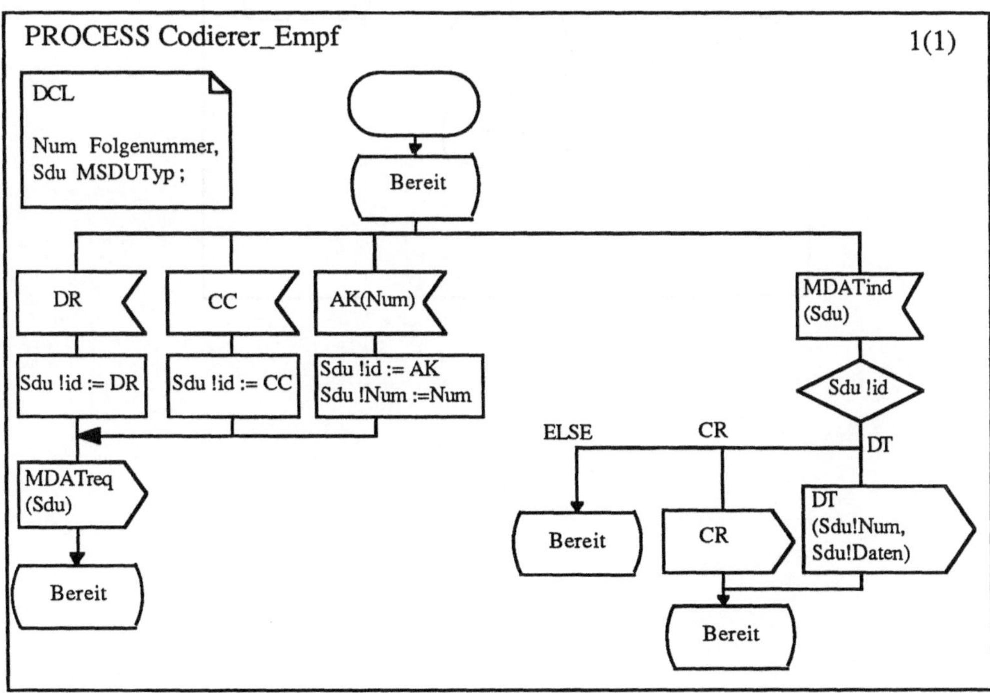
PROCESS Codierer_Empf
1(1)
DCL
Num Folgenummer,
Sdu MSDUTyp;
Bereit
DR
CC
AK(Num)
MDATind
(Sdu)
Sdu !id := DR
Sdu !id := CC
Sdu !id := AK
Sdu !Num :=Num
Sdu !id
ELSE
CR
DT
MDATreq
(Sdu)
Bereit
CR
DT
(Sdu!Num,
Sdu!Daten)
Bereit
Bereit

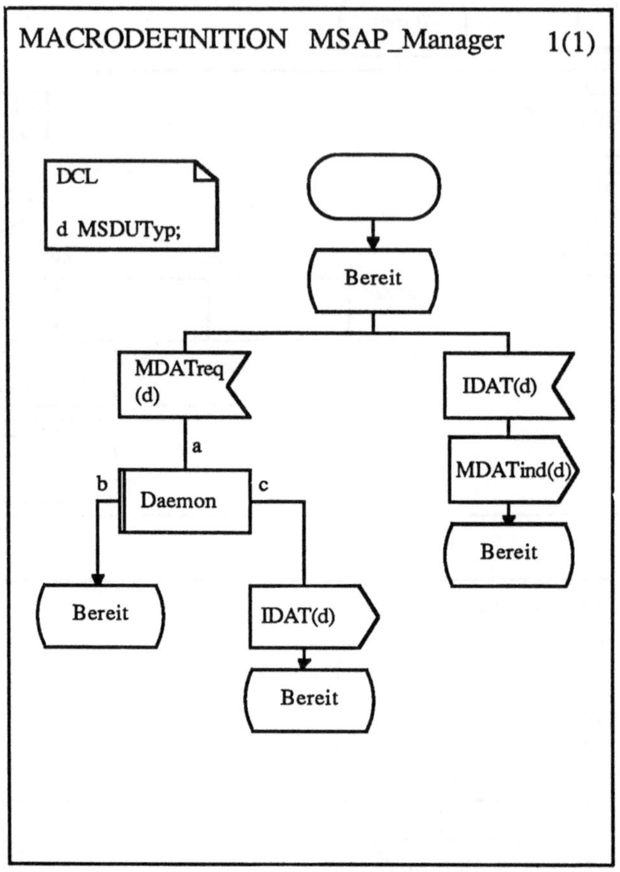
MACRODEFINITION MSAP_Manager 1(1)
DCL
d MSDUTyp;
Bereit
MDATreq
(d)
IDAT(d)
a
b
Daemon
c
MDATind(d)
Bereit
Bereit
IDAT(d)
Bereit

5.8.2 Eine Dienstspezifikation in SDL

In diesem Abschnitt wird der Dienst formal mit SDL beschrieben, der durch das *Inres*-Protokoll zusammen mit dem zugrundeliegenden *Medium*-Dienst erbracht wird.

Die SDL-Spezifikation des Dienstes besteht aus den beiden Prozessen *Initiator* und *Empfaenger*, die miteinander über einen internen Kanal *Intern* kommunizieren.

Der Grund für die hier gewählte Struktur mit einem internen Kanal ist ebenso wie in der Estelle-Spezifikation aus Abschnitt 3.3.10 in der Vereinfachung der Darstellung zu sehen und die dortigen Argumente sind hier ebenfalls anzuwenden.

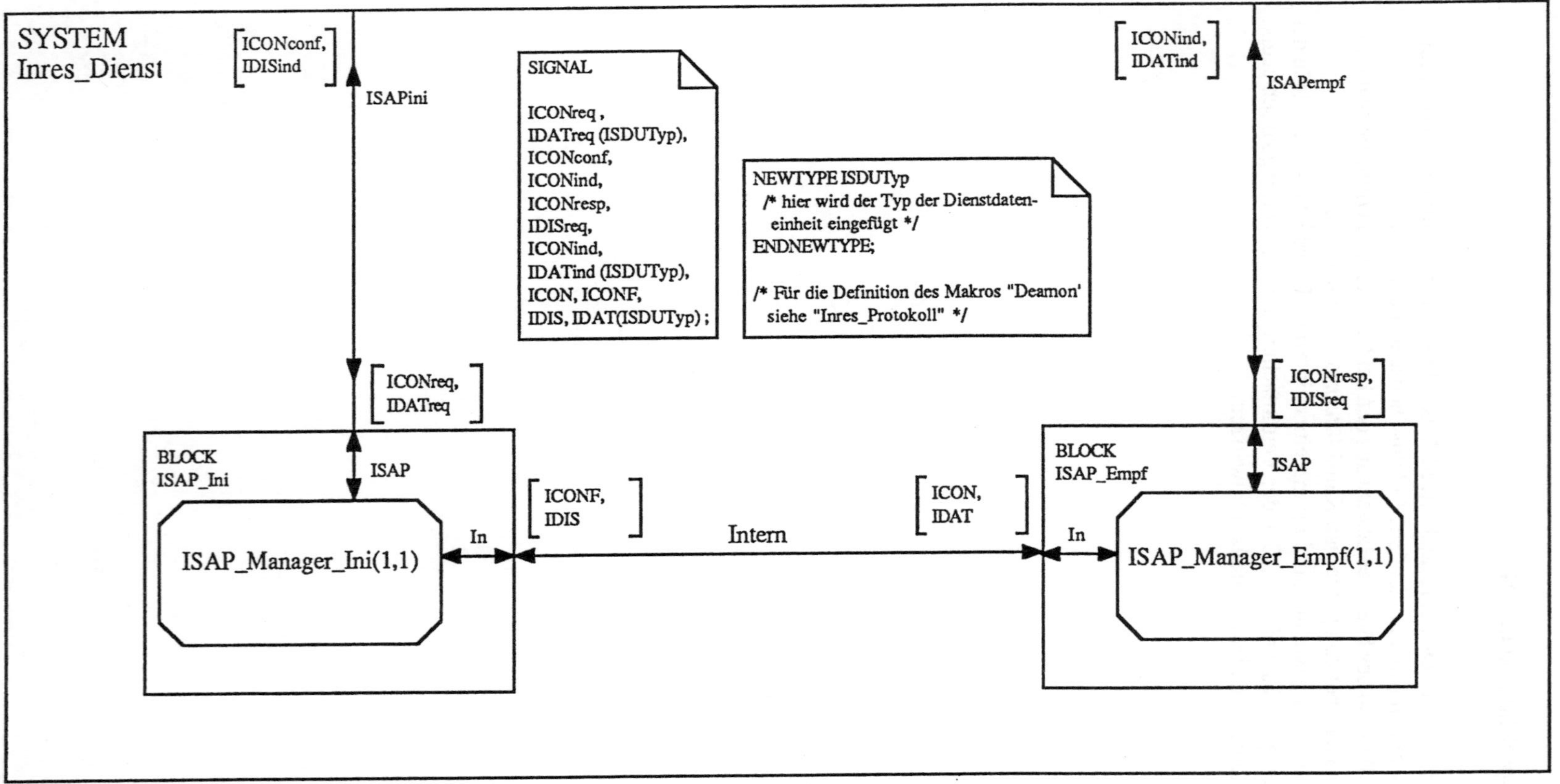
SYSTEM
Inres_Dienst
ICONconf,
IDISind
ISAPini
SIGNAL
ICONreq ,
IDATreq (ISDUTyp),
ICONconf,
ICONind,
ICONresp,
IDISreq,
ICONind,
IDATind (ISDUTyp),
ICON, ICONF,
IDIS, IDAT(ISDUTyp) ;
NEWTYPE ISDUTyp
/* hier wird der Typ der Dienstdaten-
einheit eingefügt */
ENDNEWTYPE;
/* Für die Definition des Makros "Deamon'
siehe "Inres_Protokoll" */
ICONind,
IDATind
ISAPempf
ICONreq,
IDATreq
BLOCK
ISAP_Ini
ISAP
ICONF,
IDIS
Intern
ICON,
IDAT
ICONresp,
IDISreq
BLOCK
ISAP_Empf
ISAP
In
ISAP_Manager_Ini(1,1)
In
ISAP_Manager_Empf(1,1)

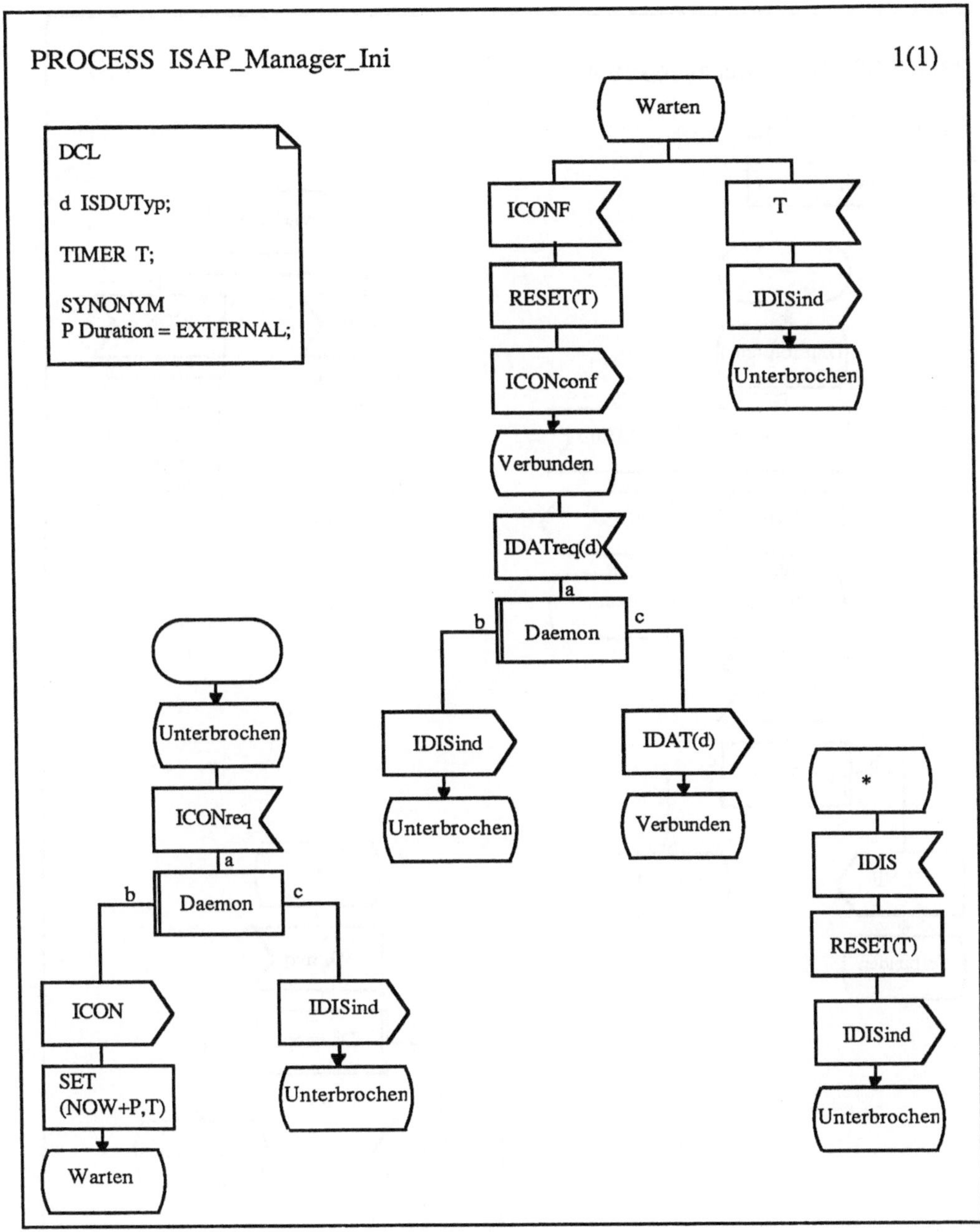
PROCESS ISAP_Manager_Ini
1(1)
DCL
d ISDUTyp;
TIMER T;
SYNONYM
P Duration = EXTERNAL;
Warten
ICONF
T
RESET(T)
IDISind
Unterbrochen
ICONconf
Verbunden
IDATreq(d)
a
b
Daemon
c
IDISind
IDAT(d)
Unterbrochen
Verbunden
Unterbrochen
ICONreq
a
b
Daemon
c
ICON
IDISind
SET
(NOW+P,T)
Unterbrochen
Warten
*
IDIS
RESET(T)
IDISind
Unterbrochen

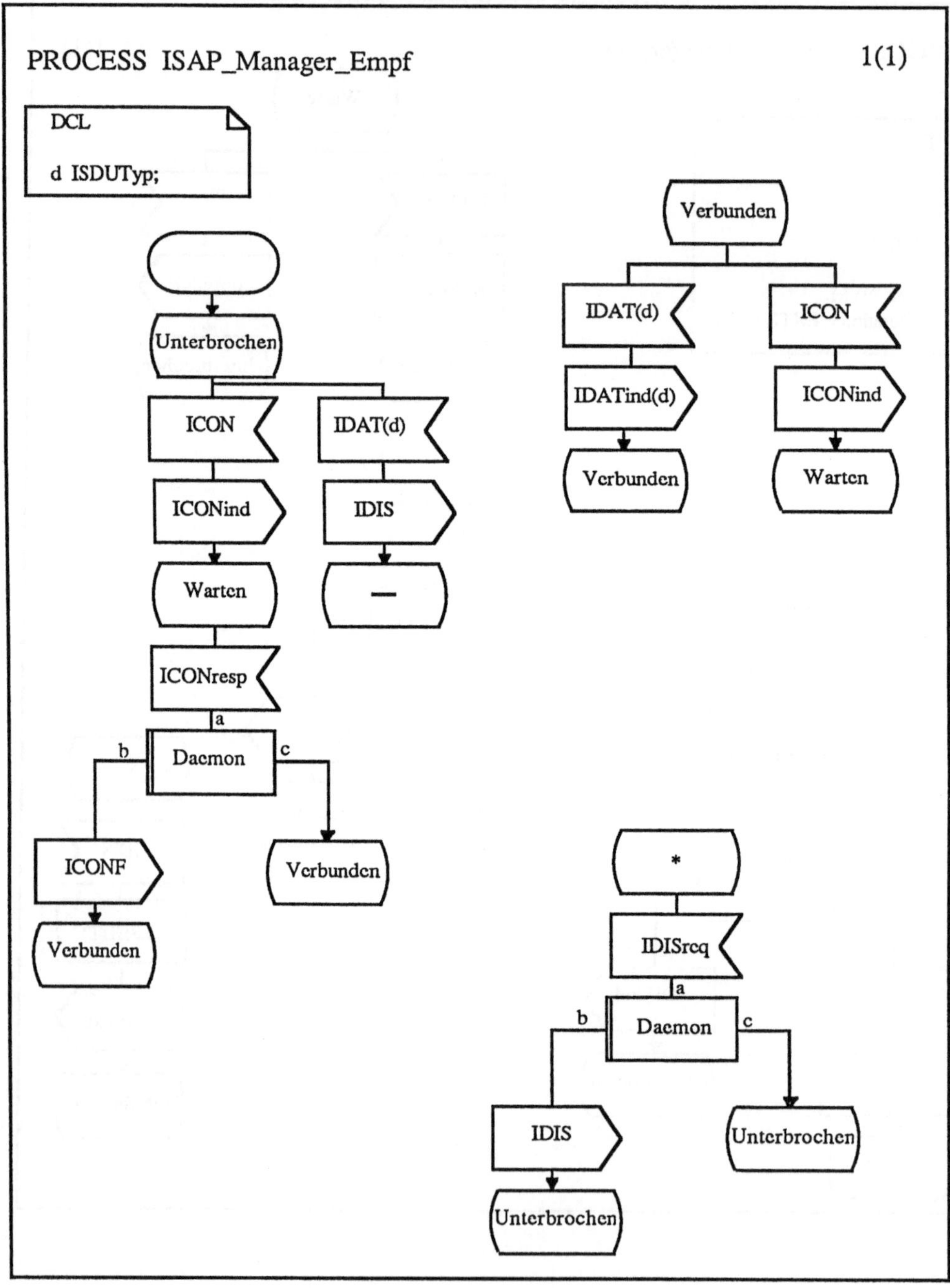
PROCESS ISAP_Manager_Empf
1(1)
DCL
d ISDUTyp;
Unterbrochen
ICON
IDAT(d)
ICONind
IDIS
Warten
—
ICONresp
a
b
Daemon
c
ICONF
Verbunden
Verbunden
Verbunden
IDAT(d)
ICON
IDATind(d)
ICONind
Verbunden
Warten
*
IDISreq
a
b
Daemon
c
IDIS
Unterbrochen
Unterbrochen

6 Allgemeine Aspekte

6.1 Vorteile einer formalen Spezifikationssprache gegenüber der natürlichen Sprache

Mit Spezifikationen, die in einer formalen Spezifikationssprache geschrieben sind, kann ein Systemverhalten präzise beschrieben werden. Der Hauptanwendungsbereiche der Sprachen Estelle, LOTOS und SDL sind heutzutage die Dienste und Protokolle von Telekommunikationssystemen [41]. Aber auch anderes Verhalten kann mit den Sprachen beschrieben werden, wie zum Beispiel der Dialog zwischen einem Benutzer und einer Maschine.

Eine Spezifikation auf hohem Abstraktionsniveau beschreibt exakt, wie sich ein System in jeder Situation verhalten soll. Sie beschreibt in der Regel nur das Verhalten selbst, nicht aber die Realisierung des Verhaltens. Die Exaktheit der Spezifikation bedeutet Lückenlosigkeit und bedeutet, daß das Verhalten für jede mögliche Interaktion mit dem System definiert ist. Wenn ein Input in das System ein undefiniertes Verhalten ergeben soll, muß das ebenfalls in der Spezifikation beschrieben sein.

Der Gebrauch einer formalen Spezifikationssprache im Gegensatz zu einer natürlichen Sprache zwingt den Spezifizierer, genau festzulegen, welche Information gegeben werden soll und welche nicht. Letzteres kann in der Regel durch den expliziten Gebrauch von Nicht-Determinismus erreicht werden. Wenn das Verhalten eines Systems eine Reihe unterschiedlicher Möglichkeiten zulassen soll, sollte dies auch explizit mit Hilfe von Nicht-Determinismus ausgedrückt werden. Im Unterschied zu vielen "vagen" Beschreibungen in natürlicher Sprache ist hier jedoch eindeutig die Bandbreite der möglichen Verhaltensweisen festgelegt. Obwohl diese Exaktheit dem Spezifizierer sehr streng und unkomfortabel vorkommen mag, resultiert sie dennoch in qualitativ sehr viel besseren Beschreibungen, als wenn natürliche Sprache benutzt worden wäre. In [41] finden sich einige Beispiele, in denen dieser Vorteil der formalen Spezifikationen deutlich wird. In [41] sind insgesamt vier Systeme jeweils in natürlicher Sprache und mit den Sprachen Estelle, LOTOS und SDL beschrieben. In allen Fällen zeigte sich, daß die ursprüngliche, natürliche Beschreibung doch Unklarheiten und Mehrdeutigkeiten offen ließ, die aber erst durch den Einsatz der formalen Sprachen deutlich wurden.

Ein weiteres Problem der natürlichen Sprache ist, daß mit ihr oft ungewollt zwischen Abstraktionsebenen gewechselt wird. Mit einer formalen Spezifikationssprache kann das Einhalten einer Abstraktioneebene besser kontrolliert werden. Das gilt insbesondere bei der Strukturierung von Spezifikationen.

Der Entwicklungsprozeß einer Verhaltensspezifikation eines Systems gliedert sich meistens in mehrere Schritte. Gewöhnlich steht am Beginn eines solchen Prozesses eine vage Idee, welche Funktionen das zukünftige System erbringen soll, die mit Hilfe von natürlicher Sprache beschrieben wird. Ausgehend von dieser informalen Beschreibung muß in weiteren Schritten eine exaktere Beschreibung der Anforderungen an das System erstellt werden. Mit Hilfe einer formalen Spezifikationssprache werden Unklarheiten, Mehrdeutigkeiten und Lücken in der Beschreibung schnell deutlich. Bei der Erstellung der formalen Spezifikation dient in der Regel die informale Beschreibung in natürlicher Sprache als Referenz.

Die Verhaltensspezifikation eines Systems bildet die Basis für die weiteren Entwicklungsstufen eines Systems. Wenn eine formale Sprache benutzt wurde, können diese Entwicklungsstufen durch Werkzeuge unterstützt werden. Zum Beispiel ist es denkbar, ein implementiertes System mit Werkzeugunterstützung gegenüber der Verhaltensspezifikation zu testen. Im Telekommunikationsbereich wird hierbei oft von *Conformance Testing* [42] gesprochen. Mit Hilfe von formalen Spezifikationssprachen kann das *Conformance Testing* auf vielfältige Weise automatisiert werden. Eine der häufigsten Methoden ist die automatische Generierung von Testfällen aus der Verhaltensspezifikation, mit denen dann ein implementiertes System getestet wird. Im Zusammenhang mit Estelle, LOTOS und SDL gibt es bereits einige Literaturstellen, die sich diesem Thema widmen und auf erste Erfolge hinweisen, z.B. [24], [48], [43] und [31].

Dadurch, daß mit formalen Spezifikationssprachen ein Systemverhalten klar und präzise festgelegt werden kann, findet sich ein wichtiger Anwendungsbereich in der Standardisierung von Diensten und Protokollen. CCITT und ISO haben zum Einsatz der Sprachen Estelle, LOTOS und SDL einen Drei-Phasenplan entwickelt, auf den in einem der folgenden Abschnitte genauer eingegangen wird.

6.2 Werkzeuge für formale Spezifikationssprachen

In dem vorigen Abschnitt wurde bereits darauf hingedeutet, daß ein wichtiger Vorteil von formalen Spezifikationssprachen die Möglichkeit des Einsatzes von Werkzeugen ist. Werkzeuge sind aber nicht nur für die Weiterverarbeitung von Spezifikationen sinnvoll, sondern werden auch für die Erstellung der Spezifikation selbst benötigt.

Werkzeugunterstützung für die Erstellung von Spezifikationen ist ein wichtiger Faktor in der Anwendung formaler Spezifikationssprachen. Für die drei Sprachen, denen dieses Buch gewidmet ist, gibt es bereits eine Reihe von Werkzeugen, die sich entweder im Prototypenstatus befinden oder auch schon als Produkte verkauft werden. Eine Übersicht findet sich in [3].

Werkzeuge, die gewisse Korrektheitsüberprüfungen an den Spezifikationen durchführen können, sind besonders wichtig. Die Erfahrung hat gezeigt, daß es fast unmöglich ist, eine korrekte Spezifikation realistischen Ausmaßes ohne die Hilfe von Werkzeugen zu erstellen. Der Wert einer Spezifikation, die nicht auf Korrektheit überprüft werden kann, ist damit sehr zweifelhaft, insbesondere wenn eine solche Spezifikation etwa als internationaler Standard gelten soll.

Verschiedene Werkzeuge für formale Spezifikationssprachen sind vorstellbar. Diese teilen sich in zwei Gruppen: *statische* und *dynamische* Werkzeuge.

Statische Werkzeuge beschäftigen sich nur mit den Sprachaspekten einer Spezifikationssprache. In diese Kategorie fallen zum Beispiel

- Editoren (ev. graphisch und/oder syntaxgesteuert),
- Werkzeuge zum Lernen einer Sprache (Lernprogramme),
- Report-Generatoren (die statistische Aussagen über den Gebrauch von Sprachkonstrukten liefern).

Ein Editor für eine formale Sprache ist besonders wichtig, damit die Spezifikation beliebig und ohne großen Aufwand modifiziert werden kann. Weil Sprachen wie Estelle, LOTOS und SDL meist in einer sehr frühen Phase einer Systementwicklung eingesetzt werden, in der das Verhalten des gewünschten Systems zunächst nur vage bekannt ist, kommen Änderungen und Erweiterungen der Spezifikation sehr häufig vor. Ein weiterer Grund ist der folgende: wenn Spezifikationen mit einer bestimmten Sprache geschrieben werden, wird oft ein, für das entsprechende System geeigneter, "Beschreibungsstil" benutzt. Der "beste" Stil wird in den seltensten Fällen bereits am Anfang gefunden. Statische Werkzeuge ermöglichen, den Stil ohne unvertretbar hohen Aufwand zu ändern. Ohne den Einsatz solcher Werkzeuge und die komfortable Änderungsmöglichkeit bestünde die Spezifikation aus einer Mixtur verschiedener Beschreibungsstile, wodurch insgesamt die Verständlichkeit verschlechtert würde.

Dynamische Werkzeuge beschäftigen sich mit dem Verhalten des spezifizierten Systems. Mit ihnen kann bis zu einem gewissen Grad überprüft werden, ob sich das System so verhält, wie es vom Spezifizierer beabsichtigt ist. Weil Spezifikationen in Estelle, LOTOS oder SDL aus miteinander kommunizierenden Prozessen bestehen, die parallel und unabhängig voneinander Aktionen durchführen können, ist das Verhalten einer komplexen Spezifikation nur noch schwer "von Hand" nachvollziehbar. Das liegt daran, daß sich der Mensch nur eine geringe Anzahl von Dingen gleichzeitig vergegenwärtigen kann. Das menschliche Gehirn denkt nämlich im wesentlichen sequentiell. In die Kategorie der dynamischen Werkzeuge fallen zum Beispiel

- Simulator- und Prototyp-Generatoren (mit denen mit dem zukünftigen System experimentiert werden kann),
- Werkzeuge für formale Verifikation (mit denen verschiedene Eigenschaften wie Verklemmungsfreiheit, etc., bewiesen werden können),
- Werkzeuge zur Konsistenzüberprüfung von Spezifikationen unterschiedlichen Detaillierungsgrades,
- Testfall-Generatoren.

Mit Hilfe der Simulator- und Prototyp-Generatoren ist es möglich, bereits in einer frühen Phase mit dem System zu experimentieren, um das korrekte Verhalten zu kontrollieren. Wenn die formalen Sprachen zur Definition der Anforderungen an ein auftraggeberbezogenes Produkt benutzt werden, können Simulatoren und Prototypen helfen, Mißverständnisse zwischen Auftraggeber und Auftragnehmer aufzudecken.

Werkzeuge für die formale Verifikation dienen dazu, bestimmte nachweisbare Eigenschaften einer Spezifikation zu überprüfen. Dazu gehören zum Beispiel Verklemmungsfreiheit und Lebendigkeit. Oft sind Spezifikationen heute jedoch zu komplex, um als Ganzes mit formalen Methoden überprüft zu werden. In kritischen Teilbereichen können formale Methoden allerdings wertvolle Hilfestellung liefern, um die Qualität einer Spezifikation zu verbessern.

Eine bekannte und bewährte Vorgehensweise bei der Erstellung einer Spezifikation ist die schrittweise Verfeinerung. Eine Spezifikation wird zunächst auf hohem Abstraktionsniveau ohne die Berücksichtigung unwesentlicher Details angefertigt. In einem nächsten Schritt wird dann eine konkretere Spezifikation erstellt, in der z.B. mehr Details oder andere zusätzliche Information enthalten sind. Diese Konkretisierung findet im Laufe einer Systementwicklung in der Regel mehrfach statt. Es ist nun wichtig, sicherzustellen, daß eine verfeinerte Spezifikation mit der abstrakteren Spezifikation konsistent ist. Diese Konsistenzüberprüfung wird in den seltensten Fällen 100% und auf mathematischen Beweisen basierend, möglich sein. Jedoch befinden sich zur Zeit Werkzeuge in Entwicklung, die die Überprüfung auf Konsistenz unterstützen.

Eine wichtige Anwendung konsistenzüberprüfender Werkzeuge findet sich im Bereich der OSI-Dienste und Protokolle. Ein Dienst kann als Abstraktion eines Protokolls zusammen mit dem benutzten Dienst aufgefaßt werden. So stellt zum Beispiel der *Inres*-Dienst aus Abschnitt 2 eine Abstraktion des *Inres*-Protokolls und des *Medium*-Dienstes dar. Ob das *Inres*-Protokoll zusammen mit dem *Medium*-Dienst aber tatsächlich den *Inres*-Dienst erbringt, war bisher immer eine Glaubensfrage und wird in der Praxis auch heute meist noch so gesehen. Mit Hilfe von Werkzeugunterstützung könnte hier möglicherweise mehr Gewißheit geschaffen werden, was allerdings die Benutzung einer formalen Sprache zur Spezifikation voraussetzt.

Werkzeuge zur Generierung von Testfällen sind wichtig, um Implementationen zu testen. Diese Thematik hängt stark mit der eben diskutierten zusammen. Auch hier geht es um eine Art Konsistenzprüfung, nämlich der Prüfung, ob eine Implementation, die aufgrund einer zugehörigen Spezifikation gemacht wurde, tatsächlich mit der Spezifikation konform ist. Da solche Prüfungen niemals vollständig und in Form eines formalen Beweises durchgeführt werden, spricht man auch von *Conformance Testing* [42]. Im vorigen Abschnitt wurde bereits erwähnt, daß zu den drei Sprachen zur Zeit Methoden und Werkzeuge entwickelt werden, die aus einer Spezifikation Testfälle erzeugen, die dann auf eine Implementation angewendet werden können.

Unerwähnt blieben bisher Werkzeuge, mit denen aus einer Spezifikation automatisch Code für die Zielimplementation erzeugt werden kann. Zur Zeit herrscht die Meinung vor, daß es nicht möglich sein wird, eine Implementation vollständig aus einer Spezifikation automatisch herzuleiten, lediglich 40-60% des Zielcodes erscheinen erreichbar. Codegenerierungswerkzeuge für Estelle, LOTOS und SDL befinden sich zur Zeit in Entwicklung.

6.3 Checklisten für formale Spezifikationen

Die Spezifikation von Protokollen und verteilten Systemen aller Art ist eine anspruchsvolle Tätigkeit. Die Benutzung einer formalen Spezifikationssprache kann zur Qualität der Spezifikation beitragen, kann aber keineswegs die Korrektheit garantieren. Zusätzliche Qualitätssicherungsmaßnahmen sind erforderlich. In der ISO sind dazu Checklisten zur Überprüfung einer formalen Spezifikation entwickelt worden [41], die in den folgenden beiden Abschnitten vorgestellt werden.

6.3.1 Schichtunabhängige Checklisten

6.3.1.1 Allgemein

a) Sind implementierungsabhängige Details vermieden worden?
b) Ist hinreichende Implementierungsfreiheit gewährleistet?
c) Sind sinnvolle Bezeichner gewählt worden?
d) Ist die Terminologie innerhalb der Beschreibung konsistent mit anderen, in Beziehung stehenden Dokumenten?
e) Sind Realzeit-Bedingungen hinreichend spezifiziert?
f) Ist die Beschreibung gut strukturiert?
g) Ist die Beschreibung geeignet, um eine Implementation zu erstellen?
h) Kann die Beschreibung als Basis für den Test einer Implementation auf Konformität dienen?
i) Sind obligatorische und optionale Aspekte klar identifizierbar?

6.3.1.2 Dienstbeschreibungen

a) Sind nur die abstrakten Dienstelemente und ihre Parameter beschrieben?
b) Sind Klassen von Diensten und Dienstoptionen klar identifizierbar?
c) Sind die Beziehungen zwischen Dienstzugangspunkten, Verbindungsendpunkten und Verbindungen anforderungsgemäß beschrieben?
d) Werden in der Beschreibung protokollorientierte Details vermieden, die nicht notwendig sind, um das nach außen sichtbare Verhalten des Dienstes zu beschreiben?
e) Sind unübliche Sequenzen von Dienstelementen sowie Fehlverhalten der Dienstbenutzer adäquat beschrieben?

6.3.1.3 Protokollbeschreibungen

a) Sind alle Protokolldateneinheiten und ihre Parameter beschrieben?
b) Ist die Protokollspezifikation kompatibel mit der zugehörigen Dienstspezifikation?
c) Sind Fehlverhalten der Protokollumgebung und ungültige Protokolldateneinheiten adäquat beschrieben?
d) Sind bezüglich der Dienstspezifikation erlaubte Fehler in der Protokollspezifikation ebenfalls erlaubt (z.B. Nachrichtenverlust, -verfälschung und -duplizierung)?

6.3.2 Schichtunabhängige aber sprachabhängige Checklisten

6.3.2.1 Allgemein

a) Ist die Beziehung zwischen informaler und formaler Beschreibung klar?
b) Sind in der formalen Beschreibung hinreichend viele informale Kommentare enthalten?
c) Ist der formale Text in sich vollständig ohne die informalen Kommentare?

6.3.2.2 Beschreibung eines einzelnen Objektes

a) Ist die Syntax überprüft worden?
b) Ist die statische Semantik überprüft worden?
c) Sind Verklemmungen, Lebendigkeit und unerreichbare Zustände überprüft worden?
d) Ist die innere Konsistenz überprüft worden?
e) Sind Robustheit und Fehlersituationen überprüft worden in Hinblick auf:
- unvorhergesehene Eingaben
- innere Fehler?

6.3.2.3 Beschreibung mehrerer untereinander verbundener Objekte

a) Sind die Interaktionen zwischen den Objekten überprüft worden (in Hinblick auf Kompatibilität von gesendeten und zum Empfang erwarteten Nachrichten)
b) Sind die möglichen Ereignissequenzen auf Gültigkeit überprüft worden?
c) Sind die, bei der Interaktion übertragenen, Parameter überprüft worden?
d) Ist die globale Zustandssynchronisation überprüft worden?
e) Ist die Abwesenheit globaler Deadlocks überprüft worden?

6.3.2.4 Verschiedene Beschreibungen gleicher Objekte

Es können drei Arten von Unterschieden in den Beschreibungen des gleichen Objektes festgestellt werden:
- die Beschreibungen befinden sich auf unterschiedlichen Abstraktionsebenen
- die Beschreibungen sind formal, benutzen aber verschiedene formale Spezifikationssprachen
- einige Beschreibungen sind nicht formal.

Die folgenden Aspekte der Beschreibungen sollten überprüft werden:
a) konsistente Definition der Ereignissequenzen an den Interaktionspunkten
b) konsistente Definition der globalen Beziehung zwischen den Ereignissequenzen an den verschiedenen Interaktionspunkten.

6.4 Der Drei-Phase-Plan von CCITT und ISO

Empfehlungen vom CCITT und Standards der ISO für Dienste und Protokolle (im folgenden *Normen* genannt) werden zur Zeit größtenteils noch in Form von verbalen Beschreibungen verfaßt. Einige offizielle Norm-Dokumente enthalten jedoch schon Teile, die mit einer formalen Spezifikationssprache beschrieben sind. Daß diese Ausnahme noch nicht die Regel ist, liegt sicher mit an der mangelnden Stabilität und Kenntnis der formalen Sprachen in der Vergangenheit. Nun jedoch, da die Entwicklung von Estelle, LOTOS und SDL als weitgehend abgeschlossen betrachtet werden kann und die Sprachen in der Lehre an Universitäten und anderen akademischen Einrichtungen Einzug gefunden haben, ist mit einem verstärktem Einsatz auch in der Normung zu rechnen.

CCITT und ISO haben für den Einzug der Sprachen in die Normung einen Drei-Phasen-Plan erarbeitet [18]. Für die Studienkommissionen des CCITT und die Unterkomitees der ISO (im folgenden *Arbeitsgruppen* genannt) ist der Plan allerdings nicht zwingend Vorschrift, und es ist auch kein exakter zeitlichen Rahmen festlegt. Insbesondere verbleibt es in dem Belieben der Arbeitsgruppen, zu entscheiden, in welcher Phase sie sich befinden. Auch müssen nicht alle drei Phasen durchlaufen werden.

Phase 1

Diese Phase ist dadurch gekennzeichnet, daß umfassende Kenntnisse über die formalen Spezifikationssprachen und Erfahrungen mit ihrem Umgang nicht weit verbreitet sind. Das kann zum Beispiel daran liegen, daß es in den Arbeitsgruppen nicht genügend viele Mitarbeiter gibt, um formale Spezifikationen zu entwickeln.

Die Entwicklung einer Norm muß daher in dieser Phase auf den Techniken der Spezifikation in natürlicher Sprache basieren, unter Zuhilfenahme von Hilfsdiagrammen, z.B. zur Darstellung des Zustandsübergangsverhaltens eines Objekts in der Spezifikation (z.B. [16]). Diese natürlichsprachlichen Dokumente bilden dann die definitive Norm.

Die Arbeitsgruppen werden aber ermutigt, zusätzlich eine formale Spezifikation zu erstellen. Das kann zur Qualität des natürlichsprachlichen Dokuments beitragen, weil Fehler und Inkonsistenzen, etc. entdeckt werden. Zudem kann eine formale Spezifikation dem Leser helfen, die Norm zu verstehen und weiterzuverarbeiten. Durch dieses Vorgehen wird die evolutionäre Einführung von formalen Spezifikationssprachen gefördert und in den Arbeitsgruppen zunehmend Erfahrung gesammelt.

Eine formale Spezifikation, die einen nicht unerheblichen Teil des natürlichsprachlichen Dokuments repräsentiert, kann zum Beispiel durch die Arbeitsgruppe in Form eines Anhangs zur Norm oder als technischer Report veröffentlicht werden.

Gleichzeitig mit der Entwicklung formaler Spezifikationen sollten in dieser Phase die gemachten Erfahrungen in die Produktion von Lehrmaterial einfließen, um eine weitere Verbreitung der Sprachen zu fördern.

Phase 2

Diese Phase ist dadurch gekennzeichnet, daß die Kenntnisse über und Erfahrungen mit den formalen Spezifikationssprachen weiter verbreitet sind. Die Arbeitsgruppen haben genügend Mitarbeiter, um eine formale Spezifikation zu produzieren. Jedoch kann nicht sichergestellt werden, daß hinreichend viele CCITT- und ISO-Entscheidungsträger die formale Spezifikation als Norm genehmigen können.

Die Entwicklung der Norm basiert daher weiter auf der natürlichen Sprache, und ein natürlichsprachliches Dokument bildet die definitive Norm. Jedoch sollten wie in Phase 1 die Entwicklungen durch die Produktion einer formalen Spezifikation begleitet werden, um die Qualität des natürlichsprachlichen Dokuments zu erhöhen.

Eine formale Spezifikation, die von einer Arbeitsgruppe, begleitend zur Norm, entwickelt wurde und einen wesentlichen Teil oder die Gesamtheit der Norm repräsentiert, sollte stets als Anhang zur Norm veröffentlicht werden. Die Ausbildung der Arbeitsgruppen im Bereich der formalen Spezifikationssprachen sollte weitergehen.

Phase 3

Diese Phase ist dadurch charakterisiert, daß eine weite Verbreitung der formalen Spezifikationssprachen angenommen werden kann. Die Arbeitsgruppen sind in der Lage, eine formale Spezifikation zu erstellen und zu genehmigen. Es existiert Gewißheit darüber, daß die formale Spezifikation die Implementierungsfreiheit nicht unnötig einschränkt.

Die Arbeitsgruppen sollten die formalen Spezifikationssprachen routinemäßig benutzen, um ihre Normen zu produzieren. Die formalen Spezifikationen werden zusammen mit der natürlichsprachlichen Spezifikation ein integrierter Teil der Norm.

Wenn eine Diskrepanz zwischen dem formalen und dem natürlichsprachlichen Text entdeckt werden sollte, dann sollten beide Beschreibungen überprüft und eventuell geändert werden, ohne der einen oder der anderen einen Vorzug zu geben.

Literatur

[1] Belina, F., Hogrefe, D., Trigila, S.: Modelling OSI in SDL, in K. Turner: Formal Description Techniques, North-Holland, Amsterdam, 1988.

[2] Bergstra, J., Klop, J.W.: Process Algebra for Synchronous Communication, Information and Control, 60, 1984.

[3] v. Bochmann, G.: Usage of Protocol Development Tools, Proc. 7th IFIP Workshop on Protocol Specification, Verification and Testing, Zürich, Mai 1987.

[4] v. Bochmann, G.: Finite State Description of Communication Protocols, Computer Networks, vol. 2, Okt. 1978.

[5] Budkowski, S., Dembinski, P.: An Introduction to Estelle, Computer Networks, vol. 14, nr. 1, 1987.

[6] Brauer, W.: Automatentheorie, B.G. Teubner, Stuttgart, 1984.

[7] Brinksma, E., Scollo, G.: Formal Notions of Implementation and Conformance in LOTOS, Memorandum INF-86-13, 1986.

[8] Brinksma, E., Scollo, G., Vissers, C.A.: Experience and Future of LOTOS as a Specification Language, SDL '87: State of the Art, North-Holland, Amsterdam, 1987.

[9] Brömstrup, L., Hogrefe, D.: TESDL: A Tool for Generating Test Cases from SDL Specifications, Bericht, Universität Hamburg, 1988.

[10] CCITT Recommentation X.250: Formal Description Techniques for Data Communication Protocols and Services, Red Book, 1985.

[11] CCITT SG X: Recommendation Z.100: Specification and Description Language SDL, Contribution Com X-R15-E, 1987.

[12] CCITT SG X: New Question 1 for Study Period 89-92, Working Document, Study Group X-Meeting, Genf, März 1988.

[13] CCITT SG XI: Recommendation Q.701-795: Specification of Signalling System No. 7, Red Book, 1985.

[14] CCITT SG XI: Recommendation Q.931: ISDN User-Network Interface Layer 3 Specification, Contribution Com XI-R68-E, Juni, 1987.

[15] CCITT SG VII: Recommendation X.25: Data Communication Networks Interfaces, Red Book, 1985.

[16] CCITT SG VII: Recommendation X.25 Layer 3, Contribution Com VII-144-E, 1987.

[17] CCITT SG X: Overspecification with SDL, German contribution, Dubrovnik, Oktober 1987.

[18] CCITT SG X: Proposal for Recommendation Z.110, Working Document, Study Group X-Meeting, Genf, März 1988.

[19] CCITT SG VII: Recommendation X.400-430: Data Communication Networks Message Handling Systems, Red Book, 1985.

[20] Chan, I.: Estelle-C Compiler, Version 2.0, Universität British Columbia, 1987.

[21] Dembinski, P.: Estelle Semantics, SEDOS Rep. SEDOS/054, Juni 1986.

[22] deNicola, R., Hennessy, M.: Testing Equivalence for Processes, Theoret. Comput. Sci., vol. 34, 1984.

[23] Ehrig, H., Mahr, B.: Fundamentals of Algebraic Specification 1, Springer-Verlag, Berlin, 1985.

[24] Favreau, J.-P., Linn, R.J.: Automatic Generation of Test Scenario Skeletons from Protocol Specifications written in Estelle, Proc. 6th IFIP Workshop on Protocol Specification, Verification and Testing, Montreal, June 1986.

[25] van Eijk, P.:Software Tools for the Specification Language LOTOS, Dissertation, Universität Twente, 1988.

[26] van Glabbeek, R.J.: Notes on the methodology of CCS and CSP, Centrum voor Wiskunde en Informatica, Bericht CS-R8624, Amsterdam, 1986.

[27] Hoare, C.A.R.: Communicating sequential processes, Prentice-Hall, Englewood Cliffs, 1985.

[28] Hogrefe, D., Sarma, A.: Non-Determinism and SDL, in K. Turner: Formal Description Techniques, North-Holland, 1988.

[29] Hogrefe, D.: Protocol and Service Specification with SDL: the X.25 case study, Bericht Nr. FBI-HH-B-134/88, Universität Hamburg, 1988.

[30] Hogrefe, D.: OSI Service Specification with CCITT-SDL, ACM Comp. Comm. Review, 1988.

[31] Hogrefe, D.: Automatic Generation of Test Cases from SDL Specifications, SDL Newsletters, Nr. 12, 1988.

[32] ISO: Basic Reference Model, International Standard, ISO/IS 7498, 1984.

[33] ISO: Transport Service Specification, International Standard, ISO/IS 8072, 1984.

[34] ISO: Transport Protocol Specification, International Standard, ISO/IS 8073, 1984.

[35] ISO TC97/SC16: Basic Connection Oriented Session Service Specification, Draft International Standard, ISO/DIS 8326, 1984.

[36] ISO TC97/SC16: Basic Connection Oriented Session Protocol Specification, Draft International Standard, ISO/DIS 8327, 1984.

[37] ISO TC97/SC21: OSI Service Conventions, Technical Bericht ISO/TR 8509, 1987.

[38] ISO TC97/SC16: Network Service Definition, Draft International Standard, ISO/DIS 8348, 1984.

[39] ISO: LOTOS: Language for the temporal ordering specification of observational behaviour, International Standard ISO/IS 8807, 1987.

[40] ISO: ESTELLE: A formal description technique based on an extended state transition model, International Standard ISO/IS 9074, 1987.

[41] ISO TC97/SC21: Guidelines for the application of ESTELLE, LOTOS, and SDL, Document SC21/WG1/N451, Junl 1987.

[42] ISO TC97/SC21: OSI Conformance Testing Methodology and Framework, Draft Proposal ISO/DP 9646, 1986.

[43] de Meer, J.: Derivation of Test Scenarios Based on the Formal Specification Language LOTOS, Proc. 6th IFIP Workshop on Protocol Specification, Verification and Testing, Montreal, June 1986.

[44] Milner, R.: A calculus of communicating systems, LNCS 92, Springer-Verlag, 1980.

[45] Orava, F.: Formal Semantics of SDL Specifications, Proc. 8th IFIP Workshop on Protocol Specification, Verification and Testing, Atlantic City, Juni 1988.

[46] Parnas, D.L.: On the criteria to be used to decompose systems into modules, Comm. ACM, vol. 15, 1972.

[47] Tenney, R.L., Blumer, T.P.: A Formal Specification Technique and Implementation Method for Protocols, Computer Networks, vol. 6, 1982.

[48] Ural, H.: A Test Derivation Method for Protocol Conformance Testing, Proc. 7th IFIP Workshop on Protocol Specification, Verification and Testing, Zürich, Mai 1987.

[49] Vissers, C.A., Logrippo, L.: The Importance of the Service Concepts in the Design of Data Communication Protocols, Proc. 5th IFIP Workshop on Protocol Specification, Verification and Testing, Toulouse, Juni 1985.

[50] Vissers, C.A.: Architecture and Specification Style in Formal Description of Distributed Systems, Proc. 8th IFIP Workshop on Protocol Specification, Verification and Testing, Atlantic City, Juni 1988.

[51] Zimmermann, H.: OSI Reference Model - The ISO Model of Architecture for Open System Interconnection, IEEE Trans. Comm., vol. 28, 1980.

Sachverzeichnis

Springer Compass

Herausgegeben von G. R. Kofer, P. Schnupp und H. Strunz

N. Wirth: Programmieren in Modula-2. Übersetzt aus dem Englischen von G. Pfeiffer. XIV, 220 S., 2 Abb. 1985

W. Reisig: Systementwurf mit Netzen. XII, 125 S., 139 Abb. 1985

K. Kurbel: Programmierstil in Pascal, Cobol, Fortran, Basic, PL/1. XII, 328 S., 52 Abb. 1985

J. Nehmer: Softwaretechnik für verteilte Systeme. XIII, 185 S., 66 Abb. 1985

T. Baggenstos, R. Marty, B. Mergler, P. Schnorf: UNIX als Basis für Softwareentwicklung. X, 199 S., 124 Abb. 1985

P. Schnupp, U. Leibrandt: Expertensysteme – Nicht nur für Informatiker. VIII, 140 S., 31 Abb. 1986

J. Bechlars, R. Buhtz: GKS in der Praxis. XIV, 379 S., 50 Abb. 1986

R. Franck: Rechnernetze und Datenkommunikation. XII, 254 S., 75 Abb. 1986

R.L. Baber: Softwarereflexionen. Ideen und Konzepte für die Praxis. XII, 158 S., 10 Abb. 1986

J. Hansel, G. Lomnitz: Projektleiter-Praxis. Erfolgreiche Projektabwicklung durch verbesserte Kommunikation und Kooperation. Ein Arbeitsbuch. XII, 224 S., 23 Abb. 1987

G. Goos, G. Persch, J. Uhl: Programmiermethodik mit Ada. VIII, 160 S., 1987

P. Schnupp, C.T. Nguyen Huu: Expertensystem-Praktikum. X, 360 S., 102 Abb. 1987

Y. Shirota, T.L. Kunii: UNIX für Führungskräfte. Ein umfassender Überblick. XIII, 157 S., 147 überwiegend zweifarbige Abb. 1987

J. Shore: Der Sachertorte-Algorithmus – und andere Mittel gegen die Computerangst. XVIII, 252 S., 7 Abb. 1987

J. Gulbins: UNIX. Eine Einführung in Begriffe und Kommandos von UNIX – Version 7, bis System V.3. Dritte, überarbeitete und erweiterte Auflage. XI, 773 S. 1988

T. Spitta: Software Engineering und Prototyping. Eine Konstruktionslehre für administrative Softwaresysteme. XIII, 229 S., 68 Abb. 1989

D. Hogrefe: Estelle, LOTOS und SDL. Standard-Spezifikationssprachen für verteilte Systeme. XV, 188 S., 71 Abb., 1989